高职高专规划教材
信息化数字资源配套教材

数控机床操作和典型零件编程加工

高素琴　刘勇兰　高利平　主编　　王美红　陈诞院　副主编

化学工业出版社

·北京·

本书以 FANUC 0i Mate 系统、SIEMENS 802D 系统数控车床、数控铣床（加工中心）为例进行编写。内容包括数控机床编程基础、数控车床基本操作、零件轮廓编程与加工、槽编程与加工、普通螺纹编程与加工、数控车床典型零件编程与加工、数控铣床/加工中心基本操作、平面铣削编程与加工、外轮廓编程与加工、内轮廓编程与加工、孔系编程与加工、数控铣床/加工中心典型零件编程与加工。书中内容由浅入深，步步深入，循序渐进。

为便于学习，本书设置了二维码，包含微课、视频等，读者可以扫描书中的二维码对照学习。本书有配套电子课件。

本书可作为高职高专院校机械类和机电类专业的教材使用，也可作为培训用书，同时，也适用于从事相关工作的技术人员自学。

图书在版编目（CIP）数据

数控机床操作和典型零件编程加工/高素琴，刘勇兰，高利平主编. —北京：化学工业出版社，2019.9
高职高专规划教材　信息化数字资源配套教材
ISBN 978-7-122-34685-8

Ⅰ.①数…　Ⅱ.①高…②刘…③高…　Ⅲ.①数控机床-操作-高等职业学校-教材②机械元件-数控机床-程序设计-高等职业学校-教材③机械元件-数控机床-加工-高等职业学校-教材　Ⅳ.①TH13②TG659

中国版本图书馆 CIP 数据核字（2019）第 119409 号

责任编辑：韩庆利
责任校对：王　静　　　　　　　　　　　　　　装帧设计：张　辉

出版发行：化学工业出版社（北京市东城区青年湖南街 13 号　邮政编码 100011）
印　　刷：三河市航远印刷有限公司
装　　订：三河市宇新装订厂
787mm×1092mm　1/16　印张 21¼　字数 574 千字　2019 年 9 月北京第 1 版第 1 次印刷

购书咨询：010-64518888　　售后服务：010-64518899
网　　址：http://www.cip.com.cn
凡购买本书，如有缺损质量问题，本社销售中心负责调换。

定　　价：49.00 元　　　　　　　　　　　　　　　　　　　　版权所有　违者必究

本教材是现代学徒制人才培养模式下，以"服务为宗旨，就业为导向，能力培养为目标"的办学方针指导下进行的项目化教学课程改革教材。遵循实践为主，理论为辅，理论知识介绍够用即可，而对实践操作介绍非常详尽。本教材侧重实践，强调动手能力的培养，所学即所用，事半功倍。全书围绕职业能力目标的实现，突出以学生为主体，项目为载体，实训为方法，理实相结合，教学做练一体。

本教材以企业使用比较多的 FANUC 0i Mate 系统、SIEMENS 802D 系统数控车床、数控铣床为例进行编写。教材把数控机床的基本知识在项目一里进行介绍；对于数控车床、铣床的操作，采用资讯和实施两步法展开编写，对于零件加工的案例，用资讯—计划—决策—实施—检查和评估6步法展开编写，内容由浅入深，步步深入，循序渐进。数控车床项目有内外轮廓、槽、螺纹及它们的综合——典型零件编程与加工。数控铣床项目有平面、外轮廓、内轮廓、孔系及它们的综合——典型零件编程与加工。

本教材由南通科技职业学院高素琴、刘勇兰、高利平担任主编，由南通职业大学技师学院王美红、陈诞院担任副主编，南通科技职业学院顾若波参编。

项目一、项目六、项目十二由高素琴编写，项目三、项目四由刘勇兰编写，项目七、项目八、项目九及附录由高利平编写，项目二、项目十一由王美红编写，项目五、项目十由陈诞院编写，顾若波参与项目四和附录的编写。在编写过程中，充分听取企业专家的意见，得到南通新益数控机床有限公司储伯生的指导。全书由高素琴负责统筹定稿。

为便于学习，本书设置了二维码，包含微课、视频等，读者可以扫描书中的二维码对照学习。另外，本书有配套电子课件，可登录化学工业出版社教学资源网 www.cipedu.com.cn 或联系 857702606@qq.com 索取。

编　者

目录
CONTENTS

项目一
数控机床编程基础

任务一　数控机床基础知识认知

学习目标

1. 了解数控技术的概念。
2. 了解数控机床的种类、组成、加工的特点及加工范围。

资讯

一、数控技术发展历史

1948 年，美国帕森斯公司接受美国空军委托，研制直升机螺旋桨叶片轮廓检验用样板的加工设备。由于样板形状复杂多样，精度要求高，一般加工设备难以适应，于是提出采用数字脉冲控制机床的设想。1949 年，该公司与美国麻省理工学院（MIT）开始共同研究，并于 1952 年试制成功第一台三坐标数控铣床，当时的数控装置采用电子管元件。

1959 年，数控装置采用了晶体管元件和印刷电路板，出现带自动换刀装置的数控机床，称为加工中心（MC Machining Center），使数控装置进入了第二代。

1965 年，出现了第三代的集成电路数控装置，不仅体积小，功率消耗少，且可靠性提高，价格进一步下降，促进了数控机床品种和产量的发展。

20 世纪 60 年代末，先后出现了由一台计算机直接控制多台机床的直接数控系统（简称 DNC），又称群控系统；采用小型计算机控制的计算机数控系统（简称 CNC），使数控装置进入了以小型计算机化为特征的第四代。

1974 年，研制成功使用微处理器和半导体存储器的微型计算机数控装置（简称 MNC），这是第五代数控系统。

20 世纪 80 年代初，随着计算机软、硬件技术的发展，出现了能进行人机对话式自动编制程序的数控装置；数控装置愈趋小型化，可以直接安装在机床上；数控机床的自动化程度进一步提高，具有自动监控刀具破损和自动检测工件等功能。

20 世纪 90 年代后期，出现了 PC＋CNC 智能数控系统，即以 PC 机为控制系统的硬件部分，在 PC 机上安装 NC 软件系统，此种方式系统维护方便，易于实现网络化制造。

数控技术也叫计算机数控技术，它是采用计算机实现数字程序控制的技术。这种技术用计算机按事先存贮的控制程序来执行对设备的控制功能。由于采用计算机替代原先用硬件逻辑电路组成的数控装置，使输入数据的存贮、处理、运算、逻辑判断等各种控制机能的实现，均可以通过计算机软件来完成。

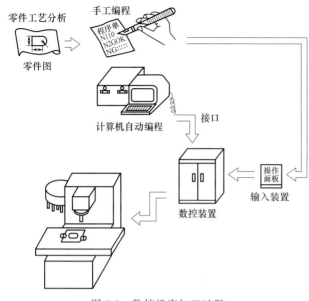

图 1-1　数控机床加工过程

二、数控机床概述

1. 数控机床的工作原理

数控机床是用计算机数字控制的机床。操作时将编好的加工程序输入到机床专用的计算机中，再由计算机指挥机床各坐标轴的伺服电动机去控制机床各轴的运动，并进行反馈控制，使刀具与工件及其他辅助装置严格地按照加工程序规定的顺序、轨迹和参数有条不紊地工作，从而加工出零件。数控机床加工过程见图 1-1。

2. 数控机床的组成

数控机床由机床主体、控制部分、驱动部分、辅助部分等组成，具体见表 1-1。

表 1-1　数控机床的组成部分

组成部分	机床类别	说明	图例
机床主体	数控车床	包括主轴箱、床身、导轨、尾座、刀架、进给机构等	主轴　刀架　数控面板　主轴箱　导轨　防护罩
	数控铣床	包括主轴箱、床身、立柱、工作台、主轴等	主轴箱　立柱　电气柜　工作台　冷却液箱　控制面板　主轴　床身

组成部分	机床类别	说明	图例
机床主体	加工中心	包括主轴、床身、工作台、刀库等	刀库 主轴 操作面板 电气柜 床身 工作台
控制部分	数控机床	它是数控机床的控制核心，由各种数控系统完成对数控机床的控制	数控系统
驱动部分	数控机床	它是数控机床执行机构的驱动部分，包括主轴电动机和进给伺服电动机	主轴变频电动机 伺服电动机
辅助部分	数控机床	它是数控机床的一些配套部件，包括液压装置、气动装置、润滑系统、冷却系统、自动清屑器等	润滑系统

3. 数控机床的分类

数控机床按不同分类方式分有不同的种类。现按所配置的数控系统、数控机床功能、主轴配置形式、控制方式、数控系统功能水平分别介绍。

(1) 按数控系统分类　目前工厂常用数控系统有 FANUC（法那克）数控系统、SIEMENS（西门子）数控系统、华中数控系统、广州数控系统、三菱数控系统等。每一种数控系统又有多种型号，如 FANUC（法那克）系统从 0i 到 23i；SIEMENS（西门子）系统 802S、802C 到 802D、810D、840D 等。各种数控系统指令各不相同。即使同一系统不同型号，其数控系统也略有差别，使用时应以数控系统说明书为准。本书以 FANUC（法那克）0i Mate 系统和 SIEMENS（西门子）802D 系统为例。

(2) 按控制的坐标轴数分类

① 二轴联动　主要用于数控车床加工旋转曲面或数控铣床加工曲线柱面。

② 二轴半联动　主要用于三轴以上机床的控制，其中两根轴可以联动，而另外一根轴可以作周期性进给。

③ 三轴联动　一般分为两类，一类就是 X、Y、Z 三个直线坐标轴联动，比较多地用于数控铣床和加工中心等；另一类是除了同时控制 X、Y、Z 其中两个直线坐标轴外，还同时控制围绕其中某一直线坐标轴旋转的旋转坐标轴，如车削加工中心，它除了纵向（Z轴）、横向（X轴）两个直线坐标轴联动外，还要同时控制围绕 Z 轴旋转的主轴（C轴）联动。

④ 四轴联动　同时控制 X、Y、Z 三个直线坐标轴与某一旋转坐标轴联动。比如为同时控制 X、Y、Z 三个直线坐标轴与一个工作台回转轴联动的数控机床。

⑤ 五轴联动　除同时控制 X、Y、Z 三个直线坐标轴联动外，还同时控制围绕这些直线坐标轴旋转的 A、B、C 坐标轴中的两个坐标轴，形成同时控制五个轴联动。这时刀具可以被定在空间的任意方向，比如控制刀具同时绕 X 轴和 Y 轴两个方向摆动，使得刀具在其切削点上始终保持与被加工的轮廓曲面成法线方向，以保证被加工曲面的光滑性，提高其加工精度和加工效率，减小被加工表面的粗糙度。

(3) 按加工工艺及机床用途分类

① 金属切削类　金属切削类数控机床指采用车、铣、镗、铰、钻、磨、刨等各种切削工艺的数控机床。它又可分为以下两类。

a. 普通数控机床　普通数控机床一般指在加工工艺过程中的一个工序上实现数字控制的自动化机床，如数控车床、数控铣床、数控磨床等。普通数控机床在自动化程度上还不够完善，刀具的更换与零件的装夹仍需人工来完成。

b. 加工中心　其主要特点是具有自动换刀机构和刀具库，工件经一次装夹后，通过自动更换各种刀具，在同一台机床上对工件各加工面连续进行铣、车、镗、铰、钻、攻螺纹等多种工序的加工，如（镗/铣类）加工中心、车削中心、钻削中心等。

② 金属成形类　金属成形类数控机床指采用挤、冲、压、拉等成形工艺的数控机床，常用的有数控压力机、数控折弯机、数控弯管机、数控旋压机等。

③ 特种加工类　特种加工类数控机床主要有数控电火花线切割机、数控电火花成形机、数控火焰切割机、数控激光加工机等。

(4) 按控制方式分类　数控机床分为开环控制、半闭环控制和闭环控制三大类。

① 开环控制数控机床　开环控制没有检测反馈装置，数控系统发出的指令脉冲信号是单方向的，没有反馈信号，因此其加工精度主要取决于伺服系统的性能。开环控制系统的驱动组件主要是步进电动机，控制电路每变换一次指令脉冲信号，电动机就转过一个数控加工步距角。开环控制结构简单，造价低，调试维修方便，但控制精度一般不高，多应用于经济型数控机床或旧机床的数控化改造。图 1-2 所示为开环控制系统框图。

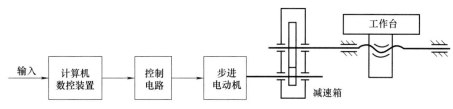

图 1-2 开环控制系统框图

② 半闭环控制数控机床 半闭环控制采用的是角位移检测装置，安装在伺服电动机或丝杠端部，通过检测伺服电动机的转角或丝杠转角，间接测得工作台的实际位移值，与输入指令值比较后，用差值控制运动部件。由于丝杠、工作台等惯性较大的运动部件不在控制环内，比较容易获得稳定的控制特性，角位移检测装置可与伺服电动机设计成一个整体，使系统的结构简单，安装调试方便，但机械传动的误差无法得到校正和消除。只要检测装置的精度高，分辨率高，丝杠螺母机构的精度高，具有可靠的间隙消除措施，半闭环控制系统就能具有较高的控制精度，目前被广泛应用于中、小型数控机床上。图 1-3 所示为半闭环控制系统框图。

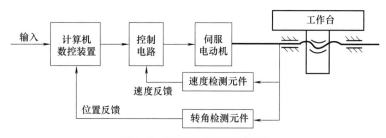

图 1-3 半闭环控制系统框图

③ 闭环控制数控机床 闭环控制采用的是直线位移检测装置，安装在机床工作台上，直接检测工作台的实际位移值，与输入指令值比较后，用差值控制运动部件。闭环控制在位置环内还有一个速度环，其目的是减少因负载等因素而引起的进给速度的波动，改善位置环的控制品质。由于将机械传动部分全部包括在闭环之内，从理论上讲，闭环控制的精度取决于检测装置的精度，而与机构传动的误差无关，因而定位精度高，速度快。但闭环控制系统技术上要求高，成本较高，调试和维修比较复杂，此外机床的结构、传动装置及传动间隙等非线性因素都会影响其控制精度，严重时系统会产生振荡，降低系统稳定性，所以在设计时应对其给予足够的重视。闭环控制一般应用于精度要求较高的数控机床，如数控精密镗铣床、超精机床、精密加工中心等。图 1-4 所示为闭环控制系统框图。

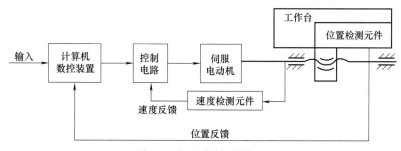

图 1-4 闭环控制系统框图

（5）按机床运动轨迹分类 数控机床分为点位控制、直线控制和轮廓控制三大类。

① 点位控制数控机床 点位控制数控机床的特点是机床移动部件只能实现由一个位置到另一个位置的精确定位,在移动和定位过程中不进行切削加工。对两点之间的移动速度及运动轨迹没有严格要求。但通常为了提高加工效率,一般先快速移动,再慢速接近终点。点位控制的数控机床主要用于平面内的孔系加工,这类数控机床主要有数控坐标镗床、数控钻床、数控冲床、数控点焊机等。随着数控技术的发展和数控系统价格的降低,单纯用于点位控制数控系统已不多见。

② 直线控制数控机床 直线控制数控机床可控制刀具或工作台以适当的进给速度,沿着平行于坐标轴的方向或两轴同时移动构成45°的斜线进行直线移动和切削加工,进给速度根据切削条件可在一定范围内变化。直线控制的简易数控车床,只有两个坐标轴,可加工阶梯轴。直线控制的数控铣床,有三个坐标轴,可用于平面的铣削加工。同样,单纯用于直线控制数控系统已不多见。

③ 轮廓控制数控机床 轮廓控制数控机床能够对两个或两个以上运动的位移及速度进行连续相关的控制,使合成的平面或空间的运动轨迹能满足零件轮廓的要求。它不仅能控制机床移动部件的起点与终点坐标,而且能控制整个加工轮廓每一点的速度和位移,将工件加工成要求的轮廓形状。如斜线、圆弧、抛物线及其他函数关系的曲线或曲面。常用的数控车床、数控铣床、数控磨床就是典型的轮廓控制数控机床。数控火焰切割机、电火花加工机床以及数控绘图机等也采用了轮廓控制系统。轮廓控制系统的结构要比点位和直线控制系统更为复杂,在加工过程中需要不断进行插补运算,然后进行相应的速度与位移控制。除少数专用控制系统外,现代计算机数控装置都具有轮廓控制功能。

(6) 按数控系统功能水平分类 数控机床按数控系统的功能水平可分为高、中、低三档。这种分类方式没有明确的界定,不同时期,不同国家的划分标准都有所不同。目前发展水平见表1-2。

表 1-2 数控机床功能水平

功能	低档	中档	高档
分辨率/μm	10	1	0.1
进给速度/(m/min)	8～15	15～24	15～100
伺服控制类型	开环、步进电动机	半闭环或闭环的直流或交流伺服系统	
联动轴数(轴)	2～3	2～4	3～5 以上
通信功能	一般无	RS-232、DNC	RS-232、DNC、MAP
显示功能	LED 或简单的 CRT	较齐全的 CRT 显示	有三维图形显示
内装 PLC	无	有	有强功能的 PLC
主 CPU	8 位、16 位	32 位或 64 位的多 CPU	

4. 数控机床加工范围

(1) 数控车床加工范围 数控车床是当今使用最广泛的数控机床之一,主要用于加工轴类、盘类等回转体零件,如图1-5所示。它能够通过过程控制自动完成内外圆柱面、圆锥面、圆弧、圆柱螺纹、圆锥螺纹等工序的切削加工,并能进行切槽、钻、扩、铰孔等工作。由于数控车床在一次装夹中能完成多个表面的连续加工,因此提高了加工质量和生产效率,特别适用于复杂形状的零件或中、小批量零件的加工。

(2) 数控铣床/加工中心加工范围 铣削加工是机械加工中最常用的加工方法之一,它主要包括平面铣削和轮廓铣削,也可以对零件进行钻、扩、铰、镗、锪加工及螺纹加工等。图1-6所示为数控铣削主要适合加工的几类零件。

① 平面类零件 平面类零件是指加工面平行或垂直于水平面,以及加工面与水平面的夹角为一定值的零件,这类加工面可展开为平面。

② 变斜角类零件 加工面与水平面的夹角呈连续变化的零件称为变斜角类零件,其特

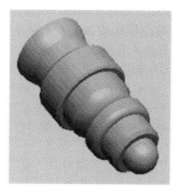 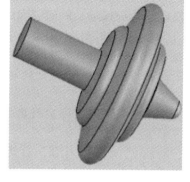

(a) 轴类零件　　　　　　　　　(b) 盘类零件

图 1-5　数控车床加工的零件

点是：加工面不能展开为平面，但在加工中，加工面与铣刀圆周接触的瞬间为一条直线。

③ 立体曲面类零件　加工面为空间曲面的零件称为立体曲面类零件。这类零件的加工面不能展成平面，一般使用球头铣刀切削，加工面与铣刀始终为点接触，若采用其他刀具加工，易于产生干涉而铣伤邻近表面。加工立体曲面类零件一般使用三坐标数控铣床。

(a) 平面类零件　　　　　　　(b) 变斜角类零件　　　　　　　(c) 立体曲面类零件

图 1-6　数控铣床（加工中心）加工的零件

④ 箱体类零件　具有一个以上的孔系且内部有较多型腔的零件称为箱体类零件，这类零件在机床、汽车、飞机等行业应用较多，如汽车的发动机缸体、变速箱体、机床的主轴箱、柴油机缸体、齿轮泵壳体等。

5. 数控机床加工特点

数控机床是一种高效能自动化加工设备，与普通机床相比，其特点非常鲜明。

（1）柔性好，适应性强　数控机床是利用事先编制好的数控加工程序加工零件，只要改变了数控加工程序，即可加工新的零件，而不需要改变机械部分和控制部分的硬件。因此，数控机床可以适应多品种、规格和尺寸的零件加工，为单件、小批以及新品试制提供了极大便利。

（2）精度高，质量稳定　精度是数控机床的重要技术性能，主要指加工精度、定位精度和重复定位精度。数控机床的传动系统和机床结构都具有很高的刚度和热稳定性，进给传动链的反向间隙和丝杠螺距误差均可由数控系统进行补偿，数控机床的自动加工方式避免了人为操作误差，因此同一批加工零件的尺寸一致性好，产品合格率高，加工质量稳定。而且还可以利用反馈系统进行校正及补偿加工精度。因此，可以获得比机床本身精度还要高的加工精度及重复精度。

（3）加工生产率高　数控机床很好的结构刚性允许进行大切削用量的加工，且每一道工艺都能选用最有利的切削用量，节省了运动工时。数控机床运动部件的加工运动均采用了加速和减速措施，降低了空行程运动时间。因此，数控机床的加工生产率比普通车床要提高2～3倍，若是加工形状复杂的零件，则生产率可提高十几倍或几十倍。

（4）能加工复杂型面　数控车床因能实现两坐标轴联动，所以容易实现许多卧式车床难以完成或无法加工的曲线、曲面构成的回转体加工及非标准螺距螺纹、变螺距螺纹加工。普通机床难以实现或无法实现轨迹为三次以上的曲线或曲面的运动，如螺旋桨、汽轮机叶片之类的空间曲面；而数控铣床机床则可实现几乎是任意轨迹的运动和加工任何形状的空间曲面，适应于复杂异形零件的加工。

（5）可减轻劳动强度　数控机床属于自动化设备，以事先编制好的数控加工程序自动加工零件，操作者无需过多参与，因此劳动条件和劳动强度大为改善。

（6）可靠性高，经济性好　计算机数控系统的程序一次性输入方式可避免过去逐段读取纸带上程序时发生故障而造成停机；其大部分功能由软件来完成，也减少了由于硬件故障而造成的加工失败，数控系统一般都具备自诊断功能，可及时诊断出故障原因，便于维修或预防操作失误，减少停机时间。数控系统连续无故障时间为20000h以上。数控机床的性能价格比高，经济性好。在单件、小批量生产时，可以节省工艺装备费用，缩短辅助生产工时，降低生产管理费用和废品率，具有良好的经济效益。

（7）有利于制造系统现代化管理　用数控机床加工零件，能准确地计算零件的加工工时，有效地简化了检验和工夹具、半成品的管理工作。其加工及操作均使用数字信息与标准代码输入，最适于与计算机联系，目前已成为计算机辅助设计、制造及管理一体化的基础。

▌ 思考与练习

1. 数控机床由哪几部分组成？
2. 数控机床适合加工哪些零件？
3. 数控机床加工特点有哪些？

任务二　数控编程基础知识认知

▌ 学习目标

1. 了解数控编程定义。
2. 了解数控程序编制的内容和步骤。

▌ 资讯

数控加工程序是由各种功能字按照规定的格式组成的。正确地理解各个功能字的含义，恰当地使用各种功能字，按规定的程序指令编写程序，是编好数控加工程序的关键。

由于各个数控机床生产厂家所用的标准尚未完全统一，其所用的代码、指令及其含义不完全相同，因此在编制程序时必须按所用数控机床编程手册中的相关规定进行。

一、数控编程的定义

生成数控机床进行零件加工的数控程序的过程，称为数控编程，有时也称为零件编程。有手工编程和自动编程两种。

手工编程是编程员直接通过人工完成零件图工艺分析、工艺和数据处理、计算和编写数控程序、输入数控程序到程序验证整个过程的方法。手工编程非常适合于几何形状不太复杂、程序计算量较少的零件的数控编程。相对而言，手工编程的数控程序较短，编制程序的工作量较少。因此，手工编程广泛用于形状简单的点位加工和直线、圆弧组成的平面轮廓加工中。

自动编程是一种利用计算机辅助编程技术的方法，它是通过专用的计算机数控编程软件来处理零件的几何信息，实现数控加工刀位点的自动计算。对于复杂的零件，特别是具有非圆曲线曲面的加工表面，或者零件的几何形状并不复杂，但是程序编制的工作量很大，或者是需要进行复杂的工艺及工序处理的零件，由于这些零件在编制程序和加工过程中，数值计算非常繁琐，程序量很大，如果采用手工编程往往耗时多、效率低、出错率高，甚至无法完成，这种情况下就必须采用自动编程。

现在广泛使用的自动编程是 CAD/CAM 图形交互自动编程，CAD/CAM 图形自动编程系统的特点利用 CAD 软件的图形编辑功能将零件的几何图形绘制到计算机上，在图形交互方式下进行定义、显示和编辑，得到零件的几何模型；然后调用 CAM 数控编程模板，采用人机交互的方式定义几何体、创建加工坐标系、定义刀具，指定被加工部位，输入相应的加工参数，确定刀具相对于零件表面的运动方式，确定加工参数，生成进给轨迹，经过后置处理生成数控加工程序。整个过程一般都是在计算机图形交互环境下完成的，具有形象、直观和高效的优点。

二、数控程序编制的内容和步骤

数控机床是按照事先编制好的加工程序，自动地对被加工零件进行加工。使用数控机床加工零件时，程序编制是一项重要工作。迅速、正确而经济地完成程序编制工作，对于有效地利用数控机床具有决定性意义。一般来说，数控程序编制过程主要包括：分析零件图样、工艺处理、数学计算、编写加工程序、将程序输入数控系统、检验程序与首件试切，具体步骤和要求如图 1-7 所示。

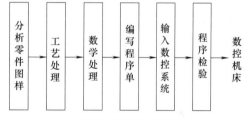

图 1-7 数控编程过程

1. 分析零件图样和工艺处理

根据零件图，可以对零件的形状、尺寸精度、表面粗糙度、工件材料、毛坯种类和热处理状况等进行分析，然后选择机床、刀具，确定定位夹紧装置、加工方法、加工顺序及切削用量的大小。在确定工艺过程中，应充分考虑所用数控机床的指令功能，充分发挥机床的效能，做到加工路线合理、走刀次数少和加工工时短等。此外，还应填写有关的工艺技术文件，如数控加工工序卡片、数控刀具卡片、走刀路线图等。

2. 数学处理

零件图的数学处理主要是计算零件加工轨迹的尺寸，即计算零件加工轮廓的基点和节点的坐标，或刀具中心轮廓的基点和节点的坐标，以便编制加工程序。

（1）基点坐标的计算　一般数控机床只有直线和圆弧插补功能。对于由直线和圆弧组成的平面轮廓，编程时数值计算的主要任务是求各基点的坐标。

① 基点的含义　构成零件轮廓的不同几何素线的交点或切点称为基点。基点可以直接作为其运动轨迹的起点或终点。

② 直接计算的内容　根据填写加工程序单的要求，基点直接计算的内容有：每条运动轨迹的起点和终点在选定坐标系中的坐标，圆弧运动轨迹的圆心坐标值。

基点直接计算的方法比较简单，一般可根据零件图样所给的已知条件用人工完成。即依据零件图样上给定的尺寸运用代数、三角、几何或解析几何的有关知识，直接计算出数值。在计算时，要注意小数点后的位数要留够，以保证足够的精度。

（2）节点坐标的计算　对于一些平面轮廓是非圆方程曲线 $Y=F(X)$ 组成，如渐开线、阿基米德螺线等，只能用能够加工的直线和圆弧去逼近它们。这时数值计算的任务就是计算节点的坐标。

① 节点的定义　当采用不具备非圆曲线插补功能的数控机床加工非圆曲线轮廓的零件时，在加工程序的编制工作中，常用多个直线段或圆弧去近似代替非圆曲线，这称为拟合处理。拟合线段的交点或切点称为节点。

② 节点坐标的计算　节点坐标的计算难度和工作量都较大，故常通过计算机完成，必要时也可由人工计算，常用的有直线逼近法（等间距法、等步长法和等误差法）和圆弧逼近法。

有人用 AutoCAD 绘图，然后捕获坐标点，在精度允许的范围内，也是一个简易而有效的方法。

3. 编写加工程序

在完成上述工艺处理及数值计算工作后，即可编写零件加工程序。程序编制人员使用数控系统的程序指令，按照规定的程序格式，逐段编写加工程序。程序编制人员应对数控机床的功能、程序指令及代码十分熟悉，才能编写出正确的加工程序。

4. 将程序输入数控系统

将加工程序输入数控机床的方式有：光电阅读机、键盘、磁盘、磁带、存储卡、连接上级计算机的 DNC 接口及网络等。目前常用的方法是通过键盘直接将加工程序输入到数控机床程序存储器中或通过计算机与数控系统的通信接口将加工程序传送到数控机床的程序存储器中，由机床操作者根据零件加工需要进行调用。现在一些新型数控机床已经配置大容量存储卡存储加工程序，当作数控机床程序存储器使用，因此数控程序可以事先存入存储卡中。

5. 程序校验与首件试切

数控程序必须经过校验和试切，确保无误后，才可进入数控加工阶段。在有图形模拟功能的数控机床上，可以进行图形模拟加工，检查刀具轨迹的正确性，对无此功能的数控机床可进行空运行检验。但这些方法只能检验出刀具运动轨迹是否正确，不能查出对刀误差、刀具调整不当或因某些计算误差引起的加工误差及零件的加工精度，所以有必要经过零件加工的首件试切的这一重要步骤。当发现有加工误差或不符合图纸要求时，应分析误差产生的原因，以便修改加工程序或采取刀具尺寸补偿等措施，直到加工出符合图样要求的零件为止。随着数控加工技术的发展，可采用先进的数控加工仿真方法对数控加工程序进行校核。

▌ 思考与练习

1. 数控编程方法有哪些？
2. 数控程序编制的内容和步骤是什么？

任务三　数控机床坐标系认知

▌ 学习目标

1. 掌握数控机床坐标和运动方向的命名原则。

2. 掌握数控机床的坐标轴判定的方法和步骤。

3. 会用右手直角笛卡儿定则在数控车床、铣床上建立坐标系。

▌资讯

一、数控机床坐标系

数控机床出厂时，制造厂家在机床上设置了一个固定的点，以这一点为坐标原点而建立的坐标系称为机床坐标系。它是用来确定工件坐标系的基本坐标系，是机床本身所固有的坐标系。

1. 坐标和运动方向的命名原则

(1) 刀具相对静止工件而运动的原则　不论机床的具体结构是工件静止、刀具运动，或是工件运动、刀具静止，在确定坐标系时，一律看做是刀具相对静止的工件运动。

(2) 机床坐标的规定　标准坐标系采用右手直角笛卡儿定则。基本坐标轴 X、Y、Z 关系及其正方向用右手直角笛卡儿定则。如图 1-8 所示，在图中，大拇指的方向为 X 轴的正方向，食指的方向为 Y 轴的正方向，中指的方向为 Z 轴的正方向。

(3) 正方向的规定　增大刀具与工件之间距离的方向为坐标正方向。

2. 数控机床的坐标轴判定的方法和步骤

(1) Z 轴　规定平行于机床主轴轴线的坐标为 Z 轴。规定刀具远离工件的方向为 Z 轴的正方向。

(2) X 轴　X 轴通常是水平轴，且平行于工件装夹平面。对于工件旋转的机床，X 轴的方向是在工件的径向上，且平行于横滑座，刀具离开工件旋转中心的方向为 X 轴正方向。对于刀具旋转的立式机床，规定水平方向为 X 轴方向，且当从刀具（主轴）向立柱看时，X 轴正向在右边；对于刀具旋转的卧式机床，规定水平方向仍为 X 轴方向，且从刀具（主轴）尾端向工件看时，右手所在方向为 X 轴正方向。

(3) Y 轴　Y 轴垂直于 X、Z 坐标。Y 轴的正方向根据 X 和 Z 坐标轴正方向按照右手直角笛卡儿定则来判断。如图 1-8 所示。

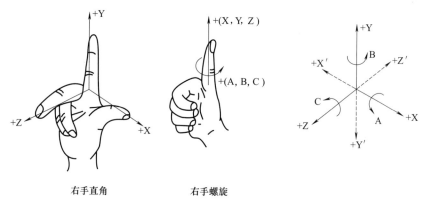

右手直角　　　　右手螺旋

图 1-8　数控机床标准坐标系

(4) 旋转运动 A、B 和 C　A、B 和 C 表示其轴线分别绕平行于 X、Y 和 Z 坐标的旋转运动。+A、+B、+C 分别用右手螺旋定则判定，拇指为 X、Y、Z 的正向，四指弯曲的方向为对应的 A、B、C 的正向。

(5) 附加坐标轴的定义　如果在 X、Y、Z 坐标以外，还有平行于它们的坐标，可分别指定为 U、V、W。若还有第三组运动，则分别指定为 P、Q、R。

二、数控车床坐标系

（1）数控车床坐标轴及其方向　如图 1-9 所示。

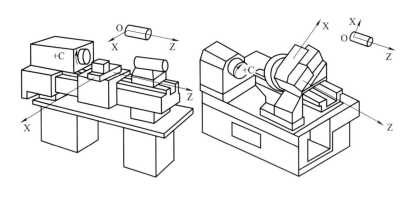

(a) 前置刀架数控车床机床坐标系   (b) 后置刀架数控车床机床坐标系

图 1-9　数控车床坐标轴及其方向

（2）数控车床坐标系　数控车床坐标系一般有两种建立方法。第一种坐标系建立的方法是：刀架和操作者在同一侧，X 轴的正方向指向操作者，如图 1-10（a）所示，适用于平床身（水平导轨）卧式数控车床。另一种坐标系统建立的方法是：刀架和操作者不在同一侧，X 轴的正方向背向操作者，如图 1-10（b）所示，适用于斜床身和平床身斜滑板（斜导轨）的卧式数控车床。

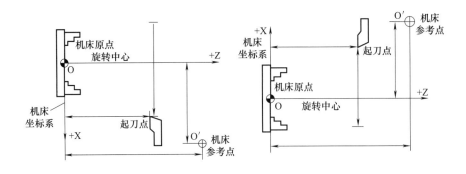

(a) 前置刀架数控车床机床坐标系建立   (b) 后置刀架数控车床机床坐标系建立

图 1-10　数控车床机床坐标系的建立

三、数控铣床/加工中心坐标系

根据右手直角笛卡儿定则，立式数控铣床坐标系如图 1-11 所示，卧式数控铣床坐标系如图 1-12 所示。

四、机床原点、机床参考点

（1）机床原点　在数控机床经过设计、制造和调整后，这个原点便被确定下来，它是机床上固定的一个点，如图 1-10～图 1-12 所示。

（2）机床参考点 数控装置通电时并不知道机床零点位置，为了正确地在机床工作时建立机床坐标系，通常在每个坐标轴的移动范围内（一般在 X 轴和 Z 轴的正向最大行程处）设置一个机床参考点（测量起点）。

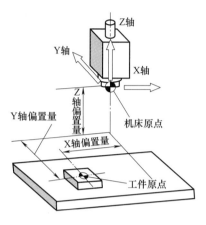

图 1-11 立式数控铣床坐标系

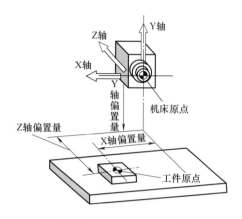

图 1-12 卧式数控铣床坐标系

机床参考点的位置由设置在机床 X 向、Z 向滑板上的机械挡块的位置来确定。当刀架返回机床参考点时，装在 X 向和 Z 向滑板上的两挡块分别压下对应的开关，向数控装置发出信号，停止刀架滑板运动，即完成了"回参考点"的操作。

实施

在数控车床和数控铣床/加工中心上用右手直角笛卡尔定则判定机床坐标轴。

思考与练习

1. 数控机床坐标和运动方向的命名原则是什么？
2. 数控机床的坐标轴判定的方法和步骤是什么？
3. 用右手直角笛卡儿定则在数控车床、铣床上建立坐标系。

任务四 数控加工程序结构与组成认知

学习目标

1. 掌握数控加工程序的结构与组成。
2. 明确程序段中英文字母含义。

资讯

一、程序的结构与组成

程序是由程序名、程序内容和程序结束三部分组成。

例如：

O0001；　　　　　　　　　　　　　　程序号

```
N10   G00   X100    Z100；
N20   M03   S600；
N30   T0101；
N40   G00   X38   Z0；                          程序内容
N50   G01   Z－20   F50；
N60   G00   X100    Z100；
N70   M05；
N80   M02；                                    程序结束
```

（1）程序名　即程序的开始部分，为了区别存储器中的程序都要有程序编号，在编号前采用程序编号地址码。如在法那克系统中采用英文字母"O"加四位数字组为程序编号地址。而有的系统采用"P、％"开头。西门子数控系统程序的命名由"文件名"＋"."＋"扩展名"组成。文件名开始的两个符号必须是字母，其后的符号可以是字母、数字或下划线，最多为 8 个字符，不得使用分隔符。扩展名为"MPF"（主程序）或"SPF"（子程序）。

（2）程序内容　是整个程序的核心，是由许多程序段组成，每个程序段由一个或多个指令组成，它表示数控机床要完成的全部动作。

（3）程序结束　用程序结束指令 M02 或 M30 作为整个程序结束的符号，结束整个程序。

二、程序段格式

这是指程序段中字、字符和数据的安排形式。它是由表示地址的英语字母、特殊文字和数字集合而成，如图 1-13 所示。

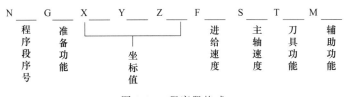

图 1-13　程序段格式

（1）地址 N 为程序段号，程序段号位于程序段之首，由地址 N 和后续数字组成。后续数字一般为 1～4 位正整数。程序段号实际上是程序段的名称。现代 CNC 系统中很多都不要求段号，即程序段号可有可无。

（2）地址 F 为进给功能指令，用于指定切削的进给速度。对于数控车床，F 可分为每分钟进给和主轴每转进给两种，对于其他数控机床，一般只用每分钟进给。F 指令在螺纹切削程序段中常用来指定螺纹的导程。法那克系统由 G98 和 G99 指定，西门子系统由 G94 和 G95 指定。开机以后数控车床进给速度的单位为 mm/r，数控铣床进给速度的单位为 mm/min，见表 1-3。

表 1-3　法那克系统与西门子系统进给速度单位指令代码

数控系统	法那克系统数控车床	西门子系统及法那克系统数控铣床
每分钟进给量/(mm/min)	G98	G94
每转进给量/(mm/r)	G99	G95

每分钟进给量与每转进给量的关系：

$$v_f = nf$$

式中　v_f——每分钟进给量；

n——主轴转速；

f——每转进给量。

例：每转进给量为 0.15mm/r，主轴转速为 1000r/min，则每分钟进给速度

$$v_f = nf = 0.15\text{mm/r} \times 1000\text{r/min} = 150\text{mm/min}$$

（3）地址 S 为主轴转速功能指令，单位为 r/min 或 m/min，由 G97 或 G96 指定。开机以后数控系统转速单位为 r/min。

（4）地址 T 刀具功能指令，指定加工时所选用的刀具号。数控车床可直接用刀具号进行换刀操作。法那克系统由 T 后跟四位数字组成，前两位为刀具号，后两位为刀具补偿号，如 T0101。西门子系统 T 后跟一位数字，表示刀具号，刀补号用 D 跟一位数字，如 T1D1。

（5）地址 M 辅助功能指令，用于指定数控机床辅助装置的开关动作，M 功能有非模态和模态功能两种形式，M 指令由地址字 M 和其后的一位或两位数字组成，又称为 M 功能，如 M00~M99。数控系统的常用的 M 功代码见表 1-4。

表 1-4 辅助功能（M 代码）

代 码	功 能	附 注
M00	程序暂停	非模态
M01	程序选择停止	非模态
M02	程序结束	非模态
M03	主轴顺时针旋转	模态
M04	主轴逆时针旋转	模态
M05	主轴停转	模态
M06	换刀	非模态
M08	冷却液打开	模态
M09	冷却液关闭	模态
M30	程序结束并返回开头	非模态

① M00 程序暂停，为程序无条件暂停指令。在执行完 M00 指令程序后，主轴停转、进给停止、冷却液关闭、数控系统停止读入下一程序。当重新按下机床控制面板上的循环启动（cycle start）按钮之后，继续执行下一段程序。

② M01 程序选择性暂停。该指令的作用与 M00 相似。所不同的是，必须在操作面板上，预先按下"任选停止"按钮，当执行完 M01 指令程序段之后，程序停止；如果不按下"任选停止"开关，则 M01 指令无效。

③ M02 程序结束。该指令用于程序全部结束，命令主轴停转、进给停止及冷却液关闭。

④ M03、M04、M05 分别为主轴顺时针旋转、主轴逆时针旋转及主轴停转。

⑤ M06 换刀。用于具有刀库的数控机床（如加工中心）的换刀功能。

⑥ M08 冷却液开。打开冷却液。

⑦ M09 冷却液关。关闭冷却液。

⑧ M30 程序结束，并返回开头。在完成程序段的所有指令后，使主轴停转、进给停止和冷却液关闭，将程序指针返回到第一个程序段并停下来。

（6）地址 X、Y、Z 为尺寸指令，表示机床上刀具运动到达的坐标位置或转角。尺寸单位有米制、英制之分；米制用 mm（毫米）表示，英制用 in（英寸）表示。

第一组 X，Y，Z，U，V，W，P，Q，R 用于确定终点的直线坐标尺寸；

第二组 A，B，C，D，E 用于确定终点的角度坐标尺寸；

第三组 I，J，K 用于确定圆弧轮廓的圆心坐标尺寸。

（7）地址 G 准备功能指令，准备功能指令由字符 G 和其后的 1～3 位数字组成，主要作用是指令机床的运动方式，为数控系统的插补运算作准备。常用的为 G00～G99，很多现代 CNC 系统的准备功能已扩大至 G150。常用 G 指令：坐标定位与插补；坐标平面选择；固定循环加工；刀具补偿；绝对坐标及增量坐标等。

G 功能有非模态和模态之分。非模态 G 功能只在所规定的程序段中有效，程序段结束时被注销。模态 G 功能是一组可相互注销的 G 功能，这些功能一旦被执行则一直有效直到被同一组的 G 功能注销为止。

附录 A 以 FANUC 0i-Mate TC 系统、附录 B 以 SIEMENS 802D 系统数控车床、附录 C 以 FANUC 0i-Mate MC 系统、附录 D 以 SIEMENS 802D 系统数控铣床为例列举了现代 CNC 系统的准备功能。

思考与练习

1. 数控加工程序由哪些组成？
2. 程序段中英文字母表示什么含义？

项目二
数控车床基本操作

任务一 数控车床面板功能认知

■ 学习目标

1. 掌握 FANUC 0i Mate 系统数控车床面板功能。
2. 掌握 SIEMENS 802D 系统数控车床面板功能。

■ 资讯

一、FANUC 0i Mate 系统数控车床面板功能

1. CRT/MDI 数控操作面板

如图 2-1 所示为 FANUC 0i Mate-TB 数控操作面板，主要由 CRT 显示屏和编辑面板组成。

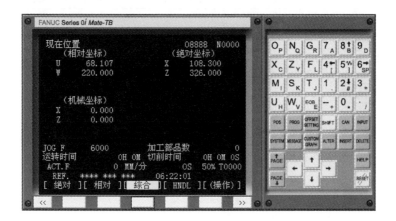

图 2-1 FANUC 0i Mate-TB 数控操作面板

（1）FANUC 0i Mate-TB 数控系统 CRT 显示屏 如图 2-2 所示。CRT 显示屏下方的白色软键，可通过左右扩展键进行切换。各软键功能可参考 CRT 画面最下方一行对应的文字提示。

（2）FANUC 0i Mate-TC 数控系统编辑面板按键 如图 2-3 所示，其各按键名称、符号及用途见表 2-1。

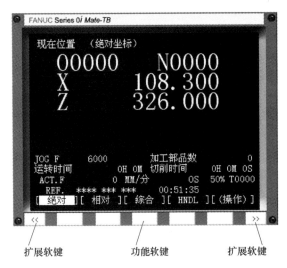

图 2-2 FANUC 0i Mate-TB 数控系统 CRT 显示屏

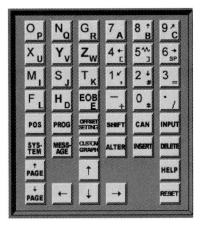

图 2-3 FANUC 0i Mate-TB
数控系统编辑面板按键

表 2-1 FANUC 0i Mate-TB 数控系统编辑面板中按键名称符号和用途

序号	键符号	按键名称	用途
1	POS	位置键	屏幕显示当前位置画面,包括绝对坐标、相对坐标、综合坐标(显示绝对、相对坐标和余移量、运行时间、实际速度等)
2	PROG	程序键	屏幕显示程序画面,显示的内容由系统的操作方式决定。 a. 在 AUTO(自动执行)或 MDI(手动数据输入)方式下,显示程序内容、当前正在执行的程序段和模态代码、当前正在执行的程序段和下一个将要执行的程序段、检视程序执行或 MDI 程序。 b. 在 EDIT(编辑)方式下,显示程序编辑内容、程序目录
3	OFFSET SETTING	刀偏设定键	屏幕显示刀具偏移值、工件坐标系等
4	SYS-TEM	系统键	屏幕显示参数画面、系统画面
5	MESS-AGE	信息键	屏幕显示报警信息、操作信息和软件操作面板
6	CUSTOM GRAPH	图形显示键	辅助图形画面,CNC 描述程序轨迹
7	(数字和字符键盘图)	数字和字符键	用于输入数据到输入区域,系统自动判别取字母还是取数字。字母和数字键通过 SHIFT(上挡)键切换输入
8	RESET	复位键	用于 CNC 复位或者取消报警等

序号	键符号	按键名称	用 途
9	HELP	帮助键	按此键用来显示如何操作机床,如 MDI 键的操作。可在 CNC 发生报警时提供报警的详细信息、帮助功能
10	SHIFT	换档键	在有些键顶部有两个字符。按住此键来选择字符,当一个特殊字符∧在屏幕上显示时,表示键面右下角的字符可以输入
11	INPUT	输入键	用来对参数键入、偏置量设定与显示页面内的数值输入
12	CAN	取消键	按此键可删除已输入到键的输入缓冲器的最后一字符或符号
13	ALTER	替换键	替换光标所在的字
	INSERT	插入键	在光标所在字后插入
	DELETE	删除键	删除光标所在字,如光标为一程序段首的字则删除该段程序此外还可删除若干段程序、一个程序或所有程序
14	↑ ← ↓ →	光标移动键	向程序的指定方向逐字移动光标
15	↑PAGE ↓PAGE	翻页键	向屏幕显示的页面向上、向下翻页
16	EOB E	分段键	该键是段结束符

2. 机床操作面板（以 FANUC 0i Mate 标准操作面板为例）

机床操作面板如图 2-4 所示。主要用于控制机床的运动和选择机床运行状态，由模式选择旋钮、数控程序运行控制开关等多个部分组成，每一部分的详细说明见表 2-2。

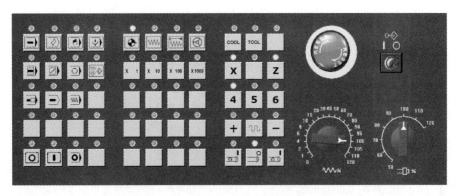

图 2-4 FANUC 0i Mate 标准操作面板

表 2-2 FANUC 0i Mate 机床操作面板按键及功能

按　键	功　能
	AUTO(MEM)键(自动模式键):进入自动加工模式
	EDIT 键(编辑键):用于直接通过操作面板输入数控程序和编辑程序
	MDI 键(手动数据输入键):用于直接通过操作面板输入数控程序和编辑程序
	文件传输键:通过 RS232 接口把数控系统与电脑相连并传输文件
	REF 键(回参考点键):通过手动回机床参考点
	JOG 键(手动模式键):通过手动连续移动各轴
	INC 键(增量进给键):手动脉冲方式进给
	HNDL 键(手轮进给键):按此键切换成手摇轮移动各坐标轴
COOL	冷却液开关键:按下此键,冷却液开
TOOL	刀具选择键:按下此键在刀库中选刀
	程序段跳键:在自动模式下按此键,跳过程序段开头带有"/"程序
	程序停键:自动模式下,遇有 M00 指令程序停止
	程序重启键:由于刀具破损等原因自动停止后,程序可以从指定的程序段重新启动
	程序锁开关键:按下此键,机床各轴被锁住
	空运行键:按下此键,各轴以固定的速度运动
	机床主轴手动控制开关:手动模式下按此键,主轴正转
	机床主轴手动控制开关:手动模式下按此键,主轴停止
	机床主轴手动控制开关:手动模式下按此键,主轴反转
	循环(数控)停止键:数控程序运行中,按下此键停止程序运行

按　键	功　能
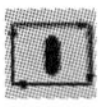	循环(数控)启动键:在"AUTO"或"MDI"工作模式下按此键自动加工程序,其余时间按下无效
 **X**	X轴方向手动进给键
 **Z**	Z轴方向手动进给键
 **+**	正方向进给键
	快速进给键,手动方式下,同时按住此键和一个坐标轴点动方向键,坐标轴以快速进给速度移动
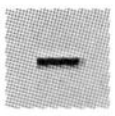 **—**	负方向进给
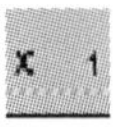 X　1	选择手动移动(步进增量方式)时每一步的距离。X1 为 0.001mm
 X　10	选择手动移动(步进增量方式)时每一步的距离。X10 为 0.01mm
 X 100	选择手动移动(步进增量方式)时每一步的距离。X100 为 0.1mm
 X1000	选择手动移动(步进增量方式)时每一步的距离。X1000 为 1mm
	程序编辑开关:置于"ON"位置,可编辑程序
	进给速度(F)调节旋钮:调节进给速度,调节范围从 0~120%
	主轴转速调节旋钮:调节主轴转速,调节范围从 50%~120%
	紧急停止按钮:按下此按钮,可使机床和数控系统紧急停止,旋转可释放

二、SIEMENS 802D 数控车床面板功能

1. 数控操作面板

SIEMENS 802D 数控操作面板如图 2-5 所示。其按键功能见表 2-3。

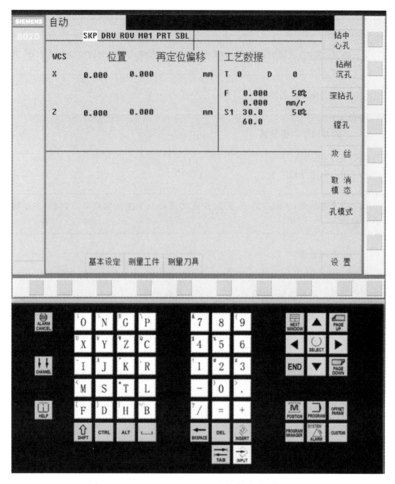

图 2-5　SIEMENS 802D 系统数控操作面板

表 2-3　SIEMENS 802D 系统数控操作面板按键及功能

序号	键符号	按键名称	功 能 简 介
1		软菜单键	在屏幕最下面一行及最右边一列各显示有八项内容,如果要进入某项功能中去,则按下方及右侧相应的软菜单键,屏幕就进入相应的功能画面
2		返回键	按 键可以返回到当前目录菜单的上一级菜单
3		菜单扩展键	按键可以看到同级菜单的其他内容
4		报警应答键	系统(包括机床)的一些报警可以用此键消除
5		通道转换键	
6		信息键	

序号	键符号	按键名称	功能简介
7		字母及字符键	用于输入字母及字符到输入区域
8		数字及字符键	用于输入数字及字符到输入区域
9	SHIFT	上档键	当按下此键再同时按双字符键，则将双字符键左上角对应的字符输入到操作输入区
10	CTRL	多功能键	可以和其他按键组合使用达到不同效果
11	ALT	替换键	替换光标所在的字
12	␣	空格键	输入空格
13	BACK-SPACE	删除键	自右向左删除字符
14	DEL	删除键	自左向右删除字符
15	INSERT	插入键	在光标所在字后插入
16	TAB	制表键	
17	INPUT	回车/输入键	(1)按此键可以对输入的内容确认。输入程序时，按此键光标另起一行。(2)打开、关闭一个文件目录。(3)打开文件

序号	键符号	按键名称	功 能 简 介
18	 NEXT WINDOW	垂直菜单键	按此键可出现一垂直菜单,选择相应的内容,可以方便输入一些特定符号(如:编程时输入 GOTO B LCYC 或 SIN)
19	 END	结束键	
20	 SELECT	选择/转换键	一般用于单选、多选框
21	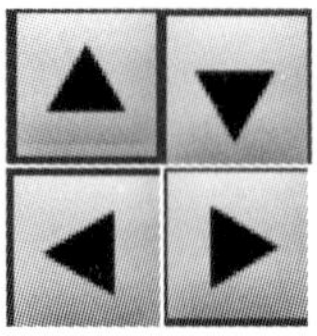 ▲ ▼ ◄ ►	光标向上、下、左、右键	按键可移动光标
22	 PAGE UP	向上翻页键	
23	 PAGE DOWN	向下翻页键	
24	 M POSITOIN	加工操作区域键	按此键,进入机床操作区域
25	 PROGRAM	程序操作区域键	
26	 OFFSET PARAM	参数操作区域键	按此键,进入参数操作区域
27	 PROGRAM MANAGER	程序管理操作区域键	
28	 SYSTEM ALARM	报警/系统操作区域键	
29	 CUSTOM	用户专用键	

2. 机床操作面板

机床操作面板如图 2-6 所示,按键及功能见表 2-4。

图 2-6　SIEMENS 802D 系统数控车床机床操作面板

表 2-4　SIEMENS 802D 系统机床操作面板按键及功能

序号	键符号	按键名称	功 能 简 介
1		紧急停止键	按下急停按钮,使机床移动立即停止,并且所有的输出如主轴的转动等都会关闭
2		主轴倍率修调旋钮	将光标移至此旋钮上后,通过点击鼠标的左键或右键来调节主轴倍率
3		进给倍率修调旋钮	调节数控程序自动运行时的进给速度倍率,调节范围为 0~120%。置光标于旋钮上,点击鼠标左键,旋钮逆时针转动,点击鼠标右键,旋钮顺时针转动
4		增量选择按钮	在单步或手轮方式下,用于选择移动距离
5		手动方式键	用于手动模式下的各种操作,如装夹工件、对刀、手动移动刀架等
6		回零方式键	机床回零;机床必须首先执行回零操作,然后才可以运行
7		自动方式键	进入自动加工模式

续表

序号	键符号	按键名称	功能简介
8	SINGLE BLOCK	单段运行键	当此按钮被按下时,运行程序时每次执行一条数控指令
9	MDI	手动数据输入键	用于直接通过操作面板输入数控程序和编辑程序
10	SPIN START	主轴正转键	按下此按钮,主轴开始正转
11	SPIN STOP	主轴停止键	按下此按钮,主轴停止转动
12	SPIN START	主轴反转键	按下此按钮,主轴开始反转
13	-X +X -Z +Z	刀架移动按钮	在手动模式下,移动刀架
14	RAPID	快速按钮	在手动方式下,按下此按钮后,再按下刀架移动按钮则可以快速移动机床
15	RESET	复位键	按下此键,复位 CNC 系统,包括取消报警、主轴故障复位、中途退出自动操作循环和输入、输出过程等
16	CYCLE STOP	数控加工停止键	程序运行暂停,在程序运行过程中,按下此按钮运行暂停
17	CYCLE START	数控加工启动键	程序运行开始
18		手轮	左上角为工作灯开关,右上角为系统电源开关,中间为手轮

▌实施

1. 打开 FANUC 0i Mate 数控车床,熟悉各种加工模式及功能。

2. 打开 SIEMENS 802D 数控车床，熟悉各种加工模式及功能。

思考与练习

简述 FANUC 0i Mate 和 SIEMENS 802D 数控车床各种加工模式及功能。

任务二　数控车床程序输入、编辑及模拟

学习目标

1. 知识目标
掌握程序输入、编辑和图形模拟方法。
2. 技能目标
（1）会数控程序输入。
（2）会进行程序内容的编辑处理。
（3）会进行图形模拟。

数控机床
程序输入

资讯

一、数控程序的输入

1. FANUC 0i Mate 系统程序的输入
（1）将程序保护锁调到开启状态，按 EDIT 键，选择编辑工作模式。
（2）按 PROG（程序）键，显示程序编辑画面或程序目录画面。如图 2-7 和图 2-8 所示。
（3）输入新程序名如"O0010"，按"INSERT"，再按"EOB"和"INSERT"。
（4）程序段的输入是"程序段＋EOB"，然后"INSERT"，换行后继续输入程序。
具体详细过程是：主功能 EDIT（编辑）→PROG（程序）→程序名→INSERT（插入）→EOB→INSERT→程序段＋EOB→INSERT。
注：若程序在输入过程中出现错误可通过面板上的"DELETE"键删除。
（5）按 CAN 可依次删除输入区最后一个字符，按【DIR】软键可显示数控系统中已有程序目录，如图 2-8 所示。

图 2-7　FANUC 0i Mate 系统程序编辑窗口

图 2-8　FANUC 0i Mate 系统程序目录窗口

2. SIEMENS 802D 系统程序的输入

（1）选择数控编辑面板中程序管理操作区域键，出现图 2-9 所示的程序管理显示窗口，显示系统中所有程序目录。

（2）按显示屏右侧【新程序】软键，出现图 2-10 所示的新程序名输入提示对话框。新程序输入时不输入扩展名，即使用缺省扩展名 MPF，子程序必须跟扩展名 SPF。

（3）输入新程序名，按显示屏右下角【确认】软键后即出现程序窗口，按加工要求逐行输入程序。每输完一个程序段按回车键换行，继续程序的输入，如图 2-11 所示。在程序输入状态下，对钻削、车削复合循环指令，可以使用对应软键（显示屏下方和右侧），打开相应复合循环指令参数输入窗口，输入数据，按确认生成加工程序。例：程序中需要输入 CYCLE95（"KK3"，1.5，0，0.2，0.4，0.15，0.08，0.08，3，0，0，0.5），可在屏幕下方选择车削对应软键后，按显示屏右侧出现的切割对应软键，在出现的 CYCLE95 参数输入界面输入相应参数（图 2-12），输完后按显示屏右侧确认软键，生成相应程序。输入的程序自动保存。

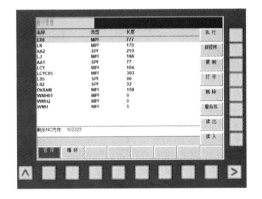

图 2-9　SIEMENS 802D 系统程序管理窗口

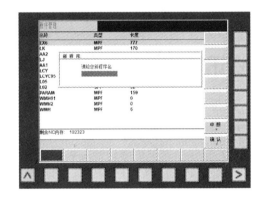

图 2-10　SIEMENS 802D 系统输入新程序名窗口

图 2-11　SIEMENS 802D 系统程序编辑窗

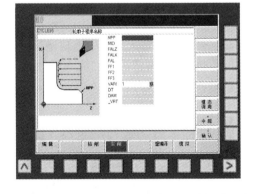

图 2-12　SIEMENS 802D 系统循环指令参数输入窗口

二、数控程序的编辑

1. 法那克系统程序编辑

（1）程序的查找与打开

方法一：

① 按 EDIT 键或 MEM 键，使机床处于编辑或自动工作模式下。

② 按 PROG（程序）键，显示程序画面。

③ 按【程序】软键，按【操作】软键，出现【O 检索】。

④ 按【O 检索】软键，便可依次打开存储器中的程序。

⑤ 输入程序名如"O0010"，按【O 检索】软键，便可打开该程序。

方法二：

① 按 EDIT 键或 MEM 键，使机床处于编辑或自动工作模式下。

② 按 PROG 程序键，显示程序画面。

③ 输入要打开的程序名如"O0010"。

④ 按 ↓ 光标向下移动键即可打开该程序。

（2）程序的复制

① 按 EDIT 键，使机床处于编辑工作模式下。

② 按 PROG（程序）键，显示程序画面。

③ 按【操作】软键。

④ 按扩展键。

⑤ 按软键【EX-EDT】。

⑥ 检查复制的程序是否已经选择，并按软键【COPY】。

⑦ 按软键【ALL】。

⑧ 输入新的程序名（只输数字部分）并按 INPUT 输入键。

⑨ 按软键【EXEC】即可。

拷贝程序的一部分：将操作模式旋钮旋至编辑模式→按程序键→按软键【操作】→按软件扩展键→按软键【EX-EDT】→按软键【COPY】→将光标移动到要拷贝范围的开头，按软键【CRSR～】→将光标移动到要拷贝范围的末尾，按软键【～CRSR】或【～BTTM】（如按【～BTTM】则不管光标的位置直到程序结束的程序都将被拷贝）→输入新的程序名（只输数字部分），并按输入键→按软键【EXEC】。

（3）程序的删除

① 按 EDIT 键，使机床处于编辑工作模式下。

② 按 PROG（程序）键，显示程序画面。

③ 输入要删除的程序名。

④ 按 DELETE（删除）键，即可把程序删除掉。

⑤ 如输入"O—9999"，再按 DELETE 删除键，即可删除所有程序。

删除指定范围内的多个程序：将操作模式旋钮旋至编辑模式→按程序键→输入 OXXXX，OYYYY（XXXX 代表将要删除程序的起始程序号，YYYY 代表将要删除程序的终止程序号）→按删除键即删除从 No xxxx—No yyyy 之间的程序。

（4）字的插入

① 打开程序，并处于 EDIT（编辑）工作模式下。

② 按光标键，查找字要插入的位置。

③ 输入要插入的字。

④ 按 INSERT 键即可。

（5）字的替换

① 打开程序，并处于 EDIT（编辑）工作模式下。

② 按光标键，查找到将要被替换的字。

③ 输入替换的字。

④ 按 ALTER 键即可。

（6）字的删除

① 打开程序，并处于 EDIT（编辑）工作模式下。

② 按光标键，查找到将要删除的字。

③ 按 DELETE 键即可删除。

2. SIEMENS 802D 系统程序编辑

（1）程序的查找与打开、删除、重命名、复制

① 在任何操作模式下，按程序管理操作区域键 PROGRAM MANAGER，出现程序管理窗口，显示所有程序目录。

② 按 ▲ ▼ 上下光标键查找程序名。

③ 按显示屏右侧【打开】软键即可打开指定程序。

④ 按显示屏右侧【删除】软键，弹出删除文件对话框，如图 2-13 所示。

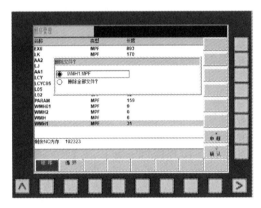

图 2-13 SIEMENS 802D 系统程序编辑窗口（一） 图 2-14 SIEMENS 802D 系统程序编辑窗口（二）

按显示屏右侧【确认】软键即可删除指定程序。

⑤ 按显示屏右侧【重命名】软键，弹出指定新程序名对话框，如图 2-14 所示，按显示屏右侧【确认】软键即可重命名指定程序。

⑥ 按显示屏右侧【复制】软键，弹出指定新文件名对话框，按显示屏右侧【确认】软键即可复制选定的程序。

（2）程序内容的编辑

① 按（1）中①②③步骤打开选定的程序。

② 按 ▲ ▼ 光标上下移动键查找要编辑的程序段。

③ 按 PAGE PAGE 可翻页查找要编辑的程序段。

④ 按 ◄ ► 光标左右移动键，查找要编辑字的位置。

⑤ 直接输入要添加的程序字、地址、数据。

⑥ 按 BACK SPACE 键一次删除一位光标前的字符；连续按，可连续删除。

（3）程序段的复制与删除

① 程序编辑模式下，移动光标至所要复制的程序段前，选择显示屏右侧【标记程序段】软键，按光标键，逐字标记所要复制的程序段，标记的程序段上打上阴影，如图 2-15 所示。

② 选择显示屏右侧【复制程序段】软键，阴影消除。

③ 移动光标至要粘贴的位置，按显示屏右侧【粘贴程序段】软键，完成复制。

④ 在步骤①的操作完成之后，按显示屏右侧【(删除程序段)】软键，完成标记程序段的删除。

三、数控程序的模拟

图 2-15　SIEMENS 802D 系统标记程序段窗口

1. 法那克系统程序模拟

在进行程序检查时，可以通过图形显示功能来描绘刀具路径。具体操作步骤如下。

（1）选择 EDIT（编辑）工作模式。

（2）按 PRGRM 键，输入 O 和要运行的程序号。

（3）按［检索↓］，显示程序。

（4）选择 MEM 或 AOTO（自动）工作模式。

（5）按 DRIVE（锁定）键，进行机械锁定。

（6）按 DRY（空运行）键，按 GRAPH（图像模拟）键。

（7）按 I（循环启动）键，开始描绘图形。

（8）按 DRY 键，关掉空运行，再按 DRIVE（锁定）键，进行机械锁定解除。

2. 西门子系统程序模拟

（1）选择 AUTO 工作模式。

（2）按程序管理操作键 PROGRAM MANAGER 。

（3）移动光标，选择要运行的程序名，按显示屏右侧【打开】软键，打开程序。

（4）选择显示屏下方【程序控制】软键。

（5）按显示屏右侧【程序测试】【空运行进给】软键，打开程序测试、空运行进给功能。

（6）打开显示屏下方【模拟】软键。

（7）按循环启动键 CYCLE START ，开始描绘图形。

（8）按显示屏右侧【程序测试】【空运行进给】软键，关掉程序测试和空运行进给。

▌实施

在数控铣床上输入程序，在进行程序检查时，可以通过图形显示功能来描绘刀具路径，具体操作步骤如下：

（1）选择"编辑"方式。

（2）按"PRGRM"键，输入程序。

（3）选择"自动"方式。

（4）按"锁定"键，进行机械锁定。

（5）按"图形模拟"键。

（6）按"循环启动"键，开始描绘图形。

（7）再按"锁定"键，进行机械锁定解除。

▌思考与练习

1. 数控机床程序由哪几部分组成？

2. 简述 FANUC 0i Mate 和 SIEMENS 802D 系统程序输入步骤。

任务三　数控车床手动、手轮及 MDI 操作

学习目标

1. 知识目标

掌握数控车床回参考点、手动、手轮及 MDI（或 MDA）操作。

2. 技能目标

（1）会数控车床的开机、关机和回参考点操作。

（2）会数控车床的手动、手轮及 MDI 操作。

数控机床
手动操作

资讯

一、开机操作

打开机床总电源，按系统电源打开键，直至 CRT 显示屏出现"NOT READY"提示后，旋开急停旋钮，当"NOT READY"提示消失后，开机成功。

注意：在开机前，应先检查机床润滑油是否充足，电源柜门是否关好，操作面板各按键是否处于正常位置，否则将可能影响机床正常开机。

二、机床回零操作

将操作模式旋钮旋至回零 REF 或按 模式键，依次按 +X 、+Z 轴进给方向键（车床回参考点应先回 X 轴，再回 Z 轴），待 CRT 显示屏中各轴机械坐标值均为零或显示屏中 X1、Z1 均出现 时，回零操作成功。如图 2-16 所示。

(a) FANUC 0i Mate 系统屏幕显示

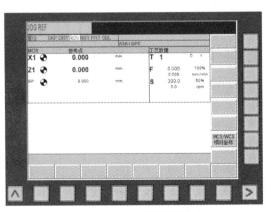

(b) SIEMENS 802D 系统屏幕显示

图 2-16　回参考点屏幕显示

机床回零操作应注意以下几点：

（1）当机床工作台或主轴当前位置已处于参考点位置、接近机床零点或处于超程状态时，此时应采用手动模式，将机床工作台或主轴移至各轴行程中间位置，否则无法完成回零

操作。

（2）机床正在执行回零动作时，不允许转动操作模式旋钮，否则回零操作失败。回零操作做完后将操作模式旋钮旋至［手动模式］——依次按住各轴选择键－X、－Z，给机床回退一段约 100mm 的距离。

（3）"回参考点"只有在 REF 模式下进行。X、Z 两坐标轴可同时回参考点，未到达参考点前不可松开坐标轴点动方向键。

（4）回参考点后用 MEM（AUTO）自动、JOG（手动）或 MDI（MDA）手动输入等工作模式结束回参考点操作。

（5）当数控机床出现以下几种情况时，应重新回机床参考点。

① 机床关机以后重新接通电源开关。

② 机床解除紧急停止状态以后。

③ 机床超程报警信号解除以后。

④ 机床锁紧解除后。

三、关机操作

按"系统电源关键"，关闭"机床总电源"，关机成功。

注意：关机后应立即进行加工现场及机床的清理与保养。

四、手动（JOG）模式操作

操作模式旋钮旋至［JOG 模式］或按 键，分别按住各轴选择键＋Z、＋X、－X、－Z 即可使机床向"键名"的轴和方向连续进给；若同时按快速移动键，则可快速进给；通过调节进给倍率旋钮、快速倍率旋钮，可控制进给、快速进给移动的快慢。

五、手轮（HNDL）模式操作

1. FANUC 0i Mate 手轮操作

将操作模式旋钮旋至［HNDL 模式］，通过手轮上的"轴向选择旋钮"可选择轴向运动，顺时针转动"手轮脉冲器"，轴正移，反之，则轴负移。通过选择脉动量×1、×10、×100（分别是 0.001、0.01、0.1 毫米/格）来确定进给快慢。手轮构造见图 2-17。

2. SIEMENS 802D 系统手轮操作

在（JOG）模式下，选择显示屏右侧【手轮方式】软键，如图 2-18 所示，弹出手轮机床坐标选择显示窗口，如图 2-19 所示，按显示屏

图 2-17　FANUC 0i Mate 系统手轮面板

右侧【X】或【Z】软键，选择需要的坐标轴，逆时针或顺时针方向转动手轮，就可实现 X 或 Z 方向的"－""＋"向运动。刀架移动的快慢可选择增量选择按钮 ，设置不同的单步移动增量来实现。手轮构造见图 2-20。

六、手动数据模式操作

1. FANUC 0i Mate 系统的 MDI 操作

将操作模式旋钮旋至［MDI 模式］，按编辑面板上的"程序键"，选择程序屏幕，按下

对应 CRT 显示区的软键【MDI】，系统会自动加入程序号 O0000，用通常的程序编辑操作编制一个要执行的程序，在程序段的结尾不能加 M30（在程序执行完毕后，光标将停留在最后一个程序段）。输入若干段程序，将光标移到程序首句，按"循环启动键"即可运行。

图 2-18　SIEMENS 802D 系统 JOG 模式窗口

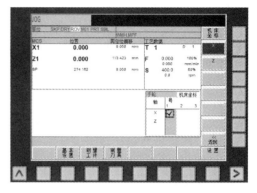

图 2-19　SIEMENS 802D 系统手轮坐标选择窗口

若只需在 MDI 输入运行主轴转动等单段程序，只需在程序号 O0000 后输入所需运行的单段程序，光标位置停在末尾，按"循环启动键"即可运行。

要删除在 MDI 方式中编制的程序可输入地址 O0000，然后按下 MDI 面板上的删除键或直接按复位键。

2. SIEMENS 802D 系统的 MDI 操作

按▣模式键，出现 MDI 窗口，如图 2-21 所示，在输入区输入要执行的程序，按循环启动键▣即可运行。

图 2-20　SIEMENS 802D 手轮旋钮面板

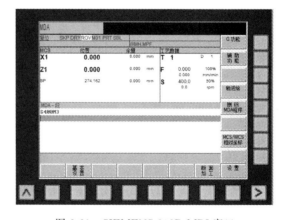

图 2-21　SIEMENS 802D MDI 窗口

▌ 实施

通过改变主功能模式，在数控车床上进行手动、手轮、MDI（或 MDA）、回参考点操作。

（1）手动：X、Z 分别负 100mm 左右。

（2）回参考点：分别按 +X、+Z 回机床参考点。

（3）手轮：通过选择脉动量，转动手轮脉冲器，让 X 为 −100mm、Z 为 −100mm。

（4）MDI（或 MDA）：M03S600；T0101；T0202；T0303 等。

思考与练习

1. 简述手动程序输入的步骤。
2. 手动快慢如何变速？

任务四　数控车床对刀

学习目标

1. 知识目标

掌握工件坐标系及建立方法。

2. 技能目标

（1）会正确安装刀具和工件。

（2）会 FANUC 0i Mate 系统车床对刀操作。

（3）会 SIEMENS 802D 系统车床对刀操作。

数控车床
对刀

资讯

编制数控程序采用工件坐标系，对刀的过程就是建立工件坐标系与机床坐标系之间关系的过程。

一、工件坐标系

1. 工件坐标系的概念

工件坐标系又称编程坐标系，是编程人员为方便编写数控程序而建立的坐标系。

2. 工件坐标系建立的原则

工件坐标系建立有一定的准则，具体有以下几方面。

（1）工件坐标系方向的设定　工件坐标系的方向必须与所采用的数控机床坐标系方向一致，卧式数控车床上加工工件，工件坐标系 Z 轴正方向应向右，X 轴正方向向上或向下（前置刀架向下，后置刀架向上）与卧式数控车床机床坐标系方向一致，如图 2-22 所示。

（2）工件坐标系的原点位置的设定　工件坐标系的原点又称为工件原点或编程原点。理论上编程原点的位置可以任意设定，但为方便对刀及求解工件轮廓上基点坐标，应尽量选择在零件的设计基准和工艺基准上。对于数控车床常按以下要求进行设置：

① X 轴零点设置在工件轴线上，一般采用直径量编程（数控车床默认），如用半径编程，需用指令转换。

② Z 轴零点一般设置在工件右端面上（有利于对刀），也可以设置在工件左端面上（有利于保证工件总长）。

二、零件的安装

数控车床上零件的安装方法与普通车床一样，常见的有三爪自定心卡盘直接安装、四爪单动卡盘安装、两顶尖之间安装及一夹一顶安装四种。针对工件形状、大小的差异和加工精度及数量的不同，要合理选择定位基准和夹紧方案，主要注意以下两点：

（1）力求设计、工艺与编程计算的基准统一，这样有利于提高编程时数值计算的简便性

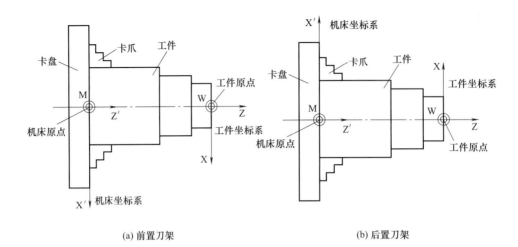

(a) 前置刀架　　　　　　　(b) 后置刀架

图 2-22　数控车床工件坐标系与机床坐标系关系

和精确性。

图 2-23　三爪卡盘

（2）尽量减少装夹次数，尽可能在一次装夹后，加工出全部待加工面。

数控车床上，完成简单零件及中级工任务常选择三爪自定心卡盘直接安装工件。

如图 2-23 所示，三爪自定心卡盘可以自定心，夹持范围大，适用于截面为圆形、三角形、六边形的轴类和盘类小型零件的加工。

三、数控车床刀具的选择与装夹

数控车床加工时，能根据程序指令实现刀架自动旋转。为了缩短数控车床的准备时间，适应柔性加工要求，数控车床对刀具提出了更高的要求，不仅要求刀具精度高、刚性好、耐用度高，而且要求安装、调整、刃磨方便，断屑及排屑性能好。

为了满足要求，刀具配备时应注意几个问题：在可能的范围内，使被加工工件的形状、尺寸标准化，从而减少刀具的种类，实现不换刀或少换刀，以缩短准备和调整时间；使刀具规格化和通用化，以减少刀具的种类，便于刀具管理；尽可能采用可转位刀片，磨损后只需更换刀片，增加了刀具的互换性；在设计或选择刀具时，应尽量采用高效率、断屑及排屑性能好的刀具。

1．数控车刀的类型与选择

车床主要用于回转表面的加工，如内外圆柱面、圆锥面、圆弧面、螺纹等切削加工。图 2-24 所示为常用车刀的种类、形状和用途。

数控车削常用的车刀一般分为三类，即尖形车刀、圆弧形车刀和成形车刀。

（1）尖形车刀　以直线形切削刃为特征的车刀一般称为尖形车刀。这类车刀的刀尖（同时也为其刀位点）由直线形的主、副切削刃构成，如 90°内外圆车刀、左右端面车刀、切断（车槽）车刀以及刀尖倒棱很小的各种外圆和内孔车刀。

（2）圆弧形车刀　圆弧形车刀是较为特殊的数控加工用车刀。其特征是，构成主切削刃的刀刃形状为一圆度误差或线轮廓误差很小的圆弧，该圆弧刃每一点都是圆弧形车刀的刀

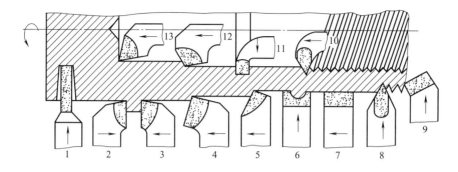

图 2-24 常用车刀的种类、形状和用途

1—切槽（断）刀；2—90°反（左）偏刀；3—90°正（右）偏刀；4—弯头车刀；5—直头车刀；

6—成形车刀；7—宽刃精车刀；8—外螺纹车刀；9—端面车刀；10—内螺纹车刀；

11—内切槽车刀；12—通孔车刀；13—不通孔车刀

尖，因此，刀位点不在圆弧上，而在该圆弧的圆心上，圆弧形车刀可以用于车削内、外表面，特别适宜于车削各种光滑连接（凹形）的成形面。

（3）成形车刀 俗称样板车刀，其加工零件的轮廓形状完全由车刀刀刃的形状和尺寸决定。数控加工中，应尽量少用或不用成形车刀。

2. 数控车床刀具的安装

车刀安装正确与否，是切削加工能否顺利进行的关键，同时也直接影响了加工程序的编制及零件的尺寸精度。安装车刀时，应注意下列几个问题。

（1）车刀安装在刀架上，伸出部分不宜太长，伸出量一般为刀杆厚度的 1.5～2 倍。伸出过长会使刀杆刚性变差，切削时易产生振动，影响工件的表面质量。

（2）车刀垫铁要平整，数量要少，垫铁应与刀架对齐。车刀至少要用两个螺钉压紧在刀架上，并逐个轮流拧紧。

（3）车刀刀尖应与工件轴线等高，如图 2-25（a）所示，否则会因基面和切削平面的位置发生变化，而改变车刀工作时的前角和后角的数值。图 2-25（b）所示车刀刀尖高于工件轴线，使后角减小，增大了车刀后刀面与工件间的摩擦；图 2-25（c）所示车刀刀尖低于工件轴线，使前角减小，切削力增加，切削不顺利。

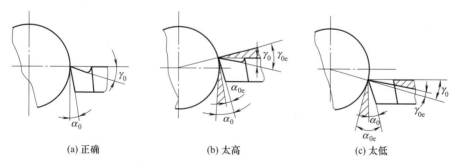

(a) 正确   (b) 太高   (c) 太低

图 2-25 装刀高低对前后角的影响

车端面时，车刀刀尖若高于或低于工件中心，车削后工件端面中心处会留有凸头，如图 2-26 所示。使用硬质合金车刀时，如不注意这一点，车削到中心处会使刀尖崩碎。

（4）外形加工的车刀刀杆中心线应与进给方向垂直，否则会使主偏角和副偏角的数值发生变化，如图 2-27 所示。如螺纹车刀安装歪斜，会使螺纹牙型半角产生误差。用偏刀车削

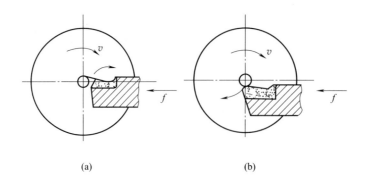

图 2-26   车刀刀尖不对准工件中心的后果

台阶时，必须使车刀主切削刃与工件轴线之间的夹角在安装后等于 90°或大于 90°，否则，车出来的台阶面与工件轴线不垂直。

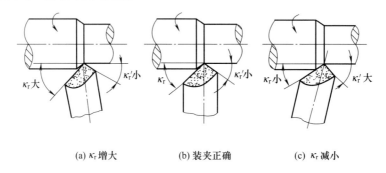

(a) κ_r 增大   (b) 装夹正确   (c) κ_r 减小

图 2-27   车刀装偏对主副偏角的影响

四、对刀点和换刀点

对刀点是数控加工中刀具相对于工件运动的起点，是零件程序加工的起始点，所以对刀点也称"程序起点"。

对刀点可设在工件上并与工件原点重合，也可设在工件外、任何便于对刀之处，但该点与工件原点之间必须有确定的坐标联系。一般情况下，对刀点既是加工程序执行的起点，也是加工程序执行的终点。

车床刀架的换刀点是指刀架转位换刀时所在的位置。换刀点的位置可以是固定的，也可以是任意一点。它的设定原则是以刀架转位时不碰撞工件和机床上其他部件为准则，通常和刀具起始点重合。

五、对刀目的及原理

对刀是数控车床操作中非常重要的一项工作，对刀的精度，将直接影响零件的尺寸精度。刀补值的测量过程称为对刀操作，其目的是在机床上确定工件坐标系的位置，即确定工件坐标系与机床坐标系的关系。对刀的方法常见有两种：试切法对刀、对刀仪对刀。对刀仪又分机械检测对刀仪和光学检测对刀仪；各类数控机床的对刀方法各有差异，但其原理及目的是一致的，即通过对刀操作，将刀补值测出后输入 CNC 系统，加工时系统根据刀补值自动补偿两个方向的刀偏量，使零件加工程序不受刀具（刀位点）安装位置的不同，而给切削带来影响。

六、工件测量

根据常用量具的种类和特点，可分为三种类型：

（1）万能量具 这类量具一般都有刻度，在测量范围内可以测量零件的形状和尺寸的具体数值，如游标卡尺、千分尺、百分表和万能量角器等。

（2）专用量具 这类量具不能测出实际尺寸，只能测定零件形状和尺寸是否合格，如卡规、塞规、塞尺等。

（3）标准量具 这类量具只能制成某一固定尺寸，通常用来校对和调整其他量具，也可作为标准与被测零件进行比较，如量块。

数控车床外形轮廓尺寸精度的测量，常用的测量量具主要有游标卡尺、千分尺、万能角度尺、R规和百分表等。

游标卡尺测量工件时，对工人的手感要求较高，测量时卡尺夹持工件的松紧程度对测量结果影响较大。因此，其实际测量时的测量精度不是很高。

千分尺的测量精度通常为0.01mm，测量灵敏度要比游标卡尺高，而且测量时也易控制其夹持工件的松紧程度。因此，千分尺主要用于较高精度的轮廓尺寸的测量。

万能角度尺主要用于各种角度和垂直度的测量，测量是采用透光检查法进行。

R规主要用于各种圆弧的测量，测量是采用透光检查法进行。

百分表则借助于磁性表座进行同轴度、跳动度、平行度等形位公差的测量。

▌实施

一、装夹工件、刀具

将铝棒用三爪卡盘装夹，伸出30～50mm，找正后夹紧。按要求把外圆车刀装入刀架1号刀位并夹紧。

二、对刀操作

刀位点是编制程序和加工时，用于表示刀具特征的点，也是对刀和加工的基准点。常用车刀刀位点如图2-28所示。

对刀是数控加工中的重要操作，通过车刀刀位点的试切削，测出工件坐标系在机床坐标系中的位置，将其存储到G54等零点偏置寄存器或刀具长度补偿中，运行程序时调出存储器中数值。

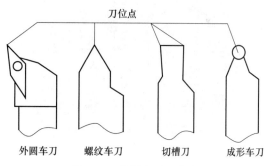

图 2-28 常用车刀刀位点

数控车床加工中使用刀具较多，采用零点偏置指令对刀时，需一把车刀设置在一个零点偏置指令中，使用不方便，故数控车床加工常采用刀具长度补偿对刀，通过对刀将工件坐标系原点在机床坐标系中位置测出并输入到刀具长度补偿寄存器中，运行程序时调用该刀具长度补偿，可以使刀具在机床中具有正确的位置，按编程指定的坐标移动。此时一般把G54、G55等零点偏置指令中X、Z值全部清零。Z轴和X轴对刀示意图如图2-29、图2-30所示。具体步骤如下：

1. FANUC 0i Mate 系统试切对刀操作

MDI工作模式下输入 M03 S500 指令，按◫循环启动键。切换成手动（JOG）模式。

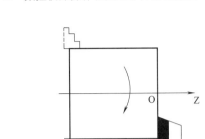

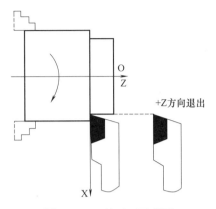

图 2-29　Z 轴对刀示意图

图 2-30　X 轴对刀示意图

（1）Z 向对刀　用外圆车刀先试切端面（倍率调 2％以下），按 OFFSET SET→补正→形状，如图 2-31（a）所示，输入"Z 0"，按 测量 软键，如图 2-31（b）所示，刀具"Z"补偿值即自动输入到几何形状里。

（2）X 向对刀　用外圆车刀再试切一外圆（倍率调 2％以下），Z 向退刀，停车，测量外圆直径后，按 OFFSET SET→补正→形状，如图 2-31（a）所示，输入"外圆直径值"，按 测量 软键，如图 2-31（b）所示，刀具"X"补偿值即自动输入到几何形状里。

（3）对刀检验　刀具退回换刀点，在 MDI 工作模式下，按 PROG（程序）键，输入检测程序"M03 S500；T0101；G00X XXX；G01Z0F1；按 循环启动键，运行检测程序。程序运行结束后，观察刀具位置是否与屏幕上显示的绝对坐标一致，如一致，则对刀正确；如不一致，查找原因，重新对刀。

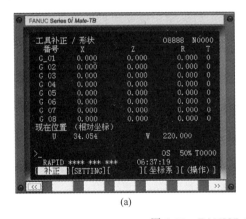

(a)

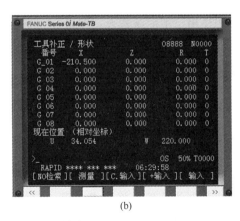

(b)

图 2-31　FANUC 0i 系统刀具补偿窗口

2. 西门子系统试切对刀操作

（1）按参数操作区域键 OFFSET PARAM，进入参数设置界面，如图 2-32（a）所示，选择显示屏下方【零点偏移】软键，如图 2-32（b）所示，观察零点偏移值是否均为零（若不为零，移动光标至对应位置，输入 0 即可）。

（2）按 MDI 工作模式下输入 M03 S500 指令，按循环启动键 CYCLE START，使主轴转动（或手动方式下按 SPIN START 主轴正转按钮，使主轴转动）。

（3）按手动键 JOG 切换成手动（JOG）模式。

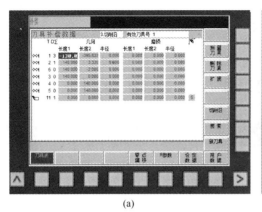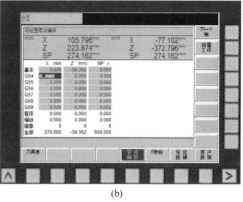

(a)   (b)

图 2-32 SIEMENS 802D 系统零点偏置参数设置

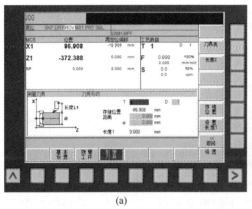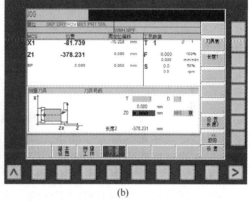

(a)   (b)

图 2-33 SIEMENS 802D 系统刀具补偿窗口

（4）Z 向对刀。用外圆车刀车削端面（手动倍率调 2％以下或选择手轮车削）。→原路退出（＋X 方向移动）。→停主轴→按显示屏下方【测量刀具】软键。→按显示屏右侧【手动测量】软键，进入试切刀具补偿界面，如图 2-33（a）所示。→按显示屏右侧【长度 2】软键，进入 Z 向刀补设置窗口→观察刀具号是否为当前刀具 T1（若不是移动光标键▼至 T 位置，输入当前刀具号 T1）；观察刀补号是否为 D1（若不是移动光标键▼至 D 位置，输入刀补号 D1）；观察 Z 向坐标是否为"0"（若不为 0，移动光标键▼至相应位置输入 0）。→按显示屏右侧【设置长度 2】软键，则 Z 向刀补设置完成，如图 2-33（b）所示。

（5）X 向对刀。用外圆车刀车削外圆，长 3～5mm（手动倍率调 2％以下或选择手轮车削）→原路退出（＋Z 方向移动）→停主轴→测量外圆，记录实测值→按显示屏右侧【长度 1】软键，进入 X 向刀补设置窗口→观察刀具号是否为当前刀具 T1；观察刀补号是否为 D1→移动光标键▼至 φ 处，输入记录的实测直径→按显示屏右侧【设置长度 1】软键，则 X 向刀补设置完成。

思考与练习

1. 常见数控车刀有几种类型？

2. 刀具安装应注意什么？

3. 什么是工件坐标系？数控车床工件坐标系建立的原则有哪些？数控车床工件坐标系

原点一般设置在哪里？

4. 简述 FANUC 0i Mate 系统和 SIEMENS 802D 系统对刀操作步骤。

任务五　数控车床文明生产及维护保养

▌学习目标

1. 知识目标

（1）掌握数控车床安全操作规程和安全文明生产知识。

（2）了解数控车床的日常维护及保养知识。

2. 技能目标

会数控车床的日常维护及保养。

▌资讯

一、数控车床安全操作规程

为正确合理地使用数控车床，保证机床正常运转，必须制定比较完善的数控车床安全操作规程，通常包括以下内容。

（1）开机前应对数控车床进行全面细致的检查，包括操作面板、导轨面、卡爪、尾座、刀架、刀具等，确认无误后方可操作。

（2）机床启动操作应按顺序进行，即：总闸→机床通电开关→NC 启动。

（3）不允许在卡盘或床身上敲击或校正工件，床面上不准放置工具或工件。

（4）在切削铸铁、气割下料的工件前，导轨上润滑油要擦去，工件上的型砂杂质应清除干净。

（5）使用冷却液时，要在导轨上涂上润滑油。

（6）程序输入后，应仔细核对代码、地址、数值、正负号、小数点及语法是否正确。

（7）检查各坐标轴是否回参考点，限位开关是否可靠；若某轴在回参考点前已在参考点位置，应先将该轴沿负方向移动一段距离后，再手动回参考点。

（8）正确测量和计算工件坐标系，并对所得结果进行检查。

（9）未装工件前，空运行一次程序，看程序能否顺利进行，刀具和夹具安装是否合理，有无超程现象。

（10）主轴运转前，必须将卡盘扳手取下，确保安全。

（11）操作数控车床时只能一人操作，其他人在一旁观看。在加工过程中操作者不得离开岗位或托他人代管，不能做与工作无关的事情。暂时离岗可按暂停按钮，要正确使用急停开关，工作中严禁随意拉闸断电。

（12）首件加工应采用单段程序切削，并随时注意调节进给倍率控制进给速度。

（13）对刀后，检验每把刀的刀位点的实际位置与屏幕上显示的工件坐标值是否一致，如有偏差，必须重新对刀。

（14）试切和加工中，刃磨刀具和更换刀具后，要重新测量刀具位置并修改刀补值和刀补号。

（15）必须在确认工件夹紧后才能启动机床，严禁工件转动时测量、触摸工件。

（16）数控车床在运行（主轴转动）时不能测量工件、不能用手去摸工件表面，更不允许用纱布去擦拭工件表面。

（17）紧急停车和机械锁定后，应重新进行机床"回参考点"操作，才能再次运行程序。

（18）自动加工和空运行时必须关上安全防护门。

（19）数控加工时精力要高度集中，发生故障及时停车，采取措施，并记录显示故障内容，发生事故应立即停车断电，保护现场，及时上报，不得隐瞒，并配合老师做好分析调查工作。

（20）加工结束后应清扫机床并加防锈油，停机时应将各坐标轴停在正向极限位置。

二、数控加工文明生产

（1）操作机床期间必须穿工作服，并扣紧袖口、拉好衣服拉链，否则不许上机。禁止戴手套操作机床，有长发的女生要戴帽子或发网。不准多人同时操作一台机床。

（2）数控机床操作必须在指导老师指导下进行，未经指导老师同意，不允许开动机床。自己编制的程序须经指导老师审查后方可上机运行。

（3）启动机床前应检查是否已将扳手等工具从机床上拿开，放置妥当。机床主轴启动，开始切削时应关好防护门，正常运行时，禁止按"急停"按钮（若急停后应回零），加工中严禁开启防护门。

（4）机床运转中，绝对禁止变速。变速或换刀时，必须保证机床完全停止，开关处于"OFF"位置，以防机床事故发生。机床开动期间严禁离开工作岗位做与操作无关的事情，手应放在"急停"或"复位"按钮上，集中精力，如遇紧急情况迅速按红色"急停"按钮，并报告指导老师经修正后方可正常加工。

（5）严禁在车间内嬉戏、打闹。严禁在机床间穿梭。

（6）学生不得擅自修改、删除机床参数和系统文件，造成事故者，将追究责任。

（7）学生必须在每天下班前10min，关闭机床、工具归位、清洁机床，在指导老师指导下对各运动副加润滑油，打扫车间的环境卫生，养成良好的实习习惯。

三、数控机床进行日常维护和保养

数控机床进行日常维护和保养的目的是延长器件的使用寿命和机械部件的周期更换，防止发生意外的恶性事故；使机床始终保持良好的状态，并保持长时间的稳定工作。

（1）良好的润滑状态。定期检查、清洗自动润滑系统，添加或更换油脂、油液，使丝杠、导轨等各运动部位始终保持良好的润滑状态，以降低机械的磨损速度。

（2）机械精度的检查调整。减少各运动部件之间的形状和位置偏差，包括换刀系统、工作台交换系统、丝杠。如果机床周围环境太脏，粉尘太多，均可影响机床的正常运行；电路板上太脏，可能产生短路现象；油水过滤器、安全过滤网等太脏，会发生压力不够，散热不好，造成故障。所以必须定期进行卫生清扫。数控机床日常保养见表2-5。

表2-5　日常保养一览表

序号	检查周期	检查部位	检查要求
1	每天	导轨润滑油箱	检查油标、油量,及时添加润滑油,润滑泵能否定时启动供油及停止
2	每天	X、Z方向的导轨面	清除切屑及脏物,检查润滑油是否充分,导轨有无划伤
3	每天	压缩空气气源压力	检查气动控制系统压力,应在正常范围
4	每天	主轴润滑恒温油箱	工作正常,油量充足并能调节温度范围
5	每天	机床液压系统	油箱,油泵无异常噪声,压力标志正常,管路及各接头无泄漏
6	每天	各种电气柜散热通风装置	各电柜冷却风扇工作正常,风道过滤网无堵塞
7	每天	各种防护装置	导轨、机床防护罩等应无松动,无漏水

续表

序号	检查周期	检查部位	检查要求
8	每天	机床上	清理切屑
9	每半年	滚珠丝杠	清洗丝杠上旧的润滑脂,涂上新油脂

▍实施

清理切屑,擦拭机床各导轨面,对数控车床进行维护保养。

▍思考与练习

1. 简述数控车床安全操作规程。
2. 试述数控车床日常维护保养的内容。
3. 试述数控车床日常操作有哪些注意事项。

项目三
零件轮廓编程与加工

任务一　简单台阶零件编程与加工

■ 学习目标

1. 知识目标
(1) 掌握 G00、G01 指令及其应用。
(2) 掌握简单台阶零件加工工艺。
(3) 会编写简单台阶零件数控加工程序。
2. 技能目标
(1) 能装夹工件、刀具。
(2) 熟练机床基本操作。
(3) 掌握零件的单段加工方法。
(4) 完成零件的加工。

■ 工作任务

如图 3-1 所示工件，毛坯为 $\phi40mm \times 100mm$ 的硬铝料，试编写其数控车削加工程序并进行加工。

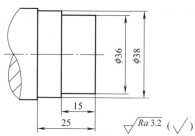

图 3-1　简单台阶零件图

任务分析：本任务加工过程中，加工余量较少，学生在掌握普通车床加工工艺的基础上，用 G00 与 G01 指令进行编程和单段加工。

■ 资讯

一、精加工余量的确定

1. 精加工余量的概念
零件加工分粗、精车。精加工余量是指精加工过程中，所切去的金属层厚度。通常情况下，精加工余量由精加工一次切削完成。

2. 精加工余量的影响因素

精加工余量的大小对零件的加工最终质量有直接影响。选取的精加工余量不能过大，也不能过小，余量过大会增加切削力、切削热的产生，进而影响加工精度和加工表面质量；余量过小则不能消除上道工序（或工步）留下的各种误差、表面缺陷和本工序的装夹误差，容易造成废品。因此，应根据影响余量大小的因素合理地确定精加工余量。

影响精加工余量大小的因素主要有两个，即：上道工序（或工步）的各种表面缺陷、误差和本工序的装夹误差。

3. 精加工余量的确定方法

确定精加工余量的方法主要有以下三种。

（1）经验估算法 此法是凭工艺人员的实践经验估计精加工余量。为避免因余量不足而产生废品，所估余量一般偏大，仅用于单件小批生产。

（2）查表修正法 将工厂生产实践和试验研究积累的有关精加工余量的资料制成表格，并汇编成手册。确定精加工余量时，可先从手册中查得所需数据，然后再结合工厂的实际情况进行适当修正。这种方法目前应用最广。

（3）分析计算法 采用此法确定精加工余量时，需运用计算公式和一定的试验资料，对影响精加工余量的各项因素进行综合分析和计算来确定其精加工余量。用这种方法确定的精加工余量比较经济合理，但必须有比较全面和可靠的试验资料，目前，只在材料十分贵重，以及军工生产或少数大量生产的工厂中采用。

二、数控加工工艺有关知识

1. 刀具的选择

选择刀具时要根据零件的形状和加工要求来确定。一般车削阶台工件选用 90°外圆车刀。

2. 加工路线的确定

在加工过程中，应考虑尽可能地减少换刀次数和走刀时间。确定原则如下。

（1）先粗后精 粗车是以合理的切削用量尽可能快地将余量车掉，并留下 0.2～0.8mm（直径量）左右余量精车。精车是使工件获得精确的尺寸和规定的表面粗糙度的加工过程，故应考虑取较小的进给量。具体根据切削的刀具和被加工的材料来确定。

（2）先近后远 这里的远近是车削部位相对于对刀点的距离的大小来区分。

三、编程指令

1. G00——快速定位

（1）指令功能 刀具以机床规定的速度从所在位置移动到目标点，快速移动的轨迹通常为折线型轨迹。移动速度由机床系统参数设定，无需在程序段中指定。

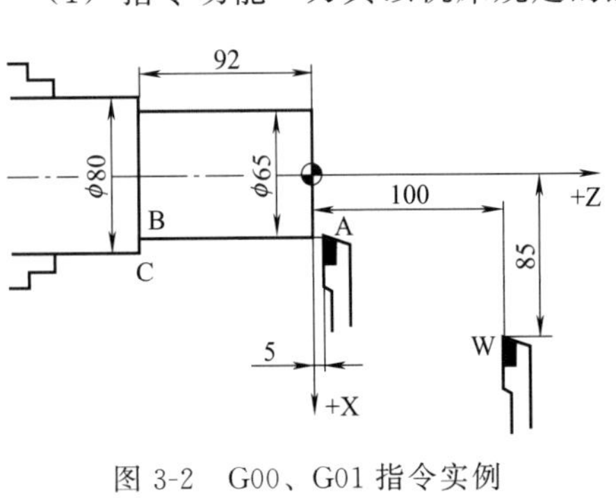

（2）指令格式

G00 X __ Z __

其中，X、Z 为目标点的坐标。

例：如图 3-2 所示，假设刀尖从 W 点运动到 A 点，程序如下：

G00 X65 Z5；

（3）指令使用说明

图 3-2 G00、G01 指令实例

① 用 G00 指令快速移动时，地址 F 编程的进给速度无效。

② G00 指令为模态指令，即一经使用持续有效，直到被同组 G 代码（G01、G02、G03…）取代为止。

③ G00 指令的刀具运动速度快，容易撞刀，使用在退刀及空行程场合，能减少运动时间，提高效率。

④ G00 指令的目标点不能设置在工件上，一般应离工件有 2～5mm 的安全距离，也不能在移动过程中碰到机床、夹具等，如图 3-2 所示。

⑤ G00 编程时，也可以写作 G0。

2. G01——直线插补

（1）指令功能 刀具以进给功能 F 下编程的进给速度沿直线从起始点到达目标点。

（2）指令格式

G01 X __ Z __ F __

其中，X、Z 为目标点的坐标。

例：如图 3-2 所示，假设刀尖从 A 点运动到 B 点，程序如下：

G01 X65 Z－92 F0.3；

（3）指令使用说明

① G01 用于直线切削加工，必须给定刀具进给速度，且程序中只能指定一个进给速度。

② G01 为模态指令，即一经使用持续有效，直到被同组 G 代码（G00、G02、G03…）取代为止。

③ 刀具空间运行或退刀时用此指令则运动时间长，效率低。

④ 不运动的坐标可以省略。G01 编程时，也可以写作 G1。

⑤ 法那克系统与西门子系统指令格式一样。

▎计划

根据加工任务，制定零件加工计划，见表 3-1。

表 3-1 计划

序号	工作内容	工具	注意事项	操作人
1	加工工艺分析,确定切削路线	参考书	无	全体
2	编写加工程序	参考书	无	全体
3	输入程序、图形模拟	机床	无	AB
4	装刀具和工件	刀架扳手和卡盘扳手	工件装好,取下卡盘扳手	CD
5	零件加工	外圆车刀、千分尺、游标卡尺	避免工件飞出,关安全防护门	EF
6	零件检测	游标卡尺	无	CD
7	打扫机床,整理实训场地,量具摆放整齐	打扫工具	无	全体

▎决策

根据计划，由组长进行人员任务分工，见表 3-2。

表 3-2 决策

序号	人员	分工
1	全体	工艺分析,编写加工程序
2	AB	输入程序,检验程序正确性,模拟图形
3	CD	准备刀具、量具、工件
4	EF	装刀,装工件,对刀,零件加工
5	CD	零件检测

■ 实施

一、加工工艺分析

1. 选择工、量、刃具

(1) 工具选择及装夹　因学生初学数控加工，选择材料为硬铝。同时又要考虑经济性，

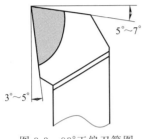

图 3-3　93°正偏刀简图

所以用 $\phi40mm \times 100mm$ 铝棒加工多个零件。铝棒装夹在三爪自定心卡盘上。工件在装夹时伸出长度要合适，要校正夹紧。

(2) 量具选择　外圆长度精度不高，选用 0～150mm 游标卡尺测量。外圆用 25～50mm 千分尺测量。

(3) 刀具的选择与安装　刀具选用 93°硬质合金外圆车刀，刀具形状及主要角度如图 3-3 所示。

刀具在安装时要注意以下几个要点：

① 刀尖与工件旋转中心要等高（可通过平面试切法来精确判断，刀尖偏高，中心会留有小锥台，偏低会留有小圆柱台，平面车平则刀尖对准中心）。

② 刀头伸出长度要适当，约为 1.5 倍刀柄厚度。

③ 装刀时刀具放正，刀柄不能歪斜，以免影响实际切削时的主偏角和副偏角大小。

④ 刀具要压稳，交替拧紧螺钉，不得使用加力管。

2. 加工工艺路线

根据加工路线确定原则，先粗后精；粗车时分两层切削，第一次车成 $\phi38.5mm$，长 25mm，第二次车成 $\phi36.5mm$，长 15mm；精车时按轮廓车削至尺寸。

3. 选择合理切削用量

因铝料硬度较低，切削力较小，切削用量可选大些。但因是第一次在数控机床上加工工件，切削用量尽可能选择较小。粗加工背吃刀量，1.5mm；主轴转速，600r/min；进给量，0.2mm/r；精加工背吃刀量（单边），0.25mm；主轴转速，1000r/min；进给量，0.1mm/r。

二、编制加工程序

1. 建立工件坐标系

根据工件坐标系建立原则，将工件坐标系原点设在右端面与工件轴线交点上，如图 3-4 所示。

2. 计算基点及工艺点坐标

零件各几何要素之间连接点称为基点。例如，零件轮廓上两条直线交点、直线与圆弧的交点或切点等，往往作为直线、圆弧插补的目标点，是编写数控程序的重要数据。

坐标系建立后应计算基点坐标。对于数控车床编程时 X 轴方向常用直径数据作为其编程数据。

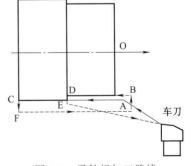

图 3-4　零件粗加工路线

工艺点有 A、B 进刀点及外圆加工后沿 X 轴方向退刀点 E、F。进刀点 A、B 的 X 坐标与各外圆 X 坐标相同，Z 坐标应离毛坯右端面 2～5mm 安全距离。退刀点 E、F 的 X 坐标略大于所车外圆直径，以保证退刀时与所加工表面不干涉。具体坐标如下：进刀点 A（X38.5，Z3）B（X36.5，Z3），基点 C（X38.5，Z-25）D（X36.5，Z-15），退刀点 E（X39，Z-15）、F（X42，Z-25）。

3. 复查刀补

在手动模式下退出刀具，输入程序 T0101（T1D1）；M03 S400；G00 X40；G01 Z1 F1；按循环启动键观察到达位置是否正确。

4. FANUC 0i Mate 及 SIEMENS 802D 系统简单台阶加工参考程序（见表 3-3）

表 3-3　FANUC 0i Mate 及 SIEMENS 802D 系统简单台阶加工参考程序

程序段号	加工程序	程序说明
	O1212； （EXP1.MPF）	FANUC 0i Mate 程序名 （SIEMENS 802D 系统程序名）
N10	G00 X100 Z100	刀具快速运动到点（X100，Z100）
N20	M03 S600	主轴正转转速 600r/min
N30	T0101(T1D1)	换 1 号刀
N40	G00 X38.5 Z3	刀具快速运动到 A 点
N50	G01 Z−25 F0.2	以 G01 速度从 A 点直线加工到 C 点
N60	X42	刀具沿＋X 方向退出至 F 点
N70	G00 Z4	刀具沿＋Z 方向快速退回
N80	X36.5	X 方向进刀至 B 点
N90	G01 Z−15 F0.2	刀具直线加工到 D 点
N100	X39	刀具沿＋X 方向退出至 E 点
N110	G00 Z3	Z 向快速退刀
N120	M03 S1000	主轴正转转速 1000r/min
N130	G00 X36	X 向进刀
N140	G01 Z−15 F0.1	精车 ϕ36 外圆
N150	X38	车台阶端面
N160	Z−25	精车 ϕ38 外圆
N170	X42	X 向退刀
N180	G00 X100 Z100	刀具退回换刀点
N190	M05	主轴停转
N200	M02	程序结束

三、技能训练

1. 加工准备

（1）检查坯料尺寸。

（2）开机、回参考点。

（3）装夹刀具与工件。外圆车刀按要求装于刀架的 T01 号刀位。铝棒夹在三爪自定心卡盘上，伸出 40mm，找正并夹紧。

（4）程序输入。把编写的程序通过数控面板输入数控机床，并检查，确保正确。

（5）程序模拟。

① 空运行操作。机床按设定的运动速度（快速）运行，可用快速运动开关来改变进给速度。其用于不装夹工件时加工程序检验。空运行操作只需按下空运行开关即可，空运行结束后应使空运行按钮复位。

② 机床轴锁住及辅助功能锁住操作。按下机床操作面板上的机床锁住开关，启动程序后，机床不移动，只显示刀具位移的变化，用于检查程序。另外还有辅助功能锁住，它使 M、S、T 代码被禁止输出并且不能执行，与机床锁住功能一样用于检查程序。

2. 对刀

X、Z 轴均采用试切法对刀，通过对刀把操作得到的数据输入到 T01 刀具补偿存储器中，G54 等零点偏置中数值输入 0。

3. 复查刀补

在手动模式下退出刀具，在 MDI 模式输入刀号 T0101（T1D1）；M3 S400；G00 X40；

G01 Z1 F1。

4. 零件单段运行加工

零件单段工作模式是按下数控启动按钮后，刀具在执行完程序中的一段程序后停止。通过单段加工模式可以一段一段地执行程序，便于仔细检查数控程序。

（1）法那克系统操作步骤　打开程序，选择 MEM（自动加工）工作模式，调好进给倍率，按单段运行按钮，按循环启动按钮进行加工；每段程序运行结束后，继续按循环启动按钮即可一段一段执行程序。

（2）西门子系统操作步骤　打开程序，选择 AUTO（自动加工）工作模式，调好进给倍率，按单段运行按钮，按数控启动按钮进行加工；每段程序运行结束后，继续按数控启动按钮即可一段一段地执行程序。

检查

零件加工结束后进行检测。检测结果写在表 3-4 中。

表 3-4　评分表

班级			姓名		学号	
任务		简单台阶零件编程与加工			零件图编号	图 3-1
		序号	检测内容	配分	学生自评	教师评分
基本检查	编程	1	切削加工工艺制订正确	5		
		2	切削用量选择合理	5		
		3	程序正确、简单、规范	20		
	操作	4	设备操作、维护保养正确	10		
		5	安全、文明生产	10		
		6	刀具选择、安装正确、规范	5		
		7	工件找正、安装正确、规范	5		
工作态度		8	行为规范、纪律表现	10		
外圆		9	φ38mm	10		
		10	φ36mm	10		
长度		11	15	5		
		12	25	5		
综合得分				100		

评估

在实施过程中各组出现的问题各不相同，有些问题组内讨论解决了，有些问题没有解决，也有些问题组内成员都没有意识到，老师引导各组就一些典型和隐性的问题进行讨论，见表 3-5。

表 3-5　评估

序号	问题	可能原因	后果	避免措施
1	表面粗糙度差	进刀稍快，精加工参数不合理	工件表面质量差	进刀慢点，合理选择精加工参数
2	撞刀	对刀不正确；程序不正确	零件损坏，刀具损坏，有可能发生工件飞出安全事故	要复查刀补，确保对刀正确；程序输入后应仔细检查
3	第一次自动加工，没按要求单步加工	没按单步按钮	不能仔细观察加工过程	第一次自动加工，单步加工

思考与练习

1. 分析 G00 与 G01 指令有何区别？各有何功用？

2. 编写图 3-5 所示零件加工程序。

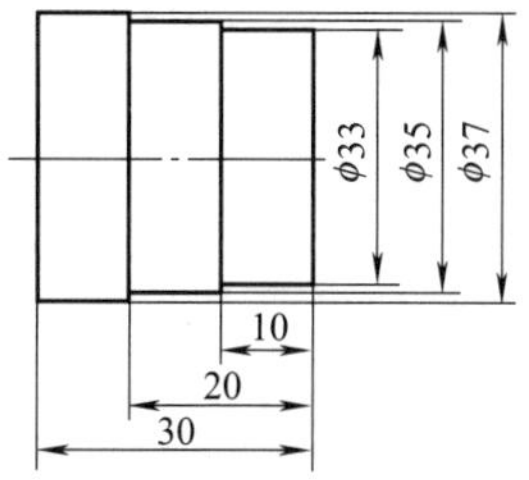

图 3-5　简单台阶零件加工练习图

任务二　阶梯轴零件编程与加工

阶梯轴零件
编程与加工

▌ 学习目标

　　1. 知识目标

　　（1）掌握法那克系统内外圆切削单一固定循环 G90 的指令格式、加工轨迹、各参数的含义及循环起点的确定。

　　（2）正确分析简单圆柱零件的加工工艺，合理安排加工路线和选择切削用量。

　　（3）正确使用单一固定循环指令编写简单零件粗、精加工程序。

　　2. 技能目标

　　（1）合理选择机械夹固式外圆刀具刀片角度，会刀片及刀具的正确安装。

　　（2）能正确分析零件表面质量，熟练应用相关量具测量、读数。

　　（3）掌握控制尺寸方法。

　　（4）完成零件加工。

▌ 工作任务

　　如图 3-6 所示工件，毛坯为图 3-1 零件基础上套料加工，试编写其数控车削加工程序并进行加工。

　　任务分析：本任务加工过程中，加工余量较多，若采用 G00 与 G01 指令进行编程，必然导致程序冗长，编程与输入出错概率增加。而采用固定循环指令编程可以使编写的加工程序简洁明了。本任务引入单一固定循环 G90 指令用于简单圆柱的粗加工。

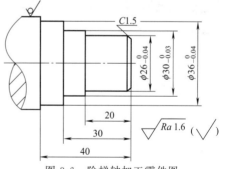

图 3-6　阶梯轴加工零件图

▌ 资讯

一、编程指令

　　内、外圆切削单一固定循环 G90（FANUC 0i Mate 系统）。

　　（1）指令格式

　　G90 X(U)__ Z(W)__ F __;

　　X(U)__ Z(W)__：循环切削终点（图 3-7 中的 C 点）处的坐标。

F __：循环切削过程中的进给速度，该值可沿用到后续程序中去，也可沿用循环程序前已经指定的 F 值。

例：G90 X30.0 Z－30.0 F0.1；

（2）指令的运动轨迹及工艺说明 圆柱面切削循环（即矩形循环）的执行过程如图 3-7 所示。刀具从循环起点 A 开始以 G00 方式径向移动至指令中的 X 坐标处（图中 B 点），再以 G01 的方式沿轴向切削工件外圆至终点坐标处（图中 C 点），然后以 G01 方式沿径向车削端面至循环起点的 X 坐标处（图中 D 点），最后以 G00 方式快速返回循环起点 A 处，准备下个动作。

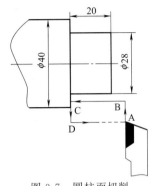

图 3-7 圆柱面切削
循环轨迹

G90 指令将 AB、BC、CD、DA 四段插补指令组合成一条循环指令进行编程，达到简化编程的目的。

（3）循环起点的确定 循环起点是机床执行循环指令之前，刀位点所在的位置，该点既是程序循环的起点，又是程序循环的终点。对于该点，考虑快速进刀的安全性，Z 向离开加工部位 2～5mm，在加工外圆表面时，X 向可略大于或等于毛坯外圆直径；加工内孔时，X 向可略小于或等于底孔直径。

（4）分层加工终点坐标的确定 粗加工背吃刀量 1～3mm（单边量），终点 Z 坐标为 －20。精加工背吃刀量根据刀具、工件材料及刀尖半径的不同取值，此次加工设为 0.5mm（直径量）。图 3-7 分层加工终点坐标见表 3-6。

表 3-6 分层切削加工终点坐标的确定

走刀	终点坐标	程序段
粗加工第一刀	37，－20	G90 X37.0 Z－20 F0.2
第二刀	34，－20	G90 X34.0 Z－20 F0.2
第三刀	31，－20	G90 X31.0 Z－20 F0.2
第四刀	28.5，－20	G90 X28.5 Z－20 F0.2
精加工走刀	28，－20	G90 X28.0 Z－20.0 F0.1

（5）编程实例 试用 G90 指令编写图 3-7 所示工件的加工程序。

O0201；
T0101；   （选择 1 号刀并调用 1 号刀补）
S500 M03；   （主轴正转，转速 500r/mm）
G00 X42 Z2；   （快速走刀至循环起点）
G90 X37 Z－20 F0.2；   （调用 G90 循环车削圆柱面）
X34；   （模态调用，下同）
X31；
X28.5；   （X 向留单边 0.25mm 精加工余量）
G90 X28 Z－20 F0.1 S1200；   （精加工）
G00 X100 Z100；   （退刀）
M30；   （程序结束）

二、外圆尺寸的修调方法

刀具补偿参数界面中的磨耗值通常用于补偿刀具的磨损量，也常用于补偿加工误差值。在零件完成粗加工后，进行检测并按照实测值误差进行了补偿，但完成精加工后往往仍然会出现尺寸超差的现象。主要原因如下。

（1）对刀误差。

（2）粗加工后的表面较粗糙造成检测误差，测量值大于实际值，按此测量值进行精加工往往会造成工件外圆尺寸偏小，无法弥补。

（3）粗、精加工中切削力的变化造成实际切削深度与理论切削深度的偏差。

（4）机床精度的影响。

为避免粗加工误差对精加工的影响，通常采用粗—半精加工—精加工的加工方案。为减少编程工作量，可通过在磨耗界面中预留精加工余量的方法，在粗—半精加工后检测工件尺寸并根据实测值修调磨耗值，由于精加工与半精加工加工条件基本一致，从而有效保证了加工精度。

实际操作中运用磨耗值修调尺寸时，通过磨耗值预留了二次精加工余量，尺寸按中间公差值修调。先按程序完成零件的粗、精加工，然后根据实测值修调磨耗值，在编辑模式中将光标移至调用精加工刀号刀补号（或重新调用刀号刀补号）程序段，切换至自动加工模式循环启动再执行一次精加工即可。

计划

根据加工任务，制订零件加工计划，见表 3-7。

表 3-7　计划

序号	工作内容	工具	注意事项	操作人
1	加工工艺分析，确定切削路线	参考书	无	全体
2	编写加工程序	参考书	无	全体
3	输入程序、图形模拟	机床	无	AB
4	装刀具和工件	刀架扳手和卡盘扳手	工件装好，取下卡盘扳手	CD
5	对刀、复查刀补、自动加工	外圆车刀、千分尺、游标卡尺	避免工件飞出，关安全防护门	EF
6	零件检测	千分尺	无	CD
7	打扫机床，整理实训场地，量具摆放整齐	打扫工具	无	全体

决策

根据计划，由组长进行人员任务分工，见表 3-8。

表 3-8　决策

序号	人员	分工
1	全体	工艺分析，编写加工程序
2	AB	输入程序，检验程序正确性，模拟图形
3	CD	准备刀具、量具、工件
4	EF	装刀，装工件，对刀，复查刀补，自动加工
5	CD	零件检测

实施

一、分析零件图样

1. 零件分析

如图 3-6 所示。

2. 尺寸精度、形位精度和表面粗糙度分析

（1）尺寸精度　本任务中外圆精度要求较高，长度尺寸要求不高。对于尺寸精度要求，主要通过在加工过程中的准确对刀、精确测量、正确设置刀补及磨耗，以及制订合适的加工工艺等措施来保证。

（2）形位精度　本任务中未标注形位公差，形位精度要求不高，通过机床精度及一次装夹加工可以达到要求。

（3）表面粗糙度　本任务中，加工后的表面粗糙度要求为 $Ra1.6\mu m$，可通过选用合适的刀具及其几何参数，正确的粗、精加工路线，合理的切削用量等措施来保证。

二、加工工艺分析

1. 制订加工方案及加工路线

数控加工常见工艺有：分段粗车，按轮廓精车；分层粗车，按轮廓精车。

本任务采用一次装夹工件完成三个圆柱面加工，先用 G90 分层粗车圆柱面，再用 G01 按轮廓完成三表面的精加工。

2. 工件定位与装夹

工件采用通用三爪自定心卡盘进行定位与装夹，工件伸出卡盘端面外长度约 50mm。工件采用图 3-1 工件套料加工。

3. 选择刀具及切削用量

本任务刀具材料均为硬质合金，根据教学实际可选用焊接式普通外圆车刀或机械夹固式外圆车刀，如图 3-8 所示。切削用量见表 3-9。

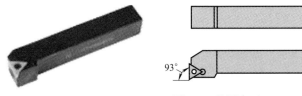

图 3-8　外圆车刀

表 3-9　切削用量参数表

刀具名称	刀具号	加工内容	主轴转速 /(r/min)	进给量 /(mm/r)	背吃刀量 /mm
机夹硬质合金外圆车刀	T0101	手动车端面	600	0.2	小于 0.5
		粗车外圆轮廓			1～3(半径量)
		精车外圆轮廓	1200	0.1	0.4～0.8(直径量)

4. 量具选择

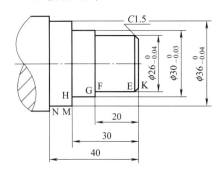

图 3-9　轮廓基点坐标

外圆长度精度不高，选用 0～150mm 游标卡尺测量。外圆有精度要求，用 25～50mm 的外径千分尺测量。

三、编制参考加工程序

1. 建立工件坐标系

根据工件坐标系建立原则，工件原点一般设在右端面与工件轴线交点处。

2. 基点坐标

如图 3-9 所示，K（X23，Z0）、E（X26，Z-1.5）、

F（X26，Z-20）、G（X30，Z-20）、H（X30，Z-30）、M（X36，Z-30）、N（X36，Z-40）。

3. 编制程序（见表 3-10）

表 3-10 FANUC 0i Mate 系统零件加工参考程序

程序段号	加工程序	程序说明
	O0001；	程序名
N10	G00 X100 Z100；	回换刀点
N20	T0101；	换外圆粗车刀
N30	M03 S600；	主轴正转
N40	G00 X40 Z3；	快速定位至循环起点
N50	G90 X36.5 Z-40 F0.2；	粗车圆柱面 ϕ36
N60	G90 X33.5 Z-30；	粗车圆柱面 ϕ30
N70	X30.5；	
N80	G90 X26.5 Z-20；	粗车圆柱面 ϕ26
N90	G00 X100 Z100；	回换刀点
N100	M05；	主轴停
N110	M00；	程序暂停
N120	S1500 M03；	主轴变速
N130	T0101；	调用刀号、刀补号
N140	G00 X23 Z1；	快速定位至精加工起刀点
N150	G1 Z0 F0.2；	
N160	G01 X26 Z-1.5 F0.1；	
N170	G1 Z-20；	
N180	X30；	
N190	G1 Z-30；	精车外圆轮廓
N200	X36；	
N210	Z-40；	
N220	X41；	
N230	G00 X100 Z100；	刀具回换刀点
N240	M30；	程序结束

四、技能训练

1. 加工准备

（1）检查坯料尺寸。

（2）开机、回参考点，手动负方向运动到适当位置。

（3）装夹刀具与工件。

外圆车刀按要求装于刀架的 T01 号刀位。

（4）程序输入。

（5）程序模拟。

2. 对刀并复查刀补

外圆车刀采用试切法对刀，把操作得到的数据输入到 T01 刀具补偿存储器中，复查刀补。

3. 零件自动加工及尺寸控制

（1）零件自动加工　选择 MEM（或 AUTO）自动加工方式，打开程序，调好进给倍率，按数控启动按钮进行自动加工。

（2）法那克系统程序断点加工方法　当需要从程序某一段开始运行加工，需采用断点加工方法。

具体操作步骤为：

法那克系统选择 EDIT 编辑工作模式，将光标移至要加工的程序段（断点处），切换成

MEM 自动工作模式，按数控启动键，程序便从断点处往后加工。

（3）零件加工过程中尺寸控制

① 对好刀后，在自动加工工件之前在所用刀具 T01 的磨耗中预留精加工余量（直径量 0.5）。

② 按程序完成相应表面的粗精加工（此时的精加工实际相当于半精加工）。

③ 用千分尺测量外圆直径。

④ 修改磨耗（若实测尺寸比编程尺寸大 0.5mm，磨耗中此时设为零，若实测尺寸比编程尺寸大 0.7mm，磨耗中此时设为 -0.2mm，若实测尺寸比编程尺寸大 0.4 mm，磨耗中此时设为 0.1 mm），在修改磨耗时考虑中间公差，中间公差一般取中值。

⑤ 自动加工执行精加工程序段（需执行刀号刀补号，从程序段 N120 开始执行）。

⑥ 测量（若测量尺寸仍大，还可继续修调）。

▌检查

零件加工结束后进行检测。检测结果写在表 3-11 中。

表 3-11　评分表

班级				姓名		学号		
任务			阶梯轴零件编程与加工			零件图编号		图 3-6
基本检查	编程	序号	检测内容			配分	学生自评	教师评分
		1	切削加工工艺制订正确			5		
		2	切削用量选择合理			5		
		3	程序正确、简单、规范			20		
	操作	4	设备操作、维护保养正确			5		
		5	安全、文明生产			5		
		6	刀具选择、安装正确、规范			5		
		7	工件找正、安装正确、规范			5		
工作态度		8	行为规范、纪律表现			10		
外圆		9	$\phi 26_{-0.04}^{0}$ mm			10		
		10	$\phi 30_{-0.03}^{0}$ mm			10		
		11	$\phi 36_{-0.04}^{0}$ mm			5		
长度		12	20			5		
		13	30			5		
		14	40			5		
综合得分						100		

▌评估

在实施过程中各组出现的问题各不相同，有些问题组内讨论解决了，有些问题没有解决，也有些问题组内成员都没有意识到，老师引导各组就一些典型和隐性的问题进行讨论，见表 3-12。

表 3-12　评估

序号	问题	可能原因	后果	避免措施
1	表面粗糙度差	精加工参数不合理	工件表面质量差	合理选择精加工参数
2	撞刀	对刀不正确；程序不正确	零件损坏，刀具损坏，有可能发生工件飞出安全事故	复查刀补，程序输入后认真检查
3	尺寸不符合要求	测量不正确；修调方法出错	报废	正确测量；正确修调

资料链接

圆锥面切削循环

1. 指令格式

G90 X(U)＿Z(W)＿R＿F＿；

X(U)＿Z(W)＿：循环切削终点处的坐标。

F＿：循环切削过程中的进给速度。

R＿：被加工圆锥面两端半径差。

例：G90 X40 Z－30 R－5 F0.1；

2. 指令的运动轨迹与工艺分析

圆锥面切削循环的执行过程如图 3-10（a）所示，走刀轨迹为梯形。

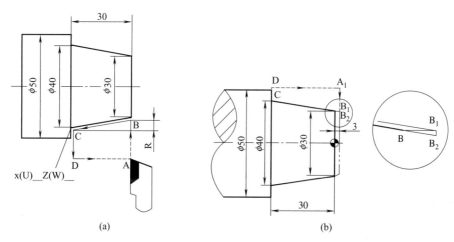

(a)　　　　　　　　　　　　　　　(b)

图 3-10　圆锥面切削循环的工艺分析

3. R 值的确定

G90 循环指令中的 R 值有正、负之分，具体计算方法为圆锥右端面半径尺寸减去左端面半径尺寸。对外径车削，锥度左大右小 R 值为负；反之为正。对内孔车削，锥度左小右大 R 值为正；反之为负。

实际加工中，考虑 G00 进刀的安全性，循环起点位置取在轴向距圆锥右端面 1～2mm 处，加工 BC 直线段时，实际加工路线为 B_1C，导致锥度误差，解决的办法是在 BC 直线的延长线上起刀（图中的 B_2 点），如图 3-10（b）所示。此时，需重新计算 R 值。

圆锥面的锥度 C 为圆锥大、小端直径之差与长度之比，即：$C=(D-d)/L$

$$(40-30)/30=\Delta/(30+3)$$

$$\Delta=11(\text{mm})$$

$$R\ 值=-\Delta/2=-5.5(\text{mm})$$

4. 分层加工终点坐标的确定

圆锥车削应按照最大切除余量确定走刀次数，避免第一刀的切深过大。本例中，粗加工背吃刀量取单边 2mm，精加工余量单边为 0.5mm，根据圆锥小端加工总余量 20mm 确定分层切削粗加工次数为 4 次。分层切削起点的 X 坐标如表 3-13 所示，表中终点 X 坐标值＝起点 X 坐标＋大小端直径差。

表 3-13　圆锥面分层切削加工终点坐标的确定

走刀	圆锥起点坐标	圆锥终点坐标	程序段
粗加工第一刀	46,0	56,−30	G90 X56.0 Z−30.0 R−5.5 F0.2
第二刀	42,0	52,−30	G90 X52.0 Z−30.0 R−5.5 F0.2
第三刀	38,0	48,−30	G90 X48.0 Z−30.0 R−5.5 F0.2
第四刀	34,0	44,−30	G90 X44.0 Z−30.0 R−5.5 F0.2
第五刀	34.5,0	40.5,−30	G90 X40.5 Z−30.0 R−5.5 F0.2
精加工走刀	30,0	40,−30	G90 X40.0 Z−30.0 R−5.5 F0.1

5. 编程实例

试用 G90 指令编写图 3-10 所示工件的加工程序。

O0202；

T0101；　　　　　　　　　　　　（选择 1 号刀并调用 1 号刀补）

S500 M03；　　　　　　　　　　（主轴正转，转速 500r/mm）

G00 X52 Z3；　　　　　　　　　（快速走刀至循环起点）

G90 X56 Z−30 R−5.5 F0.2；　　（调用 G90 循环车削圆锥面）

　X52；　　　　　　　　　　　　（模态调用，下同）

　X48；

　X44；

　X40.5；　　　　　　　　　　　（X 向留单边 0.25mm 精加工余量）

　S1200 M03；

G90 X40 Z−30 R−5.5 F0.1；　　（精加工）

G00 X100 Z100；　　　　　　　（退刀）

M30；　　　　　　　　　　　　（程序结束）

思考与练习

1. G90 指令的格式是什么？有何功用？

2. 编写图 3-11 所示零件加工程序。

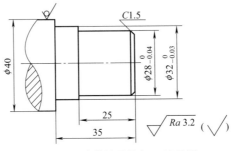

图 3-11　阶梯轴零件加工练习图

任务三　端面台阶零件编程与加工

学习目标

1. 知识目标

（1）掌握法那克系统端面切削单一固定循环 G94 的指令格式、加工轨迹、各参数的含义及循环起点的确定。

（2）合理确定简单盘类零件的加工工艺路线。

（3）正确应用单一固定循环指令编写简单零件粗、精加工程序。

2．技能目标

（1）正确控制零件尺寸。

（2）会独立完成零件的加工。

工作任务

如图 3-12 所示工件，毛坯为 $\phi50$mm $\times$ 52mm 的硬铝，试编写其数控车削加工程序并进行加工。

任务分析：图示工件为较典型的长径比较小的盘类工件，由简单圆柱面形成，可用 G90 循环编程加工，但由于此类工件以端面车削为主，在本任务中引入端面切削单一固定循环 G94 指令进行编程加工，相对于 G90 循环，加工效率大大提高。

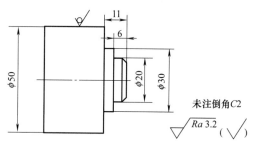

图 3-12　端面台阶零件加工

资讯

编程指令

盘类、锥面、弧面等零件加工，若零件表面粗糙度要求较高，需采用恒线速切削。

1．主轴转速或速度设置指令 G96、G97、G50

（1）恒线速控制

编程格式：G96 S

说明：

① 当数控车床的主轴为伺服主轴时，可通过 G96 指令来设置。

② S 后面的数字表示的是恒定的线速度（m/min）。

例： G96 S150 表示切削点线速度控制在 150m/min。

（2）恒线速取消

编程格式：G97 S

说明：S 后面的数字表示恒线速度控制取消后的主轴转速，如 S 未指定，将保留 G96 的最终值。

例： G97 S500 表示恒线速控制取消后主轴转速 500r/min。

（3）最高转速限制

指令格式：G50 S

说明：

① S 后面的数字表示的是最高转速（r/min）。如 G50 S2000 表示最高转速限制为 2000r/min。

② 用恒线速度切削端面、锥度和圆弧时，由于 X 坐标不断变化，当刀具逐渐移近工件旋转中心时，主轴转速会越来越高，工件有可能从卡盘中飞出。为了防止发生事故，有时必须限制主轴的最高转速，这时可以用 G50 指令达到此目的。当主轴转速超过 G50 指定的速度，则被限制在最高速度而不再升高。

2. 端面切削单一固定循环 G94

G94 循环主要用于平端面、斜端面车削。

平端面切削循环：

（1）指令格式　G94 X(U)__ Z(W)__ F__；

X(U)__ Z(W)__：循环切削终点处的坐标。

F__：循环切削过程中的进给速度。

例：G94 X10 Z-20 F0.2；

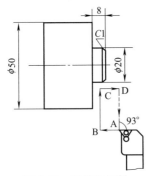

图 3-13　平端面切削
循环的轨迹

（2）指令说明　平端面切削循环的运动轨迹如图 3-13 所示。刀具从程序起点 A 开始以 G00 方式快速到达指令中的 Z 坐标处（图中 B 点），再以 G01 的方式切削进给至终点坐标处（图中 C 点），并退至循环起始的 Z 坐标处（图中 D 点），再以 G00 方式返回循环起始点 A，准备下个动作。

（3）循环起点的确定　端面切削的循环起点取值同 G90 循环。在加工外圆表面时，该点离毛坯右端面 2～3mm，比毛坯直径大 1～2mm；在加工内孔时，该点离毛坯右端面 2～3mm，比毛坯内径小 1～2mm。

（4）分层加工终点坐标的确定　G94 循环指令车削特点是利用刀具的端面切削刃作为主切削刃，为减小切削过程中的刀具振动，背吃刀量应略小。用硬质合金或涂层硬质合金切削碳钢时，粗加工背吃刀量 2～3mm，精加工余量为径向（直径量）0.3mm、轴向 0.2mm。图 3-13 分层加工终点坐标见表 3-14。

表 3-14　分层切削加工终点坐标的确定

走刀	终点坐标	程序段
粗加工第一刀	20.3，-2.0	G94 X20.3 Z-2.0 F0.2
第二刀	20.3，-4.0	G94 X20.3 Z-4.0 F0.2
第三刀	20.3，-6.0	G94 X20.3．Z-6.0 F0.2
第四刀	20.3，-7.8	G94 X20.3 Z-7.8 F0.2
精加工走刀	20.0，-8.0	G94X20.0 Z-8.0 F0.1

（5）编程实例　试用 G94 指令编写图 3-13 所示工件的加工程序。

O0201；

T0101；　　　　　　　　　　　（选择 1 号刀并调用 1 号刀补）

G00 X52.0 Z2.0 S500 M03；（快速走刀至循环起点）

G94 X20.3 Z-2.0 F0.2；　　（调用 G90 循环车削圆柱面）

Z-4.0；　　　　　　　　　　　（模态调用，下同）

Z-6.0；

Z-7.8；　　　　　　　　　　　（X 向留 0.3mm，Z 向留 0.2mm 精加工余量）

G00 X52.0 Z0.8；　　　　　　（精加工）

G01 X20.0 F0.1；

Z-1.0；

X16.0 Z-1.0；

G00 X100.0 Z100.0；　　　　（退刀）

M30；　　　　　　　　　　　　（程序结束）

▌ 计划

根据加工任务，制订零件加工计划，见表 3-15。

表 3-15 计划

序号	工作内容	工具	注意事项	操作人
1	加工工艺分析，确定切削路线	参考书	无	全体
2	编写加工程序	参考书	无	全体
3	输入程序、图形模拟	机床	无	AB
4	装刀具和工件	刀架扳手和卡盘扳手	工件装好，取下卡盘扳手	CD
5	零件加工（对刀、复查刀补、自动加工）	端面车刀、千分尺、游标卡尺	避免工件飞出，关安全防护门	EF
6	零件检测	千分尺	无	CD
7	打扫机床，整理实训场地，量具摆放整齐	打扫工具	无	全体

▌ 决策

根据计划，由组长进行人员任务分工，见表 3-16。

表 3-16 决策

序号	人员	分工
1	全体	工艺分析，编写加工程序
2	AB	输入程序，检验程序正确性，模拟图形
3	CD	准备刀具、量具、工件
4	EF	装刀，装工件，对刀，零件加工
5	CD	零件检测

▌ 实施

一、加工工艺分析

1. 制订加工方案

本任务采用通用三爪自定心卡盘进行定位与装夹，先完成 $\phi20$ 平端面的粗加工，再完成 $\phi30$ 平端面的粗加工，最后完成精加工。平端面粗加工及精加工的循环起点为（52.0，2.0）。

2. 选择刀具及切削用量

本任务根据教学实际可选用焊接式普通车刀或机械夹固式车刀，如图 3-14 所示。切削用量见表 3-17。

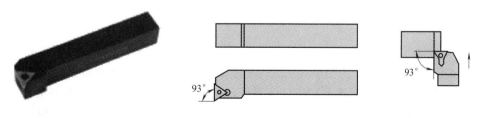

图 3-14 端面车刀

表 3-17　数控车削用刀具及切削用量参数表

刀具名称	刀具号	加工内容	主轴转速 /(r/min)	进给量 /(mm/r)	背吃刀量 /mm
硬质合金端 面机夹刀	T0101	粗车端面	500	0.15	2
		精车端面	1000	0.08	0.3

二、程序编制

编程原点设在右端面与主轴轴线交点处，由学生自行完成分层切削循环终点坐标的确定。本任务的参考加工程序见表 3-18，为保证零件端面加工的表面粗糙度要求，在精加工中使用恒线速功能编程。

表 3-18　FNNUC 0i Mate 系统零件加工参考程序

刀具	1 号：93°端面车刀	
程序段号	加工程序	程序说明
	O0001；	程序名
N10	G99 G21 G40；	程序初始化
N20	T0101；	换端面车刀
N30	S500 M03；	主轴正转
N40	G00 X52.0 Z2.0；	快速定位至 ϕ30 平端面切削循环起点
N50	G94 X20.5 Z−2.0 F0.15；	粗车 ϕ20 平端面
N60	Z−4.0；	
N70	Z−6.0；	
N80	X30.5 Z−8.0；	粗车 ϕ30 平端面
N90	Z−10.0；	
N100	Z−11.0；	
N110	G00 X100 Z100；	回换刀点
N120	M05；	主轴停
N130	M00；	程序暂停
N140	T0101 S1500 M03；	调用刀号、刀补号，主轴变速
N150	G50 S2000；	限定最高转速 2000r/min
N160	G96 S200；	启用恒线速度功能，切削速度 200m/min
N170	G00 X52.0 Z−11.0；	快速定位至精加工起刀点
N180	G1 X30.0 F0.08；	精车端面轮廓
N190	Z−6.0；	
N200	X20.0；	
N210	Z−2.0；	
N250	X12.0 Z2.0；	
N260	G97 S500；	取消恒线速功能
N270	G00 X100.0 Z100.0；	程序结束部分
N280	M5；	
N290	M30；	

三、技能训练

1. 加工准备

（1）本任务加工内容较为简单，主要为平端面车削，尺寸公差为自由公差，表面粗糙度达 3.2μm。选用的机床为配备 FANUC 0i 系统的 CKA6140 型数控车床。毛坯为 ϕ50mm×50mm 的硬铝。刀具使用机夹端面车刀，量具使用 0～150mm 规格的游标卡尺和 0～25mm、25～50mm 千分尺。

（2）开机、回参考点，手动负方向运动到适当位置。

（3）装夹刀具与工件。

端面车刀的装刀与外圆车刀相同，车刀按要求装于刀架的 T01 号刀位。铝棒夹在三爪自定心卡盘上，伸出 25mm，找正并夹紧。

（4）程序输入。

（5）程序模拟。

2. 对刀并复查

端面车刀采用试切法对刀，把操作得到的数据输入到 T01 刀具补偿存储器中，复查刀补。

3. 零件自动加工及尺寸控制

（1）零件自动加工　选择 MEM（或 AUTO）自动加工方式，打开程序，调好进给倍率，按数控启动按钮进行自动加工。

（2）零件加工过程中尺寸控制

① 对好刀后，在自动加工工件之前在所用刀具 T01 的磨耗中预留精加工余量（直径量 0.5）。

② 按程序完成相应表面的粗精加工。

③ 用千分尺测量外圆直径。

④ 修改磨耗（若实测尺寸比编程尺寸大 0.5 磨耗中此时设为零，若实测尺寸比编程尺寸大 0.7 磨耗中此时设为 −0.2，若实测尺寸比编程尺寸大 0.4 磨耗中此时设为 0.1），在修改磨耗时考虑中间公差，中间公差一般取中值。

⑤ 回到程序编辑状态，修改程序（在精加工起刀点程序段前加上刀号刀补号、主轴正转指令）。

⑥ 自动加工执行精加工程序段（从刀号刀补号程序段 N180 开始执行）。

⑦ 测量（若测量尺寸仍大，还可继续修调）。

■ 检查

零件检测与评分：

零件加工结束后进行检测。检测结果写在表 3-19 中。

表 3-19　评分表

班级			姓名		学号		
任务		端面台阶零件编程与加工			零件图编号		图 3-12
		序号	检测内容		配分	学生自评	教师评分
基本检查	编程	1	切削加工工艺制订正确		5		
		2	切削用量选择合理		5		
		3	程序正确、简单、规范		25		
	操作	4	设备操作、维护保养正确		5		
		5	安全、文明生产		5		
		6	刀具选择、安装正确、规范		10		
		7	工件找正、安装正确、规范		5		
工作态度		8	行为规范、纪律表现		10		
外圆		9	$\phi20$		10		
		10	$\phi30$		10		
长度		11	6		5		
		12	11		5		
综合得分					100		

▌ 评估

在实施过程中各组出现的问题各不相同，有些问题组内讨论解决了，有些问题没有解决，也有些问题组内成员都没有意识到，老师引导各组就一些典型和隐性的问题进行讨论，见表 3-20。

表 3-20　评估

序号	问题	可能原因	后果	避免措施
1	表面粗糙度差	精加工参数不合理	工件表面质量差	合理选择精加工参数
2	撞刀	对刀不正确；程序不正确	零件损坏，刀具损坏，有可能发生工件飞出安全事故	对刀正确；程序编写要正确
3	尺寸不符合要求	测量不正确	报废	正确测量

▌ 资料链接

一、编程指令

斜端面切削循环：

（1）指令格式　G94 X(U)__ Z(W)__ R__ F__;

X(U)__、Z(W)__、F__含义同前。

R：斜端面切削起点（图 3-15 中的 B 点）处的 Z 坐标减去其终点（图 3-15 中的 C 点）处的 Z 坐标值，R 为 5.0。

（2）指令的运动轨迹与工艺分析　斜端面切削循环的运动轨迹如图 3-15 所示。刀具从程序起点 A 开始以 G00 方式快速到达指令中的 Z 坐标处（图中 B 点），再以 G01 的方式切削进给至终点坐标处（图中 C 点），并退至循环起始的 Z 坐标处（图中 D 点），再以 G00 方式返回循环起始点 A，准备下个动作。

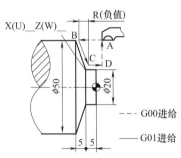

图 3-15　斜端面切削循环的轨迹

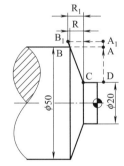

图 3-16　斜端面切削循环的工艺分析界面

（3）R 值的确定　实际加工中，考虑 G00 进刀的安全性，循环起点一般比毛坯直径大 1～2mm，为避免锥度误差，需重新计算 R 值，如图 3-16 所示，图中毛坯大 1.5mm。

根据相似三角形原理，对应边长成比例，即 $R_1/R = A_1D/AD$

$$R_1 = R \times (AD + AA_1)/AD = -5 \times (15 + 0.75)/15 = -5.25(mm)$$

（4）分层加工终点坐标的确定

圆锥车削应按照最大切除余量确定走刀次数，避免第一刀的切深过大。本例中，粗加工背吃刀量取 2mm，精加工余量为 0.2mm，根据 Z 向最大切除余量 10mm 确定分层切削粗加工次数为 5 次。分层切削起点的 Z 坐标如表 3-21，表中终点 Z 坐标值＝起点 Z 坐标＋R 值。

表 3-21　圆锥面分层切削加工终点坐标的确定

走刀	斜端面起点坐标	斜端面终点坐标	程序段
粗加工第一刀	51.5,−2.25	20.3,3.0	G94 X20.3 Z3.0 R−5.25 F0.2
第二刀	51.5,−4.25	20.3,1.0	G94 X20.3 Z1.0 R−5.25 F0.2
第三刀	51.5,−6.25	20.3,−1.0	G94 X20.3 Z−1.0 R−5.25 F0.2
第四刀	51.5,−8.25	20.3,−3.0	G94 X20.3 Z−3.0 R−5.25 F0.2
第五刀	51.5,−10.05	20.3,−4.8	G94 X20.3 Z−4.8 R−5.25 F0.2
精加工走刀	51.5,−10.25	20.0,−5.0	G94 X20.0 Z−5.0 R−5.25 F0.1

（5）编程实例　试用 G94 指令编写图 3-15 所示工件的加工程序。

O0202；

T0101；　　　　　　　　　　　　　（选择 1 号刀并调用 1 号刀补）

G00 X51.5 Z3.0 S500 M03；　　　　（快速走刀至循环起点，主轴正转，转速
　　　　　　　　　　　　　　　　　500r/mm）

G94 X20.3 Z3.0 R−5.25 F0.2；　　（调用 G94 循环车削斜端面，X 向 0.3mm
　　　　　　　　　　　　　　　　　精加工余量）

Z1.0；　　　　　　　　　　　　　（模态调用，下同）

Z−1.0；

Z−3.0；

Z−4.8；　　　　　　　　　　　　　（Z 向留 0.2mm 精加工余量）

G94 X20.0 Z−5.0 R−5.25 F0.1 S1000；（精加工）

G00 X100.0 Z100.0；　　　　　　　（退刀）

M30；　　　　　　　　　　　　　　（程序结束）

二、应用举例

1．制订加工方案及加工路线

如图 3-17 所示，本例采用通用三爪自定心卡盘进行定位与装夹，先完成平端面的粗加工，再完成斜端面的粗加工，最后完成精加工。平端面加工及精加工的循环起点为（61.0，2.0），斜端面加工的循环起点为（42.0，2.0）。加工路线如图 3-18 所示。

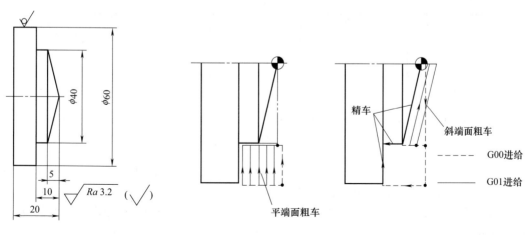

图 3-17　零件图　　　　　　　　　　　　　　　图 3-18　加工路线

2. 编制参考程序（见表 3-22）

表 3-22 FANUC-0i 系统零件加工参考程序

刀具	1号：93°端面车刀	
程序段号	加工程序	程序说明
	O0001；	程序名
N10	G99 G21 G40；	程序初始化
N20	T0101；	换端面车刀
N30	S500 M03；	主轴正转
N40	G00 X61 Z2；	快速定位至平端面切削循环起点
N50	G94 X40.5 Z−2 F0.15；	
N60	Z−4；	
N70	Z−6；	粗车平端面
N80	Z−8；	
N90	Z−9.7；	
N100	G00 X42 Z2；	快速定位至圆锥面切削循环起点
N110	G94 X0 Z3 R−5.25 F0.15；	
N120	Z1 R−5.25；	粗车斜端面
N130	Z0.3 R−5.25；	
N170	G00 X61 Z2；	快速定位至精加工起刀点
N180	Z−10；	进刀至切入点
N190	G50 S2000；	限定最高转速 2000r/min
N200	G96 S200；	启用恒线速度功能，切削速度 200m/min
N210	G1 X40 F0.08；	
N220	Z−5；	精车端面轮廓
N230	X0Z0；	
N240	G00 X61 Z2；	
N250	G97 S500；	取消恒线速功能
N260	G00 X100 Z100；	
N270	M05；	程序结束部分
N280	M30；	

三、使用单一固定循环（G90、G94）时应注意的事项

（1）如何使用固定循环 G90、G94，应根据坯件的形状和工件的加工轮廓进行适当的选择，一般情况下的选择如图 3-19 所示。

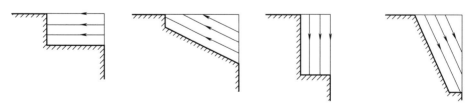

(a) 圆柱面切削循环G90 (b) 圆锥面切削循环G90(R) (c) 平端面切削循环G94 (d) 斜端面切削循环G94(R)

图 3-19 固定循环的选择界面

（2）由于 X/U、Z/W 和 R 的数值在固定循环期间是模态的，所以，如果没有重新指令 X/U、Z/W 和 R，则原来指定的数据有效。

（3）对于圆锥切削循环中的 R，在 FANUC 系统数控车床上，有时也用"I"或"K"来执行 R 的功能。

（4）如果在使用固定循环的程序段中指定了 EOB 或零运动指令，则重复执行同一固定循环。

（5）如果在固定循环方式下，又指令了 M、S、T 功能，则固定循环和 M、S、T 功能同时完成。

（6）如果在单段运行方式下执行循环，则每一循环分 4 段进行，执行过程中必须按 4 次循环启动按钮。

思考与练习

1. 试写出 G94 指令格式，简要说明格式中各参数的含义。

2. 采用 G94 指令编写图 3-20 所示工件的数控车削加工程序。

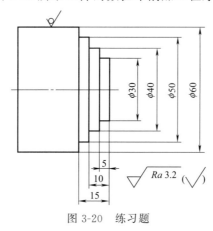

图 3-20　练习题

任务四　轴类零件外轮廓编程与加工

轴类零件外轮廓
编程与加工

学习目标

1. 知识目标

（1）"矩形"分层切削的刀具轨迹的确定。

（2）掌握内、外圆粗精车循环指令 G71、G70 的指令格式、各参数的含义、精加工轮廓的描述及循环起点的确定。

（3）掌握毛坯切削循环 CYCLE95 指令格式、各参数的含义、精加工轮廓的描述等。

（4）了解影响精加工余量的确定因素。

（5）能根据加工要求合理确定各参数值，正确选用合适的编程指令编写零件粗、精加工程序。

2. 技能目标

（1）能根据实际切削状况，合理选择切削用量。

（2）正确应用磨耗修调尺寸，保证尺寸精度。

（3）能根据加工需要正确选择和熟练应用相关量具测量、读数。

（4）能正确分析尺寸精度误差产生的原因。

工作任务

如图 3-21 所示工件，毛坯沿用图 3-6 零件加工，材料硬铝，试编写其数控车削加工程序并进行加工。

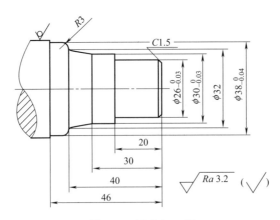

图 3-21　零件加工图

任务分析：本任务中零件外形轮廓形状较为复杂，用单一循环 G90 指令无法完成，为了更快捷地去除余量，法那克系统引入多重复合循环指令 G71 和 G70 进行编程加工。本任务西门子系统引入切削循环 LCYC95 进行粗精加工。

▌资讯

一、分层切削加工工艺

在数控车削加工过程中，考虑毛坯的形状、零件的刚性和结构工艺性、刀具形状、生产效率和数控系统具有的循环切削功能等因素，大余量毛坯分层切削循环加工路线主要有"矩形"分层切削进给路线和"型车"分层切削进给路线两种形式。

"矩形"分层切削进给路线如图 3-22 所示，为切除图示的双点画线部分加工余量，粗加工走的是一条类似于矩形的轨迹。"矩形"分层切削轨迹加工路线较短，加工效率较高，编程方便。

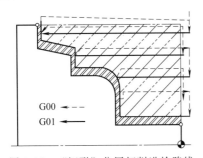

图 3-22　"矩形"分层切削进给路线

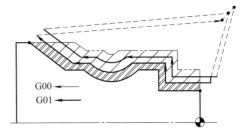

图 3-23　"型车"分层切削进给路线

"型车"分层切削进给路线如图 3-23 所示，为切除图示的双点画线部分加工余量，粗加工和半精加工走的是一条与工件轮廓相平行的轨迹，虽然加工路线较长，但避免了加工过程中的空行程。这种轨迹主要适用于铸造成形、锻造成形或已粗车成形工件的粗加工和半精加工。

二、编程指令

1. 圆弧插补指令

（1）指令功能　使刀具按给定进给速度沿圆弧方向进行切削加工。

（2）指令代码　顺时针圆弧插补指令代码：G02（或 G2），逆时针圆弧插补指令代码：

G03（或 G3）。

（3）顺时针、逆时针判别方法：从不在圆弧平面的坐标轴正方向往负方向看，顺时针用 G02，逆时针用 G03，见图 3-24。从圆弧起点到终点画箭头。

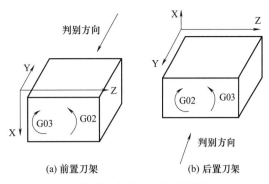

图 3-24 圆弧插补顺时针、逆时针判别方法界面

例：对如图 3-25 所示零件，判别圆弧插补方向。

图 3-25（a）采用前置刀架，建立 ZX 坐标系（X 轴正方向向下），从里往外看顺时针用 G02，逆时针用 G03；从外往里看，则相反，顺时针用 G03，逆时针用 G02。

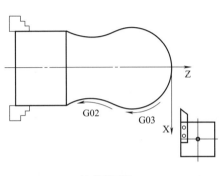

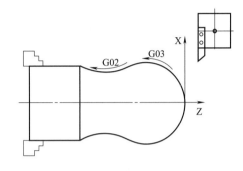

(a) 前置刀架   (b) 后置刀架

图 3-25 前置刀架与后置刀架圆弧顺、逆方向判别示例

图 3-25（b）采用后置刀架，建立 ZX 坐标系（X 轴正方向向上），顺时针方向用 G02，逆时针方向用 G03。

从以上例子可以看出，同一零件不管是采用前置刀架还是后置刀架车削，圆弧插补结果是一致的。通常可不考虑前置、后置刀架，一律以上半部分圆弧为基准判别圆弧插补方向。

（4）指令格式 终点坐标＋圆弧半径格式（数控车床用），FANUC 0i Mate 系统与 SIEMENS 802D 系统圆弧插补指令格式见表 3-23。

表 3-23 FANUC 0i Mate 系统与 SIEMENS 802D 系统圆弧插补指令格式

数控系统	指令格式
FANUC 0i Mate 系统	G18 G02(G03)X Z R F
SIEMENS 802D 系统	G18 G02(G03)X Z CR= F

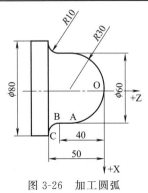

图 3-26 加工圆弧

例：加工图 3-26 BC 段圆弧程序如下：

法那克系统：G02 X80 Z－50 R10 F0.3；

西门子系统：G02 X80 Z－50 CR＝10 F0.3；

OA 段圆弧程序如下：

法那克系统：G03 X60 Z－30 R30 F0.3；

西门子系统：G03 X60 Z－30 CR＝30 F0.3；

2. FANUC-0i 系统内、外圆粗、精车复合固定循环

（1）粗车循环 G71

① 指令格式 G71 U(Δd) R(e)；

G71 P(ns) Q(nf) U(Δu) W(Δw) F __ S __ T __ ;

N ns ……;

……;　　（用以描述精加工轮廓）

N nf ……;

Δd：X 向背吃刀量（半径量指定），不带符号，且为模态值；

e：退刀量（半径量指定），其值为模态值；

ns：精加工描述程序的开始循环程序段号；

nf：精加工描述程序的结束循环程序段号；

Δu：X 方向精车余量的大小和方向，用直径量指定，该加工余量具有方向性，即外圆的加工余量为正，内孔加工余量为负；

Δw：Z 方向精车余量的大小和方向；

F、S、T：粗加工循环中的进给速度、主轴转速与刀具功能。

例：G71 U1.5 R0.5;

G71 P100 Q200 U0.3 W0.05 F150;

② 指令说明：G71 粗车循环的运动轨迹如图 3-27 所示。CNC 装置首先根据用户编写的精加工轮廓，在预留出 X 和 Z 向精加工余量 Δu 和 Δw 后，计算出粗加工实际轮廓的各个坐标值。刀具按层切法将余量去除（刀具向 X 向进刀 d，切削外圆后按 e 值 45°退刀，循环切削直至粗加工余量被切除）。此时工件斜面和圆弧部分形成台阶状表面，然后再按精加工轮廓光整表面最终形成在工件 X 向留有 Δu 大小的余量、Z 向留有 Δw 大小余量的轴。刀具从循环起点（C 点）开始，快速退刀至 D 点，退刀量由 Δw 和 Δu/2 值确定；再快速沿 X 向进刀 Δd（半径值）至 E 点；然后按 G01 进给至 H 点后，沿 45°方向快速退刀至 G 点（X 向退刀量由 e 值确定）；Z 向快速退刀至循环起始的 Z 值处（I 点）；再次 X 向进刀至 J 点（进刀量为 e＋Δd）进行第二次切削；如该循环至粗车完成后，再进行平行于精加工表面的半精车（这时，刀具沿精加工表面分别留出 Δw 和 Δu 的加工余量）；半精车完成后，快速退回循环起点 C 点，结束粗车循环所有动作。

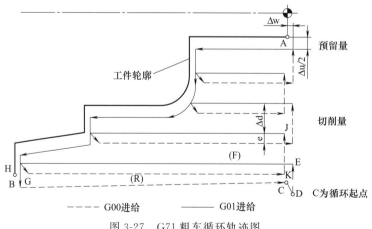

图 3-27　G71 粗车循环轨迹图

G71 指令中的 F 和 S 值是指粗加工循环中的 F 和 S 值，该值一经指定，则在程序段段号"ns"和"nf"之间所有的 F 和 S 值均无效。另外，该值也可以不加指定而沿用前面程序段中的 F 值，并可沿用至粗、精加工结束后的程序中去。

在 FANUC 0i 中，粗加工循环有两种类型，即类型Ⅰ和类型Ⅱ。通常情况下，在所用类型Ⅰ的粗加工循环中，轮廓外形必须采用单调递增或单调递减的形式，否则会产生凹形轮廓不是分层切削而是在半精加工时一次性切削的情况（如图 3-28 所示）。当加工图示凹轮廓 A—B—C 段时，阴影部分的加工余量在粗车循环时，因其 X 向的递增与递减形式并存，故无法进行分层切削而在半精车时一次性进行切削。

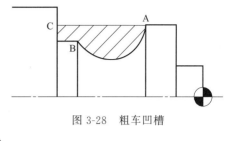

图 3-28　粗车凹槽

对于 G71 指令中的"ns"程序段，应特别注意其书写格式，如下例所示：

N100 G01 X30.0；　　　　（正确的"ns"程序段）

N100 G01 X30.0 Z2.0；（错误的"ns"程序段，程序段中出现了 Z 坐标字）

（2）精车循环 G70

① 指令格式　G70 P(ns) Q(nf)；

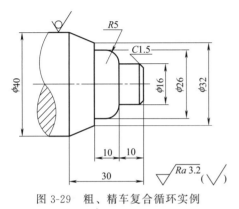

图 3-29　粗、精车复合循环实例

ns：精加工描述程序的开始循环程序段号；

nf：精加工描述程序的结束循环程序段号。

例：G70 P100 Q200；

② 指令说明：执行 G70 循环时，刀具沿工件的实际轨迹进行切削，如图 3-27 中轨迹 A—B 所示。循环结束后刀具返回循环起点。

G70 指令用在 G71、G72、G73 指令的程序内容之后，不能单独使用。

G70 执行过程中的 F 和 S 值，由程序段号"ns"和"nf"之间给出的 F 和 S 值指定，或在 G70 后指定。

（3）G71 与 G70 编程示例　如图 3-29 所示工件，试采用粗、精车循环指令编写其数控车削加工程序。

粗、精车程序见表 3-24。

表 3-24　FANUC 0i Mate 系统粗、精车复合循环程序

程序段号	加工程序	程序说明
	O1111；	程序名
N10	G00 X100 Z100；	刀具回换刀点
N20	T0101；	换外圆粗车刀
N30	S600 M03；	主轴正转
N40	G00 X42 Z3；	快速定位至切削循环起点
N50	G71 U2 R0.5；	轴向粗加工循环，加工参数设定，每层切深 2mm（半径量），退刀量 0.5mm（半径量）
N60	G71 P70 Q150 U0.6 W0 F0.2；	轮廓循环从 N70 到 N150 句；X 向精加工余量 0.6mm（直径量），Z 向 0，粗切进给量 0.2mm/r
N70	G00 X13.0；	精加工轮廓描述
N80	G01Z0；	
N90	G01 X16.0 Z−1.5；	
N100	Z−10.0；	
N110	G03 X26.0 Z−15.0 R5.0；	
N120	G01 Z−20.0；	
N130	X32.0；	
N140	X40.0 Z−30.0；	
N150	X42；	

程序段号	加工程序	程序说明
	O1111；	程序名
N160	S1200 M03；	精加工主轴转速
N170	G70 P70 Q150 F0.1；	精加工循环，精切进给量 0.1mm/r
N180	G00 X100 Z100；	刀具回换刀点
N190	M30	程序结束

3. 西门子系统毛坯切削循环指令——CYCLE95

使用毛坯切削循环 CYCLE95 指令可以进行各种类型内、外轮廓粗、精加工。

（1）指令格式　CYCLE95（NPP，MID，FALZ，FALX，FAL，FF1，FF2，FF3，VARI，DT，DAM，VRT）参数的含义见表 3-25。

表 3-25　西门子系统毛坯切削循环参数含义

循环参数	含义及数值范围
NPP	轮廓子程序名称
MID	进给深度（无符号输入）
FALZ	纵向轴（Z 轴）的精加工余量（无符号输入）
FALX	横向轴（X 轴）的精加工余量（无符号输入）
FAL	根据轮廓的精加工余量（无符号输入）
FF1	非退刀槽加工的进给速率
FF2	进入凹凸切削时的进给速率
FF3	精加工的进给速率
VARI	加工方式用数值 1～12 表示
DT	粗加工时用于断屑的停顿时间
DAM	粗加工因断屑而中断时所经过的路径长度
VRT	粗加工时从轮廓的退回行程，即退刀量（无符号输入）

（2）加工方式与切削动作　毛坯切削循环的加工方式用参数 VARI 表示，按其形式分成三类 12 种：第一类为纵向加工与横向加工；第二类为内部加工与外部加工；第三类为粗加工、精加工与综合加工。这 12 种形式见表 3-26。

表 3-26　毛坯切削循环加工方式

数值	纵向/横向	外部/内部	粗加工/精加工/综合加工
1	纵向	外部	粗加工
2	横向	外部	粗加工
3	纵向	内部	粗加工
4	横向	内部	粗加工
5	纵向	外部	精加工
6	横向	外部	精加工
7	纵向	内部	精加工
8	横向	内部	精加工
9	纵向	外部	综合加工
10	横向	外部	综合加工
11	纵向	内部	综合加工
12	横向	内部	综合加工

① 纵向与横向

a. 纵向加工：纵向加工方式是指沿 X 轴方向切深进给，而沿 Z 轴方向切削进给的一种加工方式，刀具的切削动作如图 3-30 所示。

（a）刀具定位至循环起点（刀具以 G00 方式定位到循环起点 C）。

（b）轨迹 11 以 G01 方式沿 X 轴方向根据系统计算出的参数 MID 值进给至 E 点。

（c）轨迹 12 以 G01 方式按参数 FF1 指定的进给速度进给至交点 J。

（d）轨迹 13 以 G01/G02/G03 方式按参数 FF1 指定的进给速度沿着"轮廓＋精加工余量"粗加工到最后一点 K。

（e）轨迹 14、轨迹 15 以 G00 方式退刀至循环起点 C，完成第一刀切削加工循环。

（f）重复以上过程，完成切削加工循环（如第二刀切削切削加工的轨迹为 21～25）。

b. 横向加工：横向加工方式是指沿 Z 轴方向切深进给，而沿 X 轴方向切削进给的一种加工方式，刀具的切削动作如图 3-31 所示。

横向加工切削动作与纵向加工切削动作相似，不同之处在于纵向加工是沿 X 方向进行多刀循环切削的，而横向加工是沿 Z 轴方向进行多刀循环切削的。其切削进给路线为：进刀（CD，轨迹 11）→X 向切削（轨迹 12）→沿工件轮廓切削（轨迹 13）→退刀（轨迹 14 和 15）→重复以上动作（轨迹 21～25 等）。

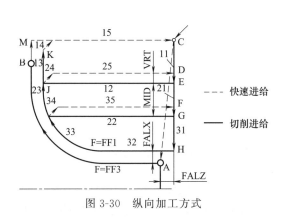

图 3-30 纵向加工方式

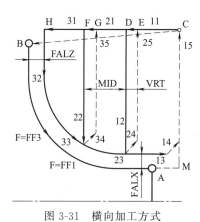

图 3-31 横向加工方式

② 外部与内部

a. 纵向加工方式中的外部与内部加工：当刀具的切深方向为－X 向时，该方式为纵向外部加工方式（VARI＝1/5/9），如图 3-32 所示。反之，当刀具的切深方向为＋X 向时，该方式为纵向内部加工方式（VARI＝3/7/11），如图 3-33 所示。

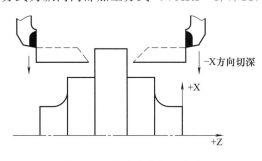

图 3-32 纵向外部加工方式

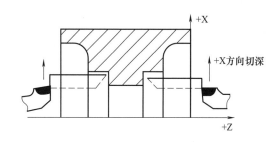

图 3-33 纵向内部加工方式

b. 横向加工方式中的外部与内部加工：当刀具的切深方向为－Z 向时，则该加工方式为横向外部加工方式（VARI＝2/6/10），如图 3-34 所示。反之，当刀具的切深方向为＋Z 向时，该加工方式为横向内部加工方式（VARI＝4/8/12），如图 3-35 所示。

③ 粗加工、精加工和综合加工

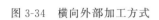

图 3-34　横向外部加工方式

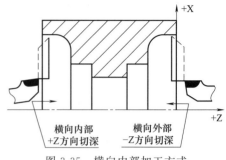

图 3-35　横向内部加工方式

　　a. 粗加工。粗加工（VARI＝1/2/3/4）是指采用分层切削的方式切除余量的一种加工方式，粗加工完成后保留精加工余量。

　　b. 精加工。精加工（VARI＝5/6/7/8）是指刀具沿轮廓轨迹一次性进行加工的一种加工方式。精加工循环时，系统将自动启用刀尖圆弧半径补偿功能。

　　c. 综合加工。综合加工（VARI＝9/10/11/12）是粗加工和精加工的合成。执行综合加工时，先进行粗加工，再进行精加工。

　　（3）轮廓的定义及调用

　　① 轮廓定义的要求

　　a. 轮廓由直线或圆弧组成，并可以在其中使用倒圆（RND）和倒棱（CHA）指令。

　　b. 轮廓必须含有三个具有两个进给轴的加工平面内的运动程序段。

　　c. 定义轮廓的第一个程序段必须含有 G00、G01、G02 和 G03 指令中的一个。

　　d. 轮廓子程序中不能含有刀尖圆弧半径补偿指令。

　　② 轮廓的调用　轮廓调用的方法有两种，一种是将工件轮廓编写在子程序中，在主程序中通过参数"NPP"对轮廓子程序进行调用，如例 1 所示。另一种是用"ANFANG：ENDE"表示，用"ANFANG：ENDE"表示的轮廓，直接跟在主程序循环调用后，如例 2 所示。

　　例 1：MAIN1. MPF　　　　　　　　　　　SUB1. SPF

　　……　　　　　　　　　　　　　　　　　　……

　　CYCLE95（"SUB1"，…）　　　　　　　　RET

　　例 2：MAIN2. MPF

　　……

　　CYCLE95（"ANFANG：ENDE"，…）

　　ANFANG：

　　……　　　　　　　　　　　　　　　　（定义轮廓）

　　ENDE：

　　……

　　（4）轮廓的切削过程

　　① 轮廓切削次序　802D 系统的毛坯切削循环不仅能加工单调递增或单调递减的轮廓，还可以加工内凹的轮廓及超过 1/4 圆的圆弧。内凹轮廓的切削步骤如图 3-36 所示，按 A、B、C 的顺序进行。

　　② 循环起点的确定　循环起点的坐标值根据工件加工轮廓、精加工余量、退刀量等因素由系统自动计算，具体计算方法见图 3-37。

　　刀具定位及退刀至循环起点的方式有两种。粗加工时，刀具两轴同时返回循环起点。精

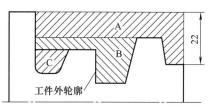

图 3-36 内凹轮廓的切削步骤

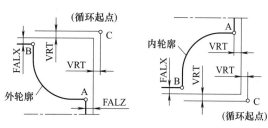

图 3-37 循环起点的计算

加工时，刀具分别返回循环起点，且先返回刀具切削进刀轴。

③ 粗加工进刀深度 参数 MID 定义的是粗加工最大可能的进刀深度，实际切削时的进刀深度由循环自动计算得出，且每次进刀深度相等。计算时，系统根据最大可能的进刀深度和待加工的总深度计算出总的进刀数，再根据进刀数和待加工的总深度计算出每次粗加工的进刀深度。

例：如图 3-36 中步骤 A 的总切深量为 22mm，参数 MID 中定义的值为 5mm，则系统先计算出总的进刀数为 5 次，再计算出实际加工过程中的进刀深度为 4.4mm。

④ 精加工余量 在 802D 系统中，分别用参数 FALX、FALZ 和 FAL 定义 X 轴、Z 轴和根据轮廓确定的精加工余量，X 方向的精加工余量以半径值表示。

（5）编程实例 图 3-29 用循环 LCYC95 编写粗、精加工程序见表 3-27。

表 3-27 SIEMENS 802D 系统粗、精车程序

加工程序	程序说明
GG108. MPF（主程序）	主程序名
G00 X100 Z100	刀具回换刀点
T1D1	换外圆粗车刀
M03 S600	主轴正转
G00 X42 Z3	快速定位至粗加工起刀点
CYCLE95（"KS",2,0,0.3,,0.2,0.1,0.1,1,0,0,0.5）	轮廓子程序名为 KS，粗加工轮廓循环；每层切深 2mm，Z 向的精加工余量为 0，X 向的精加工余量为 0.3mm，粗加工时的进给率为 0.2mm/r，进入凹凸切削时的进给率为 0.1mm/r，精加工时的进给率为 0.1mm/r，加工方式为 1（外部纵向粗加工），从轮廓退出量为 0.5mm
M03 S1200	主轴变速
G00 X42 Z3	快速定位至精加工起刀点
CYCLE95（"KS",2,0,0.3,,0.2,0.1,0.1,5,0,0,0.5）	精加工轮廓循环；参数中的 5 为纵向精加工方式
G00 X100 Z100	刀具回换刀点
M30	程序结束
KS. SPF（子程序）	子程序名
G00 X13	
G01 Z0	
X16 Z−1.5	
Z−10	
G03 X26 Z−15 CR=5	精加工轮廓描述
G01 Z−20	
X32	
X40 Z−30	
G01 X42	
M17	子程序结束

■ 计划

根据加工任务，制订零件加工计划，见表 3-28。

表 3-28 计划

序号	工作内容	工具	注意事项	操作人
1	加工工艺分析,确定切削路线	参考书	无	全体
2	编写加工程序	参考书	无	全体
3	输入程序、图形模拟	机床	无	AB
4	装刀具和工件	刀架扳手和卡盘扳手	工件装好,取下卡盘扳手	CD
5	零件加工(对刀、复查刀补、自动加工)	外圆车刀、千分尺、游标卡尺	避免工件飞出,关安全防护门	EF
6	零件检测	千分尺	无	CD
7	打扫机床,整理实训场地,量具摆放整齐	打扫工具	无	全体

■ 决策

根据计划，由组长进行人员任务分工，见表 3-29。

表 3-29 决策

序号	人员	分　工
1	全体	工艺分析,编写加工程序
2	AB	输入程序,检验程序正确性,模拟图形
3	CD	准备刀具、量具、工件
4	EF	装刀,装工件,对刀、零件加工
5	CD	零件检测

■ 实施

一、分析零件图样

1. 零件分析

如图 3-21 所示。

2. 尺寸及精度分析

（1）尺寸精度　本任务中精度要求较高的尺寸主要是三处外圆，尺寸精度均为 IT7 级。

对于尺寸精度要求，主要通过在加工过程中的准确对刀、正确设置刀补及磨耗，以及制订合适的加工工艺等措施来保证。

（2）形位精度　本任务中未标注形位公差，形位精度要求不高，通过机床精度及一次装夹加工可以达到要求。

（3）表面粗糙度　本任务中，加工后的表面粗糙度要求为 $Ra1.6\mu m$，可通过选用合适的刀具及其几何参数，正确的粗、精加工路线，合理的切削用量等措施来保证。

二、加工工艺分析

1. 制订加工方案及加工路线

本任务采用一次装夹用粗车循环指令依次完成 $C1.5$ 倒角，$\phi 26mm$ 外圆，$R2$ 圆角、$\phi 30mm$ 外圆、锥面、$R3$ 圆角及 $\phi 38mm$ 外圆的粗加工，再用精车循环指令完成精加工。

2. 工件定位与装夹

工件采用通用三爪自定心卡盘进行定位与装夹，工件伸出卡盘端面长度约 75mm。

3. 选择刀具及切削用量

本任务选择的刀具为机夹式硬质合金车刀，切削用量见表 3-30。

表 3-30 数控车削用刀具及切削用量参数表

刀具名称	刀具号	加工内容	主轴转速 /(r/min)	进给量 /(mm/r)	背吃刀量 /mm
外圆车刀	T0101	手动车端面	600	0.2	0.5
		粗车外圆轮廓			1~3(半径量)
		精车外圆轮廓	1200	0.1	0.2(半径量)

4. 选择工、量、刃具

（1）工具选择 采用套料加工，把零件装夹在三爪自定心卡盘上。

（2）量具选择 外圆长度精度不高，选用 0~150mm 游标卡尺测量。外圆有精度要求，用 0~25mm 和 25~50mm 的外径千分尺。

（3）刀具选择 加工材料为硬铝，刀具选用 93°硬质合金外圆机夹车刀，置于 T01 号刀位。

三、编制参考加工程序

1. 编程原点的确定

工件如图 3-38 所示，编程原点取在工件右端面的中心处。

2. 基点坐标（图 3-38）

A（X23，Z0）、B（X26，Z-1.5）、C（X26，Z-20）、D（X30，Z-20）、E（X30，Z-30）、F（X32，Z-40）、G（X38，Z-43）、H（X38，Z-46）。

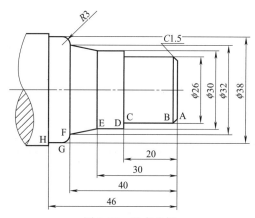

图 3-38 基点坐标

3. 参考程序

法那克系统参考程序见表 3-31，西门子系统参考程序见表 3-32。

表 3-31 FANUC-0i 系统零件加工参考程序

刀具	1号:93°外圆车刀　2号:93°外圆机夹车刀	
程序段号	加工程序	程序说明
	O0003;	程序名
N10	G00 X100 Z100;	刀具回换刀点
N20	T0101;	调用1号刀
N30	S600 M03;	主轴正转
N40	G00　X40 Z3;	快速定位至切削循环起点
N50	G71 U2 R0.5;	粗加工循环,加工参数设定,每层切深2mm,退刀量0.5mm
N60	G71 P70 Q160 U0.6 W0 F0.2;	轮廓循环从N70到N160;X向精加工余量0.6mm(直径量),Z向0,粗切进给量0.2mm/r
N70	G00 X23;	精加工轮廓程序
N80	G01 Z0;	
N90	X26 Z-1.5;	
N100	Z-20;	
N110	X30;	

刀具	1号:93°外圆车刀 2号:93°外圆机夹车刀	
程序段号	加工程序	程序说明
	O0003;	程序名
N120	G01 Z−30;	精加工轮廓程序
N130	X32 Z−40;	
N140	G03 X38 Z−43 R3;	
N150	G01 Z−46;	
N160	X40;	
N170	G00 X100 Z100;	回换刀点
N180	S1200 M03;	主轴变速
N190	T0101;	调用1号刀,执行1号刀补
N200	G00 X40 Z3;	快速定位至精加工起刀点
N210	G70 P70 Q160 F0.1;	精加工循环,精切进给量0.1mm/r
N220	G00 X100 Z100;	刀具回换刀点
N230	M30;	程序结束

表 3-32 SIEMENS 802D 系统零件加工参考程序

刀具1号:93°外圆机加车刀	
加工程序	程序说明
GG112.MPF(主程序)	主程序名
G00 X100 Z100	刀具回换刀点
T1D1	换外圆粗车刀
M03 S600	主轴正转
G00 X40Z3	快速定位至切削循环起点
CYCLE95("KK1",2,0,0.3,,0.2,0.1,0.1,1,0,0,0.5)	轮廓子程序名为KK1,粗加工轮廓循环;每层切深2mm,X向的精加工余量为0.3mm,粗加工时的进给率为0.2mm/r,进入凹凸切削时的进给率为0.1mm/r,精加工时的进给率为0.1mm/r,加工方式为1(部纵向粗加工),从轮廓退出量为0.5mm
M05	主轴停
M00	程序暂停
M03 S1200	主轴变速
T1D1	换外圆精车刀
G00 X40 Z3	快速定位至精加工起刀点
CYCLE95("KK",2,0,0.3,,0.2,0.1,0.1,5,0,0,0.5)	精加工轮廓循环;参数中的5为纵向精加工方式
G00 X100 Z100	刀具回换刀点
M30	程序结束
KK1.SPF(子程序)	子程序名
G00 X23	精加工轮廓描述
G01 Z0	
X26 Z−1.5	
Z−20	
X30	
G01 Z−30	
X32 Z−40	
G03 X38 Z−43 CR=3	
G01 Z−46	
X40	
M17	子程序结束

四、技能训练

1. 加工准备

（1）检查坯料尺寸。

（2）开机、回参考点。

（3）装夹刀具与工件。

外圆车刀按要求装于刀架的 T01 号刀位。铝棒夹在三爪自定心卡盘上，伸出 70mm，找正并夹紧。

（4）程序输入。

（5）程序模拟。

2. 对刀

采用试切法对刀，把操作得到的数据输入到 T01 刀具补偿存储器中。

3. 零件自动加工及尺寸控制

（1）零件自动加工 选择 MEM（或 AUTO）自动加工方式，打开程序，调好进给倍率，按数控启动按钮进行自动加工。

（2）程序断点加工方法 西门子系统需搜索断点，并启动断点加工才能从断点处往后加工，否则会从第一段程序执行加工。操作步骤如下：（AUTO）自动加工方式→按区域转换键【▣】→按【（加工）】软键→按【（搜索）】软键→将光标移动到断点处→按【（启动 B 搜索）】软键→按【◇】数控启动键（连按 2 次）。

（3）零件加工过程中尺寸控制

① 对好刀后，在自动加工工件之前在所用刀具 T01 的磨耗中预留精加工余量，法那克系统输直径量 0.6，西门子系统输半径量为 0.3。

② 按程序完成相应表面的粗精加工。

③ 用千分尺测量外圆直径。

④ 修改磨耗，注意法那克系统和西门子系统输入时的区别，在修改磨耗时考虑中间公差，中间公差一般取中值。

⑤ 回到程序编辑状态，光标停在精加工程序主轴正转处。

⑥ 自动加工执行精加工程序段。

⑦ 测量（若测量尺寸仍大，还可继续修调）。

检查

零件加工结束后进行检测。检测结果写在表 3-33 中。

表 3-33 评分表

班级			姓名		学号	
任务			轴类零件外轮廓编程与加工		零件图编号	图 3-21
基本检查		序号	检测内容	配分	学生自评	教师评分
	编程	1	切削加工工艺制订正确	5		
		2	切削用量选择合理	5		
		3	程序正确、简单、规范	20		
	操作	4	设备操作、维护保养正确	5		
		5	安全、文明生产	5		
		6	刀具选择、安装正确、规范	5		
		7	工件找正、安装正确、规范	5		

续表

工作态度	8	行为规范、纪律表现	10	
外圆	9	$\phi26mm$	6	
	10	$\phi30mm$	5	
	11	$\phi38mm$	5	
长度	12	20	4	
	13	30	4	
	14	40	4	
	15	46	4	
表面粗糙度	16	$Ra3.2$	8	
综合得分			100	

评估

在实施过程中各组出现的问题各不相同，有些问题组内讨论解决了，有些问题没有解决，也有些问题组内成员都没有意识到，老师引导各组就一些典型和隐性的问题进行讨论，见表 3-34。

表 3-34　评估

序号	问题	可能原因	后果	避免措施
1	表面粗糙度差	精加工参数不合理	工件表面质量差	合理选择精加工参数
2	撞刀	对刀不正确；程序不正确	零件损坏，刀具损坏，有可能发生工件飞出安全事故	复查刀补，保证对刀正确；程序编写要正确
3	尺寸不符要求	测量不正确	报废	正确测量，正确修调
4	工件有锥度误差	工件跳动	尺寸超差	工件校正
5	加工过程中产生松动与振动	工件装夹不牢固	有可能发生工件飞出安全事故	工件装夹牢固

思考与练习

1. 试写出内、外圆复合粗加工循环（G71）的指令格式，并说明指令中各参数的含义。

2. 试采用 G71 和 G70 指令编写如图 3-39 所示零件的数控车削加工程序。

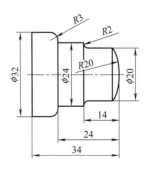

图 3-39　G71 编程练习图

3. 影响精加工余量确定的因素有哪些？如何确定精加工余量？

4. 如何进行轴类零件外轮廓检查？数控车削尺寸精度降低的原因有哪些？

盘类零件外轮廓
编程与加工

任务五　盘类零件外轮廓编程与加工

▌ 学习目标

1. 知识目标

（1）掌握法那克系统端面粗、精车循环指令 G72、G70 的指令格式。

（2）正确理解 G72 指令段内部参数的意义，能根据加工要求合理确定各参数值。

（3）掌握 G72、G70 指令的编程方法及编程规则。

（4）完成零件加工程序的编制。

2. 技能目标

完成零件的加工。

▌ 工作任务

如图 3-40 所示工件，毛坯沿用图 3-12 零件，试编写其数控车削加工程序并进行加工。

任务分析：本任务右端轮廓端面精度要求比较高，而且径向切削尺寸大于轴向切削尺寸，对于这类毛坯工件采用径向粗车循环进行编程较为合适。工件左端轮廓的轴向切削尺寸大于径向切削尺寸，所示左端轮廓仍采用外圆粗车循环较为合适。

加工本任务工件时，为了保证各项精度及加工过程中方便装夹，在加工过程中要特别注意加工阶段的划分和加工顺序的安排。

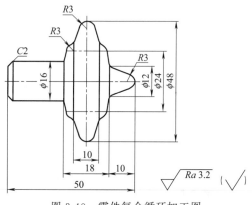

图 3-40　零件复合循环加工图

▌ 资讯

编程指令

1. FANUC 0i 系统端面粗车复合固定循环

本指令主要用于加工长径比较小的盘类工件，它的车削特点是利用刀具的端面切削刃作为主切削刃。

（1）指令格式　G72 W （Δd) R (e);
　　　　　　　G72 P (ns) Q (nf) U (Δu) W (Δw) F __ S __ T __;
　　　　　　　N ns ……;
　　　　　　　……;　　　（用以描述精加工轨迹）
　　　　　　　N nf ……;

Δd：Z 向背吃刀量，不带符号，且为模态值；

其余同 G71 指令中的参数。

例：G72 U2.0 R0.5;
　　G72 P100 Q200 U0.3 W0.05 F150;

（2）指令说明　G72 循环的加工轨迹如图 3-41 所示。CNC 装置首先根据用户编写的精加工轮廓，在预留出 X 和 Z 向精加工余量 Δu 和 Δw 后，计算出粗加工实际轮廓的各个坐标值。刀具按层切法将余量去除（刀具向 Z 向进刀 Δd，切削端面后按 e 值 45°退刀，循环切削直至粗加工余量被切除）。此时工件斜面和圆弧部分形成台阶状表面，然后再按精加工轮廓光整表面最终在工件 X 向留有 Δu 大小的余量、Z 向留有 Δw 大小的余量。刀具从循环起点（C 点）开始，快速退刀至 D 点，退刀量由 Δw 和 $\Delta u/2$ 值确定；再快速沿 Z 向进刀 Δd 至 E 点；然后按 G01 进给至 F 点后，沿 45°方向快速退刀至 G 点（Z 向退刀量由 e 值确定）；X 向快速退刀至循环起始的 X 值处（H 点）；再次 Z 向进刀至 K 点（进刀量为 e＋Δd）进行第二次切削；如该循环至粗车完成后，再进行平行于精加工表面的半精车（这时，刀具沿精加工表面分别留出 Δw 和 Δu 的加工余量）；半精车完成后，快速退回循环起点，结束粗车循环所有动作。

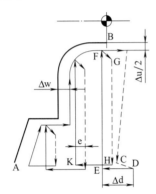

图 3-41　盘类零件粗车复合循环轨迹图

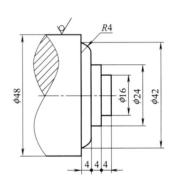

图 3-42　平端面粗车循环示例工件

G72 循环所加工的轮廓形状，必须采用单调递增或单调递减的形式。

对于 G72 指令中的"ns"程序段，同样应特别注意其书写格式，如下例所示：

N100 G01 Z－30.0；　　　（正确的"ns"程序段）

N100 G01 X30.0 Z－30.0；（错误的"ns"程序段，程序段中出现了 X 坐标字）

2. 端面精车循环

径向精车循环指令格式与前面 G70 的格式完全相同，执行 G70 循环时，刀具沿工件的实际轨迹进行切削，如图 3-41 中轨迹 A—B 所示，循环结束后刀具返回循环起点。

3. G72 与 G70 编程示例

例： 试用 G72 和 G70 指令编写图 3-42 所示工件的数控车削加工程序。

FANUC 0i 系统粗、精车复合循环程序见表 3-35。

表 3-35　FANUC 0i 系统粗、精车复合循环程序

程序段号	加工程序	程序说明
	O1266；	程序名
N10	G00 X100 Z100；	刀具回换刀点
N20	T0101；	换外圆车刀
N30	S600 M03；	主轴正转
N40	G00 X50 Z1；	快速定位至切削循环起点
N50	G72 W2 R0.5；	端面粗加工循环，加工参数设定，每层切深 2mm，退刀量 0.5mm
N60	G72 P70 Q130 U0.1 W0.3 F0.2；	轮廓循环从 N70 到 N130；X 向精加工余量 0.1mm，Z 向 0.3mm，粗切进给量 0.2mm/r
N70	G00 Z－12 S1000；	精加工轮廓描述
N80	G01 X42；	

续表

程序段号	加工程序	程序说明
	O1266;	程序名
N90	G02 X34 Z-8 R4;	
N100	G01 X24;	
N110	G01 Z-4;	精加工轮廓描述
N120	G01 X16;	
N130	G01 Z1;	
N140	G70 P70 Q130 F0.1;	
N150	G00 X100 Z100;	回换刀点
N160	M30;	程序结束

计划

根据加工任务，制订零件加工计划，见表 3-36。

表 3-36 计划

序号	工作内容	工具	注意事项	操作人
1	加工工艺分析，确定切削路线	参考书	无	全体
2	编写加工程序	参考书	无	全体
3	输入程序、图形模拟	机床	无	AB
4	装刀具和工件	刀架扳手和卡盘扳手	工件装好，取下卡盘扳手	CD
5	零件加工(对刀、复查刀补、自动加工)	外圆车刀、端面车刀、千分尺、游标卡尺	避免工件飞出，关安全防护门	EF
6	零件检测	千分尺	无	CD
7	打扫机床，整理实训场地，量具摆放整齐	打扫工具	无	全体

决策

根据计划，由组长进行人员任务分工，见表 3-37。

表 3-37 决策

序号	人员	分工
1	全体	工艺分析，编写加工程序
2	AB	输入程序，检验程序正确性，模拟图形
3	CD	准备刀具、量具、工件
4	EF	装刀，装工件，对刀，零件加工
5	CD	零件检测

实施

一、分析零件图样

1. 零件分析

如图 3-40 所示。

2. 尺寸及精度分析

(1) 尺寸精度 本任务中精度要求不高，主要通过在加工过程中的准确对刀、正确设置刀补及磨耗，以及制订合适的加工工艺等措施来保证。

（2）形位精度　本任务中未标注形位公差，形位精度要求不高，通过机床精度及一次装夹加工可以达到要求。

（3）表面粗糙度　本任务中，加工后的表面粗糙度要求为 $Ra1.6\mu m$，可通过选用合适的刀具及其几何参数，正确的粗、精加工路线，合理的切削用量等措施来保证。

二、加工工艺分析

1. 制订加工方案及加工路线

本任务沿用图 3-12 加工的零件进行套料加工，采用两次装夹完成。一次装夹用 G71、G70 循环完成图 3-40 左端轮廓的粗、精加工。掉头装夹后，用 G72、G70 循环完成右端轮廓加工。具体加工步骤如下：

（1）采用手动切削方式粗、精加工工件左端面，在加工过程中进行对刀操作。

（2）采用外圆粗、精车循环指令加工工件左端轮廓，加工时将外圆 $\phi48$ 表面加工至 Z－35 位置，以防止接刀痕迹。

（3）掉头装夹（用铜皮包住 $\phi16$ 外圆装夹），对 $\phi48$ 外圆表面进行精确找正。

（4）采用手动切削方式粗、精车加工工件右端面，注意应精确保证工件的总长，在加工过程中进行对刀操作。

（5）采用径向粗、精车循环指令加工工件右端轮廓。

（6）工件去毛倒棱，检测工件各项精度要求。

2. 工具、量具、夹具（见表 3-38）

表 3-38　工具、量具、刃具清单

序号	名　　称	规　　格	数量	备注
1	游标卡尺	0～150mm　0.02mm	1	
2	千分尺	0～25mm　25～50mm　0.01mm	各1	
3	百分表	0～10mm　0.01mm	1	
4	磁性表座		1	
5	塞尺	0.02～1mm	1	
6	外圆车刀	93°	1	
7	端面车刀	93°	1	
8	其他	铜皮、铜棒、毛刷等常用工具		
9		计算机、计算器、编程用书		

3. 选择刀具与切削用量

选择机械夹固式不重磨外圆车刀（图 3-43）和端面车刀（图 3-44）作为切削刀具，两种刀具的刀片型号均选用 TBHG120408EL-CF。

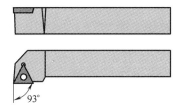

图 3-43　93°外圆车刀

根据刀具材料和工件材料，选择粗加工时的 $v_c=80\sim220m/min$，考虑学员水平，取 $v_c=120m/min$，则转速 $n=1000v_c/\pi D$，取 $n=800r/min$；外圆切削时，进给量 F 取 0.2mm/r，端面切削时的进给量取 0.15mm/r；背吃刀量取 $a_p=2mm$。

 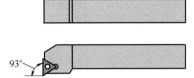

图 3-44　93°端面车刀

精加工左端外圆时，切削速度取较大值，则取 $n=1500\text{r/min}$；精加工右端外圆时，切削速度 200m/min，进给量取 $F=0.05\text{mm/r}$；背吃刀量取 $a_p=0.3\text{mm}$，具体切削用量见表 3-39。

表 3-39　数控车削用刀具及切削用量参数表

刀具名称	刀具号	加工内容	主轴转速 /(r/min)	切削速度 /(m/min)	进给量 /(mm/r)	背吃刀量 /mm
外圆车刀	T0101	粗、精车左端轮廓	600/1200		0.2/0.05	3/0.3
端面车刀	T0202	粗车右端轮廓	600		0.15	2
		精车右端轮廓		200	0.05	0.3
		手动车端面	600		0.1	0.5

三、程序编制

1. 编程原点的确定

工件的编程原点取在工件左、右端面的中心处。

2. 计算基点坐标

基点坐标的计算方法将在后面章节中进行介绍，本任务给出的基点坐标如图 3-45 所示。

以 O_1 点为原点的坐标：

$M(16,-22)$；$N(25.35,-23.08)$；$P(30,-26)$；$Q(43.78,-28.13)$。

以 O_2 点为原点的坐标：

$A(5.58,-1.9)$；$B(12,-10)$；$C(24.95,-11.04)$；$D(30,-14)$；$E(43.78,-16.13)$。

3. 参考加工程序

本任务中使用刀具半径补偿和恒线速度切削，工件的参考加工程序见表 3-40。

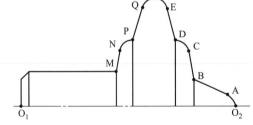

图 3-45　部分基点坐标

表 3-40　FANUC 0i 系统 粗、精车复合循环参考程序

刀具		1 号：93°外圆车刀　　2 号：93°端面车刀	
程序号		加工程序	程序说明
	O0080；		加工左端轮廓程序
N10	G99 G21 G40；		程序开始部分
N20	G00 X100 Z100；		
N30	T0101；		
N40	S600 M03；		
N50	G00 X52 Z2；		快速到达起刀点
N60	G71 U2 R0.3；		粗加工件左端轮廓
N70	G71 P80 Q170 U0.5 W0 F0.2；		
N80	G00 X12；		精加工轮廓描述
N90	G01 Z0；		
N100	X16 Z−2；		

续表

刀具	1号:93°外圆车刀　　2号:93°端面车刀	
程序号	加工程序	程序说明
	O0080;	加工左端轮廓程序
N110	Z−22;	
N120	X25.35 Z−23.08;	
N130	G03 X30 Z−26 R3;	
N140	G01 X43.78 Z−28.13;	精加工轮廓描述
N150	G03 X48 Z−31 R3;	
N160	G01 Z−35;	
N170	X50;	
N180	G00 X100 Z100;	刀具回换刀点
N190	T0101;	调用刀号、刀补号
N200	S1200 M03;	主轴正转
N210	G00 X52.0 Z2.0;	快速定位至切削循环起点
N220	G70 P80 Q170 F0.08;	精加工左端轮廓
N230	G00 X100 Z100;	
N240	M05;	程序结束部分
N250	M30;	
	O0081;	加工右端轮廓程序
N10	G99 G21 G40;	
N20	T0202;	程序开始部分
N30	G00 X100 Z100;	
N40	S600 M03;	
N50	G00 X52 Z2;	快速定位至循环起点
N60	G72 W2.0 R0.3;	径向粗车循环粗加工右端轮廓
N70	G72 P80 Q160 U0.05 W0.3 F0.1;	
N80	G00 Z−19;	
N90	G01 X48;	
N100	G02 X43.78 Z−16.13 R3;	
N110	G01 X30 Z−14;	
N120	G02 X24.95 Z−11.04 R3;	精加工轮廓描述
N130	G01 X12 Z−10;	
N140	X5.58 Z−1.9;	
N150	G02 X0 Z0 R3;	
N160	G01 Z2;	
N170	G00 X100 Z100;	刀具回换刀点
N180	T0202;	调用刀号、刀补号
N190	G50 S2000;	限定最高转速 2000r/min
N200	G96 S200;	启用恒线速度功能,切削速度 200m/min
N210	G00 X52 Z2;	快速定位至切削循环起点
N220	G70 P80 Q160 F0.08;	精加工右端轮廓
N230	G97 S500;	取消恒线速度功能
N240	G00 X100 Z100;	
N250	M05;	程序结束部分
N260	M30;	

四、技能训练

1. 加工准备

（1）检查坯料尺寸。

（2）开机、回参考点。

（3）装夹刀具与工件。

外圆车刀按要求装于刀架的 T01 号刀位。端面车刀按要求装于刀架的 T02 号刀位。铝棒夹在三爪自定心卡盘上，伸出 70mm，找正并夹紧。

（4）程序输入。

（5）程序模拟。

2. 对刀

外圆车刀采用试切法对刀，把操作得到的数据输入到 T01 刀具补偿存储器中。端面车刀也采用试切法对刀，把操作得到的数据输入到 T02 刀具补偿存储器中，复查刀补。

3. 零件自动加工及尺寸控制

（1）零件自动加工　选择 MEM（或 AUTO）自动加工方式，打开程序，调好进给倍率，按数控启动按钮进行自动加工。

（2）零件加工过程中尺寸控制

① 对好刀后，在自动加工工件之前在所用刀具的磨耗中预留精加工余量，法那克系统输直径量为 0.6，西门子系统输半径量为 0.3。

② 按程序完成相应表面的粗精加工。

③ 用千分尺测量外圆直径。

④ 修改磨耗，注意法那克系统和西门子系统输入时的区别，在修改磨耗时考虑中间公差，中间公差一般取中值。

⑤ 回到程序编辑状态，光标停在精加工程序主轴正转处。

⑥ 自动加工执行精加工程序段。

⑦ 测量（若测量尺寸仍大，还可继续修调）。

▌检查

零件加工结束后进行检测。检测结果写在表 3-41 中。

表 3-41　评分表

班级			姓名		学号		
任务			盘类零件外轮廓编程与加工		零件图编号		图 3-40
		序号	检测内容	配分	学生自评		教师评分
基本检查	编程	1	切削加工工艺制订正确	5			
		2	切削用量选择合理	5			
		3	程序正确、简单、规范	20			
	操作	4	设备操作、维护保养正确	5			
		5	安全、文明生产	5			
		6	刀具选择、安装正确、规范	5			
		7	工件找正、安装正确、规范	5			
工作态度		8	行为规范、纪律表现	10			
外圆		9	$R3$ 五处	10			
		10	$\phi16$	2			
		11	4 处锥面	8			
长度		12	10	2			
		13	10	2			
		14	18	2			
		15	50	2			
表面粗糙度		16	$Ra3.2$	12			
综合得分				100			

评估

在实施过程中各组出现的问题各不相同，有些问题组内讨论解决了，有些问题没有解决，也有些问题组内成员都没有意识到，老师引导各组就一些典型和隐性的问题进行讨论，见表 3-42。

表 3-42　评估

序号	问题	可能原因	后果	避免措施
1	表面粗糙度差	精加工参数不合理	工件表面质量差	合理选择精加工参数
2	撞刀	对刀不正确；程序不正确	零件损坏，刀具损坏，有可能发生工件飞出安全事故	对刀正确；程序编写要正确
3	尺寸不符合要求	测量不正确	报废	正确测量

思考与练习

1. 试写出径向复合粗加工循环（G72）的指令格式，并说明指令中各参数的含义。

2. 试采用 G72 和 G70 指令编写如图 3-46 所示外轮廓的数控车削加工程序。

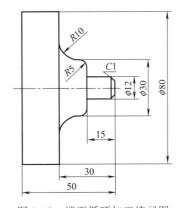

图 3-46　端面循环加工练习图

任务六　零件内轮廓编程与加工

学习目标

1. 知识目标

(1) 掌握孔加工的刀具选择。

(2) 正确制订孔加工工艺。

(3) 合理选择切削用量，正确编写内孔轮廓加工程序。

2. 技能目标

(1) 会钻孔。

(2) 会安装内孔刀。

(3) 会内孔对刀及尺寸测量。

(4) 完成零件加工。

■ 工作任务

如图 3-47 所示，毛坯沿用图 3-21 零件调头加工，试编写其数控车削内孔加工程序并进行加工。

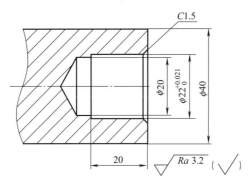

图 3-47 零件内轮廓加工图

在本任务中，重点放在内孔车刀的安装，对刀及刀补设定相关操作。

■ 资讯

一、数控车床进退刀路线的确定

数控系统确定进退刀路线时，首先考虑安全性，即在进退刀过程中不能与工件或夹具发生碰撞；其次要考虑进退刀路线最短。

（1）回参考点路线　数控车床回参考点过程中，首先应先进行 X 向回参考点，再进行 Z 向回参考点，以避免刀架上的刀具与顶尖等夹具发生碰撞。

（2）斜线退刀方式　斜线进退刀方式路线最短，如图 3-48（a）所示，外圆表面刀具的退刀常采用这种方式。

（3）径-轴向退刀方式　先径向垂直退刀，到达指定点后，再轴向退刀。如图 3-48（b）所示，外切槽常采用这种进退刀方式。

（4）轴-径向退刀方式　先轴向退刀，再径向退刀。如图 3-48（c）所示，内孔车削刀具常采用这种退刀方式。

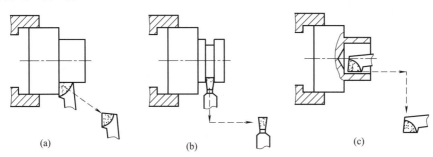

图 3-48 进退刀路线的确定

二、车内孔加工工艺

1. 车孔的关键技术

车孔是常用的孔加工方法之一，可用作粗加工，也可用作精加工。车孔精度一般可达

IT7～IT8，表面粗糙度 $Ra1.6～3.2$。车孔的关键技术是解决内孔车刀的刚性问题和内孔车削过程中的排屑问题。

为了增加车削刚性，防止产生振动，要尽量选择刀杆粗、刀尖位于刀柄的中心线上的刀具，增加刀柄横截面，装夹时刀杆伸出长度尽可能短，只要略大于孔深即可。刀尖要对准工件中心或稍高，刀杆与轴心线平行。为了确保安全，可在车孔前，先用内孔刀在孔内试走一遍。精车内孔时，应保持刀刃锋利，否则容易产生让刀，把孔车成锥形。

内孔加工过程中，主要是控制切屑流出方向来解决排屑问题。精车孔时要求切屑流向待加工表面（前排屑），前排屑主要是采用正刃倾角内孔车刀。加工盲孔时，应采用负的刃倾角，使切屑从孔口排出。

2. 内孔加工用刀具

根据不同的加工情况，内孔车刀可分为通孔车刀 [图 3-49 (a)] 和盲孔车刀 [图 3-49 (b)] 两种。

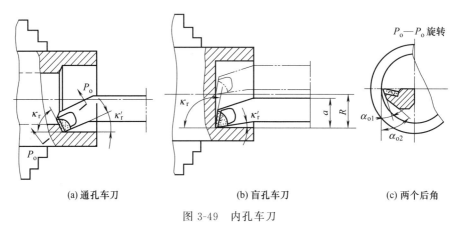

(a) 通孔车刀   (b) 盲孔车刀   (c) 两个后角

图 3-49　内孔车刀

（1）通孔车刀　为了减小径向切削力，防止振动，通孔车刀的主偏角一般取 $60°～75°$，副偏角取 $15°～30°$。为了防止内孔车刀后刀面和孔壁摩擦又不使后角磨得太大，一般磨成两个后角 [图 3-49 (c)]。

（2）盲孔车刀　盲孔车刀是用来车盲孔或台阶孔的，它的主偏角取 $90°～93°$。如图 3-49 (b) 所示，刀尖在刀杆的最前端，刀尖与刀杆外端的距离 a 应小于内孔半径 R，否则孔的底平面就无法车平。车内孔台阶时，只要不碰即可。

为了节省刀具材料和增加刀杆强度，也可将内孔车刀做成如图 3-50 所示的机夹式车刀。

3. 内孔测量

孔径尺寸精度要求较低时，可采用钢直尺、内卡钳或游标卡尺测量；精度要求较高时，可用内测千分尺或内径百分表测量；标准孔还可以采用塞规测量。

（1）游标卡尺　游标卡尺测量孔径尺寸的测量方法如图 3-51 所示，测量时应注意尺身与工件端面平行，活动量爪沿圆周方向摆动，找到最大位置。

（2）内测千分尺　内测千分尺的使用方法如图 3-52 所示。这种千分尺刻度线方向和外径千分尺相反，当微分筒顺时针旋转时，活动爪向右移动，量值增大。

（3）内径百分表　内径百分表是将百分表装夹在测架上构成。测量前先根据被测工件孔径大小更换固定测量头，用千分尺将内径百分表对准"零"位。测量方法如图 3-53 所示，摆动百分表取最小值为孔径的实际尺寸。

（4）塞规　塞规如图 3-54 所示，由通端和止端组成，通端按孔的最小极限尺寸制成，测量时应塞入孔内，止端按孔的最大极限尺寸制成，测量时不允许插入孔内。当通端能塞入

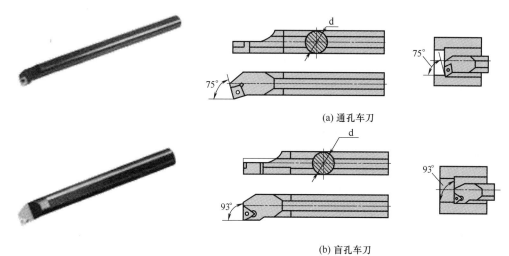

(a) 通孔车刀

(b) 盲孔车刀

图 3-50　机夹式内孔车刀

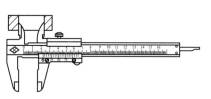

图 3-51　游标卡尺测量内孔

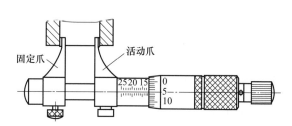

图 3-52　内测千分尺测量内孔

孔内，而止端插不进去时，说明该孔尺寸合格。

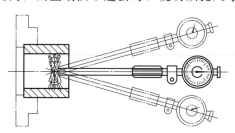

图 3-53　内径百分表测量内孔

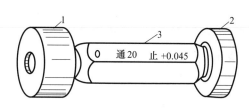

图 3-54　塞规
1—通端；2—手持部位；3—止端

用塞规测量孔径时，应保持孔壁清洁，塞规不能倾斜，以防造成孔小的错觉，把孔径车大。相反，在孔径小的时候，不能用塞规硬塞，更不能用力敲击。从孔内取出塞规时，要防止与内孔刀碰撞。孔径温度较高时，不能用塞规立即测量，以防工件冷缩把塞规"咬住"。

计划

根据加工任务，制订零件加工计划，见表 3-43。

表 3-43　计划

序号	工作内容	工具	注意事项	操作人
1	加工工艺分析,确定切削路线	参考书	无	全体
2	编写加工程序	参考书	无	全体
3	输入程序、图形模拟	机床	无	AB

序号	工 作 内 容	工 具	注 意 事 项	操作人
4	装刀具和工件	刀架扳手和卡盘扳手	工件装好,取下卡盘扳手	CD
5	零件加工	钻头、内孔镗刀、内测千分尺、游标卡尺	避免工件飞出,关安全防护门	EF
6	零件检测	内测千分尺	无	CD
7	打扫机床,整理实训场地,量具摆放整齐	打扫工具	无	全体

决策

根据计划,由组长进行人员任务分工,见表 3-44。

表 3-44　决策

序号	人员	分 工	序号	人员	分 工
1	全体	工艺分析,编写加工程序	4	EF	装刀,装工件,对刀,零件加工
2	AB	输入程序,检验程序正确性,模拟图形	5	CD	零件检测
3	CD	准备刀具、量具、工件、工件钻孔			

实施

一、分析零件图样

1. 零件分析

如图 3-47 所示。

2. 尺寸及精度分析

本任务中内孔尺寸精度要求较高,均为 IT7 级,在加工过程中主要通过准确对刀、正确设置刀补及磨耗,以及制订合适的加工工艺等措施来保证。

内孔的表面粗糙度要求主要通过选用合适的刀具及其几何参数,正确的粗、精加工路线,合理的切削用量等措施来保证。

二、加工工艺分析

1. 制订加工方案及加工路线

用外圆车刀手动车端面,采用手动方式钻孔,粗、精车内孔,内孔粗、精加工的循环起点为 (19,2)。加工工艺见表 3-45。

2. 工件定位与装夹

沿用任务四的工件,调头后夹住 $\phi40$mm 外圆,尽可能减小悬伸量,找正后夹紧。

3. 刀具选择

选择外圆车刀车端面,选择机械夹固式不重磨盲孔车刀作为切削刀具,车刀型号为 S12M-STFCR11,刀片型号为 TNMG110404EN。选择切削用量时,考虑刀杆刚性和排屑问题,取较小值,其参考值见表 3-46。

表 3-45　内孔零件加工工艺及切削用量

工步号	工 步 内 容	刀具号	切削用量		
			背吃刀量 a_p/mm	进给速度 f/(mm/r)	主轴转速 n/(r/min)
1	手动车端面	T01	1.5	0.2	600
2	手动钻孔,长度 25mm		10	0.1	300

工步号	工步内容	刀具号	切削用量		
			背吃刀量 a_p/mm	进给速度 f/(mm/r)	主轴转速 n/(r/min)
3	粗车内孔,留 0.4 余量	T04	1	0.15	400
4	精车内孔	T04	0.2	0.08	800

4. 加工中使用的工具、量具、夹具（见表 3-45）

表 3-46 孔类零件加工工、量、刃具清单

工、量、刃具清单					图号	图 3-47
种类	序号	名称	规格	精度	单位	数量
工具	1	三爪自定心卡盘			个	1
	2	卡盘扳手			副	1
	3	刀架扳手			副	1
	4	垫刀片			块	若干
	5	莫氏锥套	1～6 号		套	1
	6	钻夹头			个	1
量具	1	游标卡尺	0～150mm	0.02	把	1
	2	内径百分表	0～35mm	0.01	把	1
	3	内测千分尺	5～30mm		把	1
	4	表面粗糙度样板			套	1
刀具	1	外圆车刀	93°		把	1
	2	麻花钻	ϕ20		把	1
	3	内孔车刀	93°		把	1

三、编写参考程序

1. 建立工件坐标系

工件原点设在右端面与工件轴线交点处。

2. 计算基点坐标

如图 3-55 所示，A（X25，Z0）、B（X22，Z−1.5）、C（X22，Z−20）。

3. 编制参考程序

法那克系统程序见表 3-47，西门子系统程序见表 3-48。

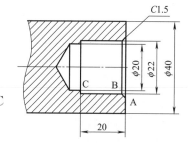

图 3-55 零件基点坐标图

表 3-47 FANUC 0i 系统粗、精车内孔参考程序

程序名:O2222;		
程序段号	程序内容(法那克系统)	动作说明
N10	M03 S400;	主轴正转
N20	T0404;	换刀
N30	G00 X19 Z3;	快速定位至切削循环起点
N40	G71 U1.5 R0.5;	粗加工循环
N50	G71 P60 Q100 U−0.4 W0 F0.2;	
N60	G00 X25;	精车 轮廓 描述
N70	G01 Z0;	
N80	X22 Z−1.5;	
N90	Z−20;	
N100	X19;	
N110	G00 X100 Z100;	回换刀点
N120	M03 S800;	主轴变速

续表

程序名:O2222;

程序段号	程序内容(法那克系统)	动作说明
N130	T0404;	呼叫镗孔刀,待修调尺寸用
N140	G00 X19 Z3;	快速定位至精加工起刀点
N150	G70 P60 Q100 F0.08;	精加工循环,精切进给 0.08mm/r
N160	G00 X100 Z100;	刀具回换刀点
N170	M05;	主轴停
N180	M02;	程序结束

表 3-48　SIEMENS 802D 系统粗、精车内孔参考程序

加工程序(西门子系统)	动作说明	加工程序(西门子系统)	动作说明
GF222.MPF	程序名	T4D1	呼叫镗孔刀,待修调尺寸用
M03 S400	主轴正转	G00 X19 Z3	快速定位至精加工起刀点
T4D1	换镗孔刀	CYCLE95("KK3",1.5, 0,0.2,0.4,0.15,0.08, 0.08,7,0,0,0.5)	精加工轮廓循环;参数中的 7 为纵向精加工方式
G00 X19 Z3	快速定位至毛坯切削循环起刀点		
CYCLE95("KK3",1.5, 0,0.2,0.4,0.15,0.08, 0.08,3,0,0,0.5)	轮廓子程序名为 KK3,粗加工轮廓循环;每层切深 1.5mm,X 向的精加工余量为 0.2mm,轮廓精加工余量为 0.4mm,粗加工时的进给率为 0.15mm/r,精加工时的进给率为 0.08mm/r,加工方式为 3(内部纵向粗加工),从轮廓退出量为 0.5mm	G00 X100 Z100	刀具回换刀点
		M05	主轴停
		M02	程序结束
		KK3.SPF	子程序名
		G00 X25	轮廓子程序
		G01 Z0	
		X22 Z−1.5	
		Z−20	
M05	主轴停		
M00	程序暂停	X19	
M03 S1000	主轴变速	M17	子程序结束

四、技能训练

1. 加工准备

(1) 检查坯料尺寸。

(2) 开机、回参考点。

(3) 程序输入。把编写的程序通过数控面板输入数控机床。

(4) 程序模拟。机床锁紧,空运行打开,图形模拟。

2. 装夹工件与刀具

(1) 工件的安装　沿用图 3-21 的工件,调头后夹住 $\phi40$mm 外圆,伸出 30mm,找正并夹紧。

(2) 内孔车刀的安装　内孔车刀安装的正确与否,直接影响到车削情况及孔的精度,所以在安装时应注意以下几个问题:

① 刀尖应与工件中心等高或稍高。如果装得低于中心,由于切削抗力的作用,容易将刀柄压低而产生扎刀现象,并可造成孔径扩大。

② 刀柄伸出刀架不宜过长,一般比被加工孔长 5～6mm。

③ 刀柄基本平行于工件轴线,否则在车削到一定深度时刀柄后半部容易碰到工件孔口。

④ 盲孔车刀装夹时,内偏刀的主刀刃应与孔底平面成 3°～5°的角度,并且在车平面时要求横向有足够的退刀余地。

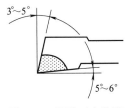

图 3-56　镗孔刀安装图

⑤ 一般装好刀后,手摇让刀进入孔内,看是否碰孔壁。镗孔刀

安装示意图如图 3-56 所示。

3. 对刀

内孔加工较外圆加工复杂，内孔刀对刀详细过程见表 3-49。

表 3-49　FANUC 0i 系统和 SIEMENS 802D 内孔对刀步骤

方向	刀具运动最终状态图	动作说明
Z 向对刀	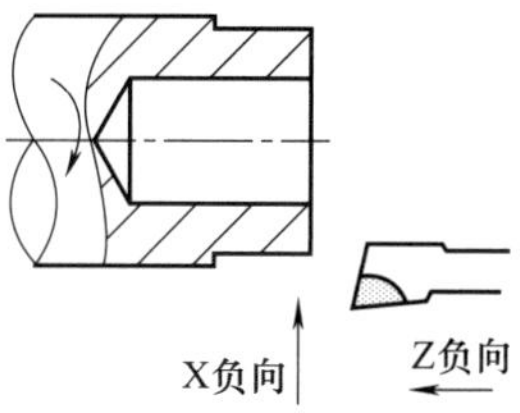 X负向　Z负向	在 MDA(MDI)方式下，输入 M3 S400，使主轴正转，JOG 手动方式，X 负向、Z 负向运动
	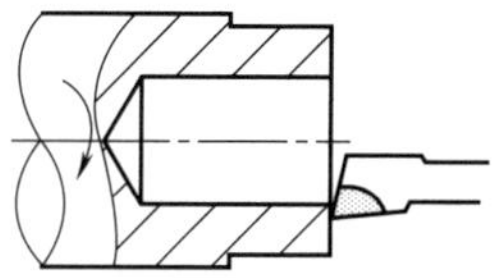	刀尖轻碰工件右端面，手轮 Z 负向运动
	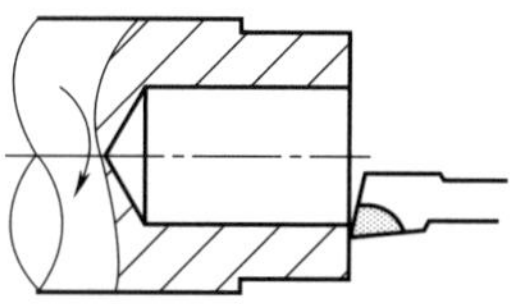	刀尖退出端面，向孔内运动，手轮 X 负向运动
	（法那克系统）刀具补偿—补正—形状—选定 T4 刀号—Z0—测量 （西门子系统）主菜单—参数—刀具补偿—选定 T4 刀号—对刀—轴 Z—输入 Z.0—计算—确认	
X 向对刀	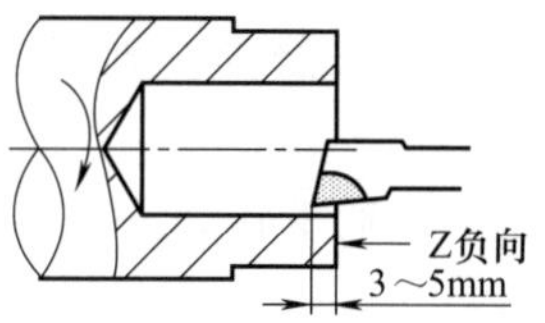 Z负向　3～5mm	主轴正转，刀尖车进孔内 3～5mm，手轮方式(10μm/格)
	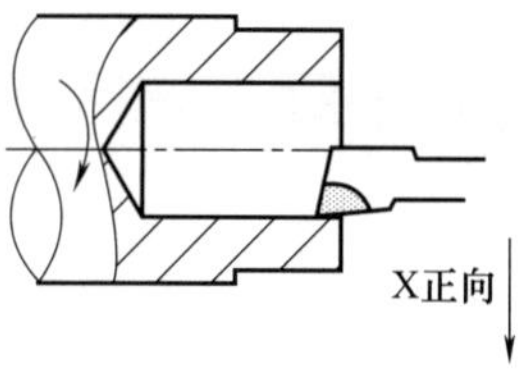 X正向	刀尖轻碰孔壁，手轮 X 正向运动
	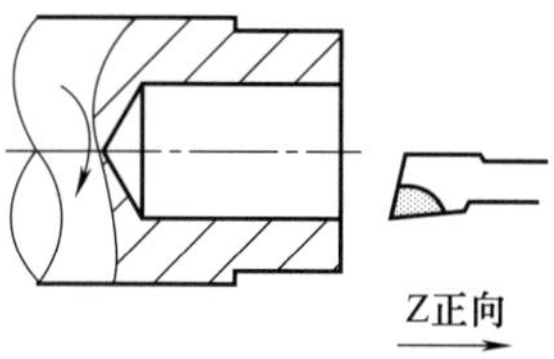 Z正向	刀尖沿 Z 正方向原位退出，手轮 Z 正向运动
	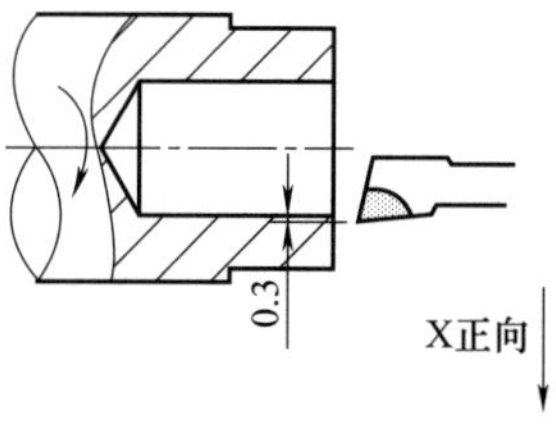 0.3　X正向	进切深，手轮方式(100μm/格)X 正方向转三格(单边进刀 0.3mm)

续表

方向	刀具运动最终状态图	动作说明
X 向对刀	5~8mm Z负向	车出 5~8mm 深台阶孔，手轮 Z 负方向（慢而匀）运动
	Z正向	刀尖沿 Z 正向退出，手轮 Z 正向匀速退刀
	1. 用内径百分表测量孔径，要注意表的校调和校零，以保证测量的准确性。 2. 记录参数 （法那克系统）刀具补偿—补正—形状—选定 T4 刀号—输入 X 测量值—测量 （西门子系统）主菜单—参数—刀具补偿—选定 T4 刀号—对刀—轴 X—输入测量值—计算—确认	

4．零件自动加工

（1）零件自动加工　选择 MEM（或 AUTO）自动加工方式，打开程序，调好进给倍率，按数控启动按钮进行自动加工。

（2）零件加工过程中尺寸控制

① 对好刀后，在自动加工工件之前在所用刀具的磨耗中预留精加工余量，法那克系统输直径量为 -0.4，西门子系统输半径量为 -0.2。

② 按程序完成相应表面的粗精加工。

③ 用千分尺和内径百分表测量内孔直径。

④ 修改磨耗，注意法那克系统和西门子系统输入时的区别，在修改磨耗时考虑中间公差，中间公差一般取中值。

⑤ 回到程序编辑状态，光标停在精加工程序主轴正转处。

⑥ 自动加工执行精加工程序段。

⑦ 测量（若测量尺寸仍小，还可继续修调）。

▌ 检查

零件加工结束后进行检测。检测结果写在表 3-50 中。

表 3-50　评分表

班级			姓名		学号		
任务			零件内轮廓编程与加工		零件图编号	图 3-47	
		序号	检测内容	配分	学生自评	教师评分	
基本检查	编程	1	切削加工工艺制订正确	5			
		2	切削用量选择合理	5			
		3	程序正确、简单、规范	20			
	操作	4	设备操作、维护保养正确	5			
		5	安全、文明生产	5			
		6	刀具选择、安装正确、规范，不断刀	20			
		7	内孔对刀步骤正确	10			
		8	工件找正、安装正确、规范	5			
工作态度		9	行为规范、纪律表现	5			
内孔		10	$\phi 22^{+0.021}_{0}$	15			
长度		11	20	5			
综合得分				100			

评估

在实施过程中各组出现的问题各不相同，有些问题组内讨论解决了，有些问题没有解决，也有些问题组内成员都没有意识到，老师引导各组就一些典型和隐性的问题进行讨论，见表3-51。

表 3-51 评估

序号	问题	可能原因	后果	避免措施
1	撞刀	对刀不正确；程序不正确	零件损坏，刀具损坏，有可能发生工件飞出安全事故	对刀正确；程序编写要正确
2	尺寸不符合要求	测量不正确，车刀安装不对，刀柄与孔壁相碰；产生积屑瘤，增加刀尖长度，使孔车大；工件的热胀冷缩	报废	正确测量，正确修调
3	内孔有锥度误差	刀具磨损；刀柄刚性差，产生让刀现象；刀柄与孔壁相碰	尺寸超差	注意刀杆伸出长度不要太长
4	内孔不圆	工件加工余量和材料组织不均匀	尺寸超差	加工余量要均匀
5	内孔不光	车刀磨损；车刀刃磨不良，表面粗糙度值大；车刀几何角度不合理，装刀低于中心；刀柄细长，产生振动	表面粗糙度差	刀具角度要正确，刀尖等高于中心

思考与练习

1. 如何确定数控车削加工的进退刀路线？
2. 如何进行内孔的测量？影响数控车削加工内孔质量的因素有哪些？
3. 内孔车削的关键技术是什么？如何解决这些关键技术？
4. 采用复合固定循环指令编写如图 3-57 所示零件内轮廓的数控车削加工程序。

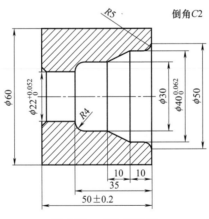

图 3-57 内孔练习图

任务七 成形面类零件外轮廓编程与加工

学习目标

1. 知识目标

(1) 掌握成形面复合循环 G73 的指令格式。

（2）正确理解 G73 指令段内部参数的意义，加工轨迹的特点，能根据加工要求合理确定各参数值。

（3）掌握 G73、G70 指令的编程方法及编程规则。

（4）根据加工要求完成工件加工程序的编制。

2. 技能目标

（1）合理选择菱形刀具，会安装刀片和刀具。

（2）完成工件的自动加工及检测。

▌ 工作任务

如图 3-58 所示工件，毛坯沿用图 3-47 零件加工外轮廓，试编写其数控车加工程序并进行加工。

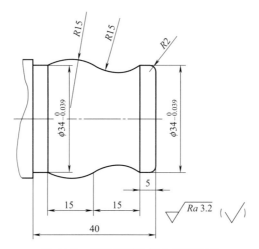

图 3-58　成形类零件复合循环加工

任务分析：编写本任务工件的加工程序时，由于工件轮廓表面不是单调递增或递减的表面，所以仅采用法那克系统 G71、G70 循环指令将无法完成工件加工。因此，本任务引入法那克系统成形加工复合循环 G73 指令。

▌ 资讯

一、编程指令

1. FANUC 0i 系统成形加工复合循环（G73、G70）指令

成形加工复合循环也称为固定形状粗车循环，它适用于加工铸、锻件毛坯零件。通常在加工轴类零件时为节约材料，提高工件的力学性能，往往采用锻造等方法使零件毛坯尺寸接近工件的成品尺寸，其形状已经基本成形，只是外径、长度较成品大一些。此类零件的加工适合采用 G73 循环。当然 G73 循环也可用于加工普通未切除余料的棒料毛坯，特别是用来加工有内凹结构的工件。

2. 指令格式　G73 U（Δi）W（Δk）R（d）；

　　　　　　　G73 P（ns）Q（nf）U（Δu）W（Δw）F ＿ S ＿ T ＿；

　　　　　　　　　　N ns ……；　⎫

　　　　　　　　　　……；　　　　⎬（用以描述精加工轨迹）

　　　　　　　　　　N nf ……；　⎭

式中　Δi——X方向毛坯最大切除余量（半径值、正值）；

　　　Δk——Z方向毛坯切除余量（正值）；一般为0；

　　　d——粗切循环的次数。

其余参数请参照G71指令。

例：G73 U3.0 W0 R3.0；

　　　G73 P100 Q200 U0.3 W0 F0.2；

3. 指令说明

（1）G73复合循环的轨迹如图3-59所示。刀具从循环起点（C点）开始，快速退刀至D点（在X向的退刀量为 $\Delta u/2 + \Delta i$，在Z向的退刀量为 $\Delta w + \Delta k$）；快速进刀至E点（E点坐标值由A点坐标、精加工余量、X向毛坯切除余量Δi和Z向毛坯切除余量Δk及粗切次数确定）；沿轮廓形状偏移一定值后进行切削至F点；快速返回G点，准备第二层循环切削；如此分层（分层次数由循环程序中的参数d确定）切削至循环结束后，快速退回循环起点（C点）。

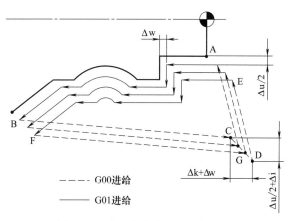

图3-59　成型车复合循环的轨迹图

（2）G73程序段中，"ns"所指程序段可以向X轴或Z轴的任意方向进刀。

（3）G73循环加工的轮廓形状，没有单调递增或单调递减形式的限制。

（4）G73循环粗车后仍采用G70循环进行工件的精车，执行G70循环时，刀具沿工件的实际轨迹进行切削，如图3-59中轨迹 A—B 所示，循环结束后刀具返回循环起点。

（5）循环起刀点的确定。车外圆时，循环起刀点位置坐标X向应比毛坯料直径大1～10mm；Z应离毛坯右端面2～5mm。

4. 编程实例

例：如图3-60所示，其毛坯为锻件，工件X向残留余量（半径量）不大于5mm，Z向残留余量不大于2mm，试采用G73指令编写其数控车削加工程序。

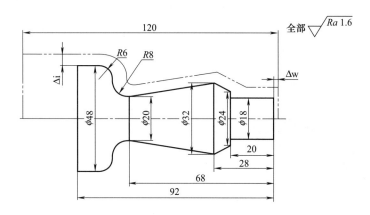

图3-60　仿形车复合循环编程示例

O0408；

T0101； 　　　　　　　　　　（350菱形刀片外圆车刀）

```
    S500 M3；                    （主轴正转）
    G00 X60 Z5；                 （快速定位至粗车循环起点）
    G73 U5 W0 R3；               （循环参数设定）
    G73 P100 Q200 U0.5 W0 F0.3；
N100 G00 X18 Z1 S1000；
    G01 Z－20；
       X24；
       X32 Z－28；
       X20 Z－68；
    G02 X36 Z－76 R8；
    G03 X48 Z－82 R6；
    G01 Z－92；
N200 G00 X60  Z5；
    G70 P100 Q200 F0.1；         （精加工）
    G00 X100 Z100；
    M30；
```

二、车削凹凸结构工件对刀具角度的要求及车刀的选择

图 3-61 所示为车削凸圆弧和凹圆弧时因刀具副偏角太小而产生干涉。

如图 3-62 所示，在加工具有内凹结构工件时，为了保证刀具后刀面在加工过程中不与工件表面发生摩擦，往往要求刀具的副偏角 κ_r' 较大，由于刀具的主偏角 κ_r 一般在 90°～93° 范围内，所以应选择刀尖角 ε_r 较小的刀具，俗称"菱形刀"。实际生产和实训中可根据实际选择焊接外圆车刀按加工要求磨出相应的副偏角 κ_r'，也可以选择机夹外圆车刀，常用的数控机夹外圆车刀如图 3-63 所示，刀片的刀尖角有 80°（C 型）、55°（D 型）、35°（V 型）三种。

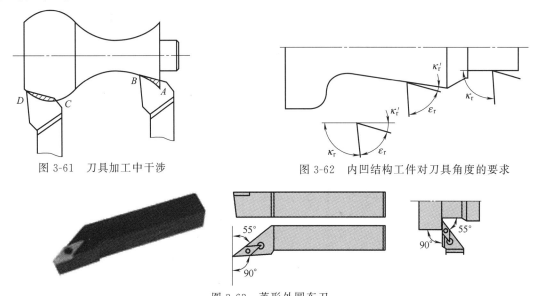

图 3-61　刀具加工中干涉　　　　　　图 3-62　内凹结构工件对刀具角度的要求

图 3-63　菱形外圆车刀

三、复杂圆弧的基点计算

轮廓的基点可以直接作为其运动轨迹的起点或终点。目前，一般的数控机床都具有直线

和圆弧插补功能，计算基点时，只需计算轨迹（线段）的起点或终点在选定坐标系中的各个坐标值和圆弧运动轨迹的圆心坐标值。因此，基点的计算有两种方法。

（1）方法一：三角计算法　其实质是几何图形的描述过程转化为三角关系（直角三角形和斜三角形），再通过三角函数的应用，计算得到所要求的结果。适合进行一些简单的基点的计算。

（2）方法二：计算机分析法　其实质是借助于各种 CAD 软件中的图形分析功能进行各点之间的分析和测量。要求学生较好地掌握一种 CAD 软件。适合进行一些比较复杂的基点的计算。

由于曲线 AB 由四个圆弧相切而成，则其中的关系如图 3-64 所示；从图中可以看出三角形 O_1ED 与三角形 O_2CD 全等，则线段 DE 与线段 DC 相等为 15cm，而三角形 O_1EF 与三角形 O_3HF 为相似三角形可得 EF：FH＝5：3，所以线段 EF 为 15cm，线段 HF 为 9cm。因为 CD＝ED＝15，O_1D＝25，所以由三角形勾股定理得线段 O_1E＝20，所以 D（X40，Z−69），F（X40，Z−99）。G 点的坐标通过建立直角三角形 MGK 就可解得。

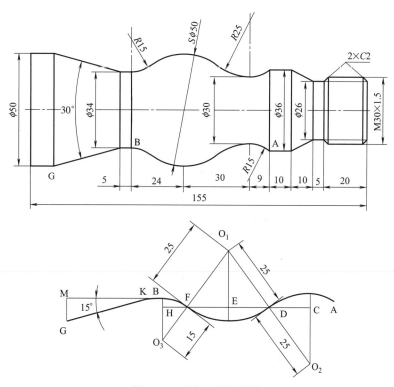

图 3-64　基点坐标的计算

四、使用复合固定循环（G71、G72、G73、G70）时的注意事项

（1）如何选用内、外圆复合固定循环，应根据毛坯的形状、工件的加工轮廓及其加工要求适当进行。

① G71 固定循环主要用于对径向尺寸要求比较高、轴向切削尺寸大于径向切削尺寸这类毛坯工件进行粗车循环。编程时，X 向的精车余量取值一般大于 Z 向精车余量的取值。

② G72 固定循环主要用于对端面精度要求比较高、径向切削尺寸大于轴向切削尺寸这类毛坯工件进行粗车循环。编程时，Z 向的精车余量取值一般大于 X 向精车余量的取值。

③ G73 固定循环主要用于已成形工件的粗车循环。精车余量根据具体的加工要求和加工形状来确定。

（2）使用内、外圆复合固定循环进行编程时，在其 ns～nf 之间的程序段中，不能含有以下指令。

① 固定循环指令；

② 参考点返回指令；

③ 螺纹切削指令（后叙）；

④ 宏程序调用或子程序调用指令（后叙）。

（3）执行 G71、G72、G73 循环时，只有在 G71、G72、G73 指令的程序段中 F、S、T 是有效的，在调用的程序段 ns～nf 之间编入的 F、S、T 功能将被全部忽略。相反，在执行 G70 精车循环时，G71、G72、G73 程序段中指令的 F、S、T 功能无效，这时，F、S、T 值决定于程序段 ns～nf 之间编入的 F、S、T 功能。

（4）在 G71、G72、G73 程序段中，Δd（Δi）、Δu 都用地址符 U 进行指定，而 Δk、Δw 都用地址符 W 进行指定，系统是根据 G71、G72、G73 程序段中是否指定 P、Q 以区分 Δd（Δi）、Δu 及 Δk、Δw 的。当程序段中没有指定 P、Q 时，该程序段中的 U 和 W 分别表示 Δd（Δi）和 Δk；当程序段中指定了 P、Q 时，该程序段中的 U、W 分别表示 Δu 和 Δw。

（5）在 G71、G72、G73 程序段中的 ΔU、ΔW 是指精加工余量值，该值按其余量的方向有正、负之分。另外，G73 指令中的 Δi、Δk 值也有正、负之分，其正负值是根据刀具位置和进退刀方式来判定的。

▌计划

根据加工任务，制订零件加工计划，见表 3-52。

表 3-52　计划

序号	工 作 内 容	工　具	注 意 事 项	操作人
1	加工工艺分析，确定切削路线	参考书	无	全体
2	编写加工程序	参考书	无	全体
3	输入程序、图形模拟	机床	无	AB
4	装刀具和工件	刀架扳手和卡盘扳手	工件装好，取下卡盘扳手	CD
5	零件加工	菱形外圆车刀、千分尺、游标卡尺	避免工件飞出，关安全防护门	EF
6	零件检测	千分尺	无	CD
7	打扫机床，整理实训场地，量具摆放整齐	打扫工具	无	全体

▌决策

根据计划，由组长进行人员任务分工，见表 3-53。

表 3-53　决策

序号	人员	分　工	序号	人员	分　工
1	全体	工艺分析，编写加工程序	4	EF	装刀，装工件，对刀，零件加工
2	AB	输入程序，检验程序正确性，模拟图形	5	CD	零件检测
3	CD	准备刀具、量具、工件			

▌实施

一、分析零件图样

1. 零件分析

如图 3-58 所示。

2．尺寸及精度分析

（1）尺寸精度　本任务中径向尺寸精度要求较高，为IT7级。在加工中，主要通过准确对刀、正确设置刀补及磨耗，以及制订合适的加工工艺等措施来保证。

（2）形位精度　本任务中未标注形位公差，形位精度要求不高，通过机床精度及一次装夹加工可以达到要求。

（3）表面粗糙度　本任务中，加工后的表面粗糙度要求为 $Ra1.6\mu m$，对于表面粗糙度要求，主要通过选用合适的刀具及其几何参数，正确的粗、精加工路线，合理的切削用量等措施来保证。

二、加工工艺分析

1．制订加工方案及加工路线

本任务采用一次装夹，用G73循环（法那克系统）依次完成 $R2$ 圆弧，两个 $\phi34mm$ 外圆，两个 $R15$ 圆弧粗加工，再用G70循环完成精加工，粗、精加工的循环起点为（42.0，2.0）。精加工路线如图3-65所示。

2．工件定位与装夹

毛坯沿用图3-47零件加工，工件采用通用三爪自定心卡盘进行定位与装夹，工件伸出卡盘端面外长度应略大于加工长度。

3．选择刀具及切削用量

本任务选用机械夹固式不重磨外圆车刀作为切削刀具，综合考虑两端内凹外凸结构对刀具角度的限制，保证刀具后刀面在加工过程中不与工件表面发生摩擦，本任务中选用 35°刀尖角的外圆车刀（刀柄型号SVJBR2525M16、刀片型号为 VBMT160408）。选择的刀具及切削用量见表3-54。

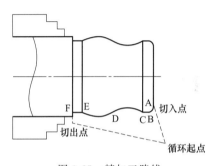

图 3-65　精加工路线

表 3-54　数控车削用刀具及切削用量参数表

刀具名称	刀具号	刀沿号	加工内容	主轴转速/(r/min)	进给量/(mm/r)	背吃刀量/mm
菱形刀	T0101	1	粗、精车外形轮廓	600/1200	0.15/0.08	1.5/0.3

4．加工中使用的工具、量具、夹具（见表3-55）。

表 3-55　工具、量具、刃具清单

序号	名称	规　格	数量	备注
1	游标卡尺	0～150mm　0.02mm	1	
2	千分尺	25～50mm　0.01mm	各1	
3	百分表	0～10mm　0.01mm	1	
4	磁性表座		1	
5	塞尺	0.02～1mm	1	
6	外圆车刀	93°	1	刀尖角35°
7	外圆车刀	93°	1	刀尖角80°
8	其他	铜皮、铜棒、毛刷等常用工具等		
9		计算机、计算器、编程用书		

三、程序编制

1. 编程原点的确定

工件的编程原点取在工件右端面的中心处。

2. 基点坐标确定

A（X30，Z0）、B（X34，Z−2）、C（X34，Z−5）、D（X34，Z−20）、E（X34，Z−35）、F（X34，Z−40）。

3. G73 循环参数的设定

（1）X 方向毛坯切除余量 Δi X 方向毛坯切除余量 Δi 按如下公式计算：$\Delta i =$（毛坯尺寸−工件最小直径）/2。

$$\Delta i = (40-30)/2 = 5 \text{（mm）}$$

（2）Z 方向毛坯切除余量 Δk 根据工件内凹结构的特点，为防止过切，Z 方向毛坯切除余量 Δk 取值为 0，即仅 X 向递进切入。

（3）粗切循环次数 d   粗切循环次数可由公式 d＝（X 方向毛坯切除余量 Δi −精加工余量 Δu）/单边切深 a_p 估算。

外形轮廓加工中，d＝$\Delta i / a_p$＝（5−0.5）/1.5＝3（次）。

4. 本任务工件的参考加工程序（见表3-56）

表 3-56   FANUC 0i 系统参考程序

刀具	1 号：菱形车刀		
程序号	加工程序		程序说明
	O0010		工件加工程序名
N10	G99 G40 G21 G18		程序初始化
N20	G00 X100 Z100		回换刀点
N30	T0101		换 1 号刀，执行 1 号刀补
N40	M03 S600		主轴正转
N50	G00 X42Z2		定位至切削循环起刀点
N60	G73 U5 W0 R3		粗车循环参数的设定
N70	G73 P80 Q150 U0.6 W0 F0.15		
N80	G00 X30 Z2		精加工轨迹描述
N90	G01 Z0		
N100	G03 X34 Z−2 R2		
N110	G01 Z−5		
N120	G02 X34 Z−20 R15		
N130	G03 X34 Z−35 R15		
N140	G01 Z−40		
N150	G00 X42 Z2		
N160	G00 X100 Z100		回换刀点
N170	T0101		精车循环
N180	M03 S1200		
N190	G00 X42 Z2		
N200	G70 P80 Q150 F0.08		
N210	G00 X100 Z100		回换刀点
N220	M05		程序结束部分
N230	M30		

四、技能训练

1. 加工准备

（1）检查坯料尺寸。

（2）开机、回参考点。

（3）装夹刀具与工件。外圆车刀按要求装于刀架的 T01 号刀位，本任务中选用的菱形车刀的装刀、对刀操作方法与外圆刀相同，但应注意以下问题：由于菱形刀通常受工件的凹弧结构的限制，副偏角要求加大，但如果在装刀时车刀角度不正，很可能人为造成副偏角的减小，使得刀具后刀面在加工过程中与工件表面发生摩擦，降低表面粗糙度。

铝棒沿用任务六内轮廓加工的零件，装夹在三爪自定心卡盘上，伸出卡盘 45mm，找正并夹紧。

（4）程序输入。

（5）程序模拟。

2. 对刀

外圆车刀采用试切法对刀，把操作得到的数据输入到 T01 刀具补偿存储器中，并复查刀补。

3. 零件自动加工及尺寸控制

（1）零件自动加工　选择 MEM（或 AUTO）自动加工方式，打开程序，调好进给倍率，按数控启动按钮进行自动加工。

（2）零件加工过程中尺寸控制　同前面介绍方法相同，略。

▌检查

零件加工结束后进行检测。检测结果写在表 3-57 中。

表 3-57　评分表

班级			姓名		学号	
任务		成形面类零件外轮廓编程与加工			零件图编号	图 3-58
	序号	检测内容		配分	学生自评	教师评分
基本检查		编程				
	1	切削加工工艺制订正确		5		
	2	切削用量选择合理		5		
	3	程序正确、简单、规范		20		
	4	设备操作、维护保养正确		5		
	操作	5	安全、文明生产	5		
	6	刀具选择、安装正确、规范		5		
	7	工件找正、安装正确、规范		5		
工作态度	8	行为规范、纪律表现		10		
外圆	9	$R2$		4		
	10	$R15$ 两处		8		
	11	$\phi34$ 两处		12		
长度	12	5		2		
	13	35		2		
	14	40		2		
表面粗糙度	15	$Ra1.6$		10		
综合得分				100		

▌评估

在实施过程中各组出现的问题各不相同，有些问题组内讨论解决了，有些问题没有解决，也有些问题组内成员都没有意识到，老师引导各组就一些典型和隐性的问题进行讨论，见表 3-58。

表 3-58 评估

序号	问题	可能原因	后果	避免措施
1	表面粗糙度差	精加工参数不合理	工件表面质量差	合理选择精加工参数
2	撞刀	对刀不正确；程序不正确	零件损坏，刀具损坏，有可能发生工件飞出安全事故	对刀正确；程序编写要正确
3	尺寸不符合要求	测量不正确	报废	正确测量

思考与练习

1. 试写出成形复合粗加工循环（G73）的指令格式，并说明指令中各参数的含义。

2. 采用 FANUC 0i Mate 系统成形复合固定循环（G73）指令编写图 3-64 所示零件的数控车削加工程序。

项目四

槽编程与加工

任务一 外沟槽编程与加工

学习目标

1. 知识目标
（1）正确制订外圆柱面上直槽、倒角槽的加工工艺。
（2）正确编写槽加工程序。
（3）掌握暂停指令及应用。
2. 技能目标
（1）会切槽刀安装。
（2）会切槽刀对刀及验证方法。
（3）合理选择切削用量完成外沟槽加工。

工作任务

如图 4-1 所示工件，毛坯沿用图 3-21 外轮廓加工基础上切槽，试编写切槽加工程序并进行加工。

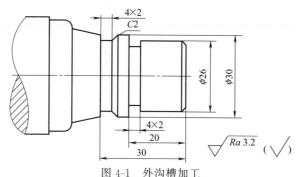

图 4-1 外沟槽加工

任务分析：本任务中有直槽和带倒角的槽，用 G01 指令编写加工程序。除了完成本任务的加工外，还要掌握用子程序编写多个相同直槽的编程。在加工技能上训练学生切槽刀的装刀和对刀操作。

资讯

一、切槽加工中的基本知识

1. 切槽加工的特点
（1）切削变形大。切槽时，由于切槽刀的主切削刃和左、右副切削刃切削时同时参加切削，切屑排出时，受到槽两侧的摩擦、挤压作用，以致切削变形大。

（2）切削力大。由于切槽过程中切屑与刀具、工件的摩擦，切槽时被切金属的塑性变形大，所以在切削用量相同的条件下，切槽时切削力比一般车外圆时的切削力大20%～25%。

（3）切削热比较集中。当切槽时，塑性变形大，摩擦剧烈，故产生切削热也多，会加剧刀具的磨损。

（4）刀具刚性差。通常切槽刀主切削刃宽度较窄（一般在2～6mm之间），刀头狭长，所以刀具的刚性差，切断过程中容易产生振动。

2. 槽类工件的加工方法

（1）车槽的刀具其主切削刃应安装在与车床主轴轴线平行并等高的位置上，过高过低都不利于切削。

（2）切削过程出现切削平面呈凸、凹形等和因切断刀主切削刃磨损及"扎刀"，要注意调整车床主轴转速和进给速度数值。

（3）对外圆切槽加工，如果槽宽比槽深小，采用多步切槽的方法。

（4）对端面切槽加工，需选用端面切槽刀具以实现圆形切槽，分多步进行切削，并保持低的轴向进给率，以避免切屑堵塞。切削时从最大直径开始，向内切削以获取最佳切屑控制。

3. 外圆沟槽的作用

（1）使装配在轴上的零件有正确的轴向位置。

（2）螺纹加工时作为退刀槽使用。

4. 刀具的选择

（1）切断刀的长度和宽度确定

① 切断刀的刀头宽度经验计算公式为：

$$b \approx (0.5 \sim 0.6)D/2 \text{mm}$$

式中　b——主刀刃宽度，mm；

　　　D——被切断工件的直径，mm。

② 刀头部分长度 L 的确定。

切断实心材料：$L = D/2 + (2 \sim 3)\text{mm}$

切断空心材料：$L = h + (2 \sim 3)\text{mm}$

其中 h 为被切工件的壁厚。

（2）切槽刀长度和刀头宽度的确定

① 切槽刀的刀头宽度一般根据工件的槽宽、机床的功率和刀具的强度综合考虑确定。

② 切槽刀的长度为：

$$L = 槽深 + (2 \sim 3)\text{mm}$$

5. 切削用量的选择

（1）背吃刀量　当横向切削时，切槽刀的背吃刀量等于刀的主切削刃宽度，所以只须确定切削速度和进给量。

（2）进给量 f　由于刀具刚性、强度及散热条件较差，所以应适当地减小进给量。进给量太大时，容易使刀折断；进给量太小时，刀具与工件产生强烈摩擦会引起振动。

（3）切削速度 v_c。恒转速切断时的实际切削速度与切入点处的直径密切相关，对大直径工件切入时转速不宜过高，否则易振动。

二、编程指令

1. 子程序

（1）子程序功能　编程时为简化程序编制，当工件上有相同加工内容时常用调子程序进行编程。主程序可以在适当位置调用子程序，子程序还可以再调用其他子程序。

（2）子程序名　子程序和主程序一样也应给程序命名，以供调用。法那克系统与西门子系统子程序名命名见表 4-1。

表 4-1　法那克系统与西门子系统子程序名

数控系统	FANUC 0i Mate	SIEMENS 802D
子程序名	子程序名与主程序名完全相同，由字母"O"开头，后跟四位数字。如"O1233"	子程序名开始两位必须是字母，其后为字母、数字或下划线，最多不超过 8 位，中间不允许有分隔符并用后缀"．SPF"与主程序相区分。如"DDF．SPF"。此外，地址 L 后跟 1～7 位数也表示子程序名。如 L28．SPF、L028．SPF，且两者不是同一子程序

（3）子程序结构与主程序结构　完全相同，由程序段组成。

（4）子程序结束及返回（见表 4-2）

表 4-2　法那克系统与西门子系统子程序结束及返回

数控系统	FANUC 0i Mate	SIEMENS 802D
子程序返回	用 M99 指令结束子程序并返回	用 M2、M17 或 RET 指令结束子程序并返回
使用说明	使用时不必为一独立程序段	子程序结束指令必须为一独立程序段，其中 RET 和 M17 指令结束子程序，返回主程序不会中断 G64 连续路径运行方式，用 M2 指令则会中断 G64 运行方式，并进入停止状态

（5）子程序调用　法那克系统与西门子系统子程序调用见表 4-3。

表 4-3　法那克系统与西门子系统子程序调用

数控系统	FANUC 0i Mate	SIEMENS 802D
子程序调用	M98 P xxx　xxxx P 后跟子程序被重复调用次数及子程序名。 例：N20 M98 P2233；调用子程序"O2233"。 … N40 M98 P31133；重复调用子程序"O1133"3 次	直接用程序名调用子程序；当要求多次执行某一子程序，则在所调用子程序名后地址 P 下写入调用次数。 如：N10　L2233；调用子程序"L2233" … N40 NAM1133 P3；重复调用子程序"NAM1133．SPF"3 次

调用子程序时程序运行过程如图 4-2 所示。

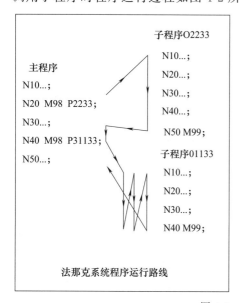

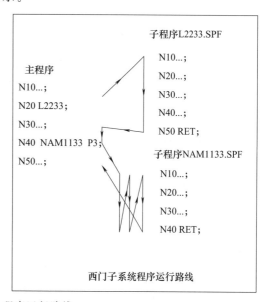

图 4-2　程序运行路线

（6）子程序使用说明

① 主程序调用子程序，子程序还可再调用其他子程序，这被称为子程序嵌套，一般子程序嵌套深度为三层，也就是有四个程序界面（包括主程序界面）。注意固定循环是子程序的一种特殊形式，也属于四个程序界面中的一个。

② 子程序可以重复调用，最多999次。

③ 在子程序中可以改变模态有效的G功能。在返回调用程序时注意检查所有模态有效的功能指令，并按照要求进行调整。西门子系统中R参数也需要注意，不要无意识地用上级程序界面中所使用的计算参数来修改下层程序界面的计算参数。

2．绝对坐标、增量坐标指令

（1）指令功能

① 绝对坐标：刀具运动过程中，刀具的位置坐标是以工件原点为基准计量的。

② 增量坐标：刀具位置坐标是相对于前一位置的增量。

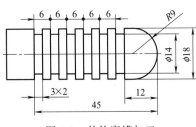

图 4-3 外轮廓槽加工

（2）指令代码 法那克系统与西门子系统绝对坐标、增量坐标代码见表4-4。

表 4-4 法那克系统与西门子系统绝对坐标、增量坐标代码

数控系统	FANUC 0i Mate	SIEMENS 802D
绝对坐标	X、Z	G90
增量坐标	U、W	G91

（3）举例 图4-3所示为有规律的槽，参考程序见表4-5。

表 4-5 两种系统加工多槽轴的参考程序

FANUC 0i Mate	SIEMENS 802D	程序说明
主程序：O0011；	主程序 DF66. MPF	程序名
M03 S300；	M03 S300	主轴正转
T0202；	T2D1	换切槽刀
G00 X20 Z−9；	G00 X20 Z−9	刀具定位
M98 P061111；	L123 P6	调用子程序
M02；	M02	程序结束
子程序：O1111；	子程序：L123. SPF	子程序名
G01 W−6 F0.5；	G91 G01 Z−6 F0.5	Z向进刀,增量编程
U−6 F0.08；	X−6 F0.08	X向切削,增量编程
U6 F0.2；	X6 F0.2	X向退刀,增量编程
M99；		法那克系统子程序结束
	G90	西门子系统取消增量编程
	M17	西门子系统子程序结束

3．进给暂停指令 G04

（1）指令功能 执行本指令进给暂停至指定时间后，执行下一段程序，常用于车槽、车端面、锪孔等场合，以提高表面质量。

（2）指令格式 法那克系统与西门子系统进给暂停指令见表4-6。

表 4-6 法那克系统与西门子系统进给暂停指令

系 统	指令格式	说 明
FANUC 0i Mate	G04 X __	X为暂停时间,可用带小数点的数,单位为s
	G04 U __	U为暂停时间,可用带小数点的数,单位为s
	G04 P __	P为暂停时间,不允许带小数点的数,单位为ms

系　　统	指令格式	说　　明
SIEMENS 802D	G04 F __	F 为暂停时间,可用带小数点的数,单位为 s
	G04 S __	S 为主轴转数,表示暂停主轴转过 S 转的时间

FANUC 0i Mate 系统:G04 X5(U5)表示暂停 5s。G04 P50 表示暂停 ms,即暂停 0.05s。

SIEMENS 802D 系统:G04 F2.5 表示暂停 2.5s。G04 S5 表示暂停主轴转过 5r 的时间。

计划

根据加工任务,制订零件加工计划,见表 4-7。

表 4-7　计划

序号	工作内容	工　具	注意事项	操作人
1	加工工艺分析,确定切削路线	参考书	无	全体
2	编写加工程序	参考书	无	全体
3	输入程序、图形模拟	机床	无	AB
4	装刀具和工件	刀架扳手和卡盘扳手	工件装好,取下卡盘扳手	CD
5	零件加工(对刀、复查刀补、自动加工)	外切槽刀、千分尺、游标卡尺	避免工件飞出,关安全防护门	EF
6	零件检测	游标卡尺	无	CD
7	打扫机床,整理实训场地,量具摆放整齐	打扫工具	无	全体

决策

根据计划,由组长进行人员任务分工,见表 4-8。

表 4-8　决策

序号	人员	分　工	序号	人员	分　工
1	全体	工艺分析,编写加工程序	4	EF	装刀,装工件,对刀,复查刀补,自动加工
2	AB	输入程序,检验程序正确性,模拟图形	5	CD	零件检测
3	CD	准备刀具、量具、工件			

实施

一、加工工艺分析

1. 加工路线

(1)直槽加工方法　当槽宽度尺寸不大,可用刀头宽度等于槽宽的切槽刀,一次进给切出,注意直进直出如图 4-4(a)所示。编程时还可用 G04 指令在刀具切至槽底时停留一定时间,以光整槽底。本任务零件右端窄直槽即采用这种方法加工。

(2)带倒角的槽加工方法　当槽宽度尺寸不大,可用刀头宽度等于槽宽的切槽刀,一次进给切出直槽,然后,右刀尖沿倒角路线加工出倒角,再直退出。如图 4-4(b)所示。切槽刀在位置 1 沿 1 号路线进刀,2 号路线退刀,再沿 3 号路线进刀到位置 2,沿 4 号路线进刀,2 号路线退刀,退到位置 1。注意,切槽刀有左、右两个刀尖及切削刃中心处等三个刀位点,在整个加工过程中应采用同一个刀位点,如图 4-5 所示,为对刀、编程方便,一般采用左刀尖作为刀位点，编程时，右刀尖沿倒角路线加工时，左刀尖 Z 坐标一定要加切槽刀宽度。

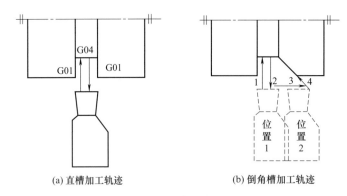

(a) 直槽加工轨迹　　　　　　(b) 倒角槽加工轨迹

图 4-4　槽加工轨迹

2．工、量、刃具选择

（1）工具选择　沿用图 3-21 零件装夹在三爪自定心卡盘上，用划线盘校正。其他工具见表 4-9。

（2）量具选择　尺寸精度要求不高，选用 0～150mm 游标卡尺测量。

（3）刀具选择　加工材料为硬铝，刀具选用硬质合金或白钢刀切槽刀，刀头宽度为 4mm，安装在 T02 刀位。刀具规格见表 4-9。

表 4-9　切槽工、量、刃具清单

工、量、刀具清单					图号		图 4-1	
种类	序号	名称	规格	精度		单位		数量
工具	1	三爪自定心卡盘				个		1
	2	卡盘扳手				副		1
	3	刀架扳手				副		1
	4	垫刀片				块		若干
	5	划线盘				个		1
量具	1	游标卡尺	0～150mm	0.02mm		把		1
刃具	1	切槽刀	4mm×15mm			把		1

3．切削用量选择

加工材料为硬铝，硬度较低，切削力较小，切削用量可选择大些；但切槽刀强度较低，转速和进给量应选择小一些。转速 300r/min，进给量 0.1mm/r。

二、编写加工程序

1．建立工件坐标系

工件原点设在右端面与工件轴线交点处，切槽刀刀位点如图 4-5 所示。

2．计算基点坐标

如图 4-6 所示，A（X26，Z−20）、B（X26，Z−30）、C（X30，Z−24）。

编写程序时，C 点的坐标要换算成切槽刀左刀尖，即（X30，Z−28）。

3．参考程序

先加工右边直槽，再加工左边带倒角的直槽。FANUC 0i 系统和 SIEMENS 802D 参考程序见表 4-10。

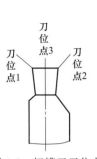

图 4-5　切槽刀刀位点

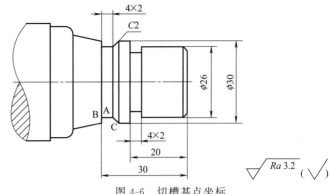

图 4-6　切槽基点坐标

表 4-10　切槽加工的参考程序

程序段号	加工程序		程序说明
	FANUC 0i Mate	SIEMENS 802D	
	O0011	XF122. MPF	程序名
N10	M03 S300 G99	M03 S300 G95	转速 300r/min，每转进给
N20	T0202	T2D1	调用 2 号切槽刀
N30	G00 X28 Z−20	G00 X28 Z−20	刀具快速运动到进刀点
N40	G01 X22 F0.1	G01 X22 F0.1	切右边直槽
N50	G04 X2	G04 X2	槽底停 2s
N60	G01 X32 F0.3	G01 X32 F0.3	刀具沿 X 向退出
N70	Z−30 F1	Z−30 F1	刀具运动到带倒角槽的进刀点
N80	X26 F0.1	X26 F0.1	切直槽
N90	G04 X2	G04 X2	槽底停 2s
N100	G01 X30 F0.3	G01 X30 F0.3	刀具沿 X 向退出到 X30
N110	Z−28	Z−28	Z 向定位
N120	X26 Z−30 F0.1	X26 Z−30 F0.1	切槽的倒角
N130	X32 F0.3	X32 F0.3	刀具沿 X 向退出
N140	G00 X100 Z100	G00 X100 Z100	刀具快速回到换刀点
N150	M05	M05	主轴停转
N160	M02	M02	程序结束

三、技能训练

1. 加工准备

（1）检查坯料尺寸。

（2）开机、回参考点。

（3）装夹刀具与工件。

① 铝棒夹在三爪自定心卡盘上，伸出 40mm，找正并夹紧。

② 切槽刀安装在 T02 号刀位，伸出不能太长，在安装切槽刀时主切削刃要与工件轴线平行，要保证副偏角的角度，刀刃要对准工件中心，这样才能顺利进行切削加工，如图 4-7 所示。

（4）程序输入。把编写的程序通过数控面板输入数控机床。

（5）程序模拟。机床锁紧，空运行打开，图形模拟。

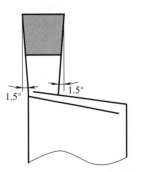

图 4-7　切槽刀安装图

2. 对刀

切槽刀对刀时采用左侧刀尖为刀位点，与编程采用的刀位点一致。对刀操作步骤如下。

（1）Z 轴对刀　手动方式下，使主轴正转；或 MDA（MDI）方式下输入 M3 S300，使主轴正转。移动刀具，使切槽刀左侧刀尖刚好接触工件右端面。注意刀具接近工件时，进给倍率为 1%～2%，如图 4-8 所示。刀具沿＋X 方向退出，然后进行面板操作。面板操作同外圆车刀对刀，注意刀具号为 T02。

（2）X 轴对刀　手动方式下，使主轴正转；或 MDA（MDI）方式下输入 M3 S300，使主轴正转。移动刀具，使切槽刀主切削刃刚好接触工件外圆（或车一段外圆）。注意刀具接近工件时，进给倍率为 1%～2%，如图 4-9 所示。刀具沿＋Z 方向退出，停车测出外圆直径，然后进行面板操作。面板操作同外圆车刀对刀，注意刀具号为 T02。

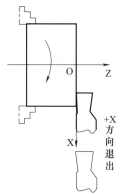

图 4-8　切槽刀 Z 向对刀图

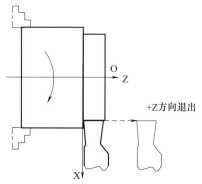

图 4-9　切槽刀 X 向对刀图

（3）复查刀补　同外圆车刀。

3．零件自动加工

（1）选择 MEM（或 AUTO）自动加工方式，打开程序，调好进给倍率，按数控启动按钮进行自动加工。

（2）切槽加工注意事项

① 切槽、切断时，刀头宽度不能过宽，否则易振动。

② 安装切槽刀时，主切削刃必须和工件的轴线平行。

③ 如果加工较宽的沟槽时，每次分层切削进给要有重叠部分。

④ 安装切断刀时，刀尖与工件旋转中心等高。

⑤ 切断时，切断点应离卡盘近些。

⑥ 切断时，进给速度不易过大。

⑦ 切断时要及时注意排屑的顺畅，否则易将刀头折断。

⑧ 一夹一顶装夹工件时，不能直接把工件切断，以防切断时工件飞出。

▌检查

零件加工结束后进行检测。检测结果写在表 4-11 中。

表 4-11　评分表

班级				姓名		学号	
任务			外沟槽编程与加工		零件图编号		图 4-1
		序号	检测内容		配分	学生自评	教师评分
基本检查	编程	1	切削加工工艺制订正确		5		
		2	切削用量选择合理		5		
		3	程序正确、简单、规范		20		
	操作	4	设备操作、维护保养正确		5		
		5	安全、文明生产		5		
		6	刀具选择、安装正确、规范,不断刀		20		
		7	工件找正、安装正确、规范		5		

续表

班级			姓名			学号		
任务		外沟槽编程与加工				零件图编号		图 4-1
	序号		检测内容			配分	学生自评	教师评分
工作态度	8	行为规范、纪律表现				5		
槽底直径	9	$\phi22$				5		
	10	$\phi26$				5		
	11	槽侧倒角 $C2$				5		
长度	12	4×2				5		
	13	20				5		
	14	30				5		
综合得分						100		

评估

在实施过程中各组出现的问题各不相同，有些问题组内讨论解决了，有些问题没有解决，也有些问题组内成员都没有意识到，老师引导各组就一些典型和隐性的问题进行讨论，见表 4-12。

表 4-12　评估

序号	问题	可能原因	后果	避免措施
1	槽表面粗糙度差	进刀稍快	工件表面质量差	进刀慢点
2	切槽刀撞刀	对刀不正确；程序错误；速度太快，刀装得不正	零件损坏，刀具损坏，有可能发生工件飞出安全事故	对刀正确；切槽程序要正确；切槽刀主切削刃要和主轴轴线平行

资料链接

切槽循环

对于深度和宽度较大的槽加工，法那克系统和西门子系统有专门的槽加工循环。调用槽加工循环，给循环参数赋值即可加工出符合要求的槽。宽槽加工的刀具路线见表 4-13。

表 4-13　FANUC 0i Mate 与 SIEMENS 802D 系统切槽循环指令格式、参数

系统	FANUC 0i Mate	SIEMENS 802D
图例		
循环指令及参数含义	指令格式： GO Xα1 Zβ1 G75 RΔe G75 Xα2 Zβ2 PΔi QΔk RΔd F	指令格式： CYCLE93（SPD，SPL，WIDG，DIAG，STA1，ANG1，ANG2，RCO1，RCO2，RCI1，RCI2，FAL1，FAL2，IDEP，DTB，VARI）

系统	FANUC 0i Mate	SIEMENS 802D
循环指令及参数含义	程序段中各地址的含义为： α1、β1—切槽刀起点坐标，α1 应比槽口最大直径（有时在槽的左右两侧直径是不相同）大 2～3mm，以免在刀具快速移动时发生撞刀；β1 与切槽起始位置从左侧或右侧开始有关（优先选择从右侧开始）； α2—槽底直径； β2—切槽时的 Z 向终点位置坐标，同样与切槽起始位置有关； e—切槽过程中径向的退刀量，半径值，单位为 mm； Δi—切槽过程中的每次切入量，半径值，单位为 μm； Δk—沿径向切完一个刀宽后退出，在 Z 向的移动量，单位为 μm，但必须注意其值应小于刀宽； Δd—刀具切到槽底后，在槽底沿－Z 方向的退刀量，单位为 μm。注意：尽量不要设置数值，取 0，以免断刀	各参数含义： SPD—横向（X 向）坐标轴切槽起始点坐标值（直径）； SPL—纵向（Z 向）坐标轴切槽起始点坐标值； WIDG—切槽宽度（无符号输入）（刀具实际宽度必须小于槽宽）； DIAG—切槽深度（无符号输入）； STA1—轮廓和纵向轴之间的角度，范围值 0≤STA1≤180°； ANG1—侧面角 1，在切槽一边，由起始点决定（无符号输入），范围值 0≤ANG1<89.999°； ANG2—侧面角 2，在另一边（无符号输入），范围值 0≤ANG2<89.999°； RCO1—半径/倒角 1，外部，位于起始点侧（半径是正符号，倒角是负符号）； RCO2—半径/倒角 2，外部（半径是正符号，倒角是负符号）； RCI1—半径/倒角 1，内部，位于起始点侧（半径是正符号，倒角是负符号）； RCI2—半径/倒角 2，内部（半径是正符号，倒角是负符号）； FAL1—槽底的精加工余量（半径值）； FAL2—侧面的精加工余量； IDEP—进给深度（无符号输入）； DTB—槽底停顿时间； VARI—加工类型（表 4-14）范围值：1～8（倒角被考虑成 CHF）和 11～18（倒角被考虑成 CHR）

表 4-14　切槽方式

数值	纵向/横向	外部/内部	起始点位置
1/11	纵向	外部	左边
2/12	横向	外部	左边
3/13	纵向	内部	左边
4/14	横向	内部	左边
5/15	纵向	外部	右边
6/16	横向	外部	右边
7/17	纵向	内部	右边
8/18	横向	内部	右边

思考与练习

1. 切槽刀安装要注意什么？
2. 编写图 4-10 多槽加工程序。

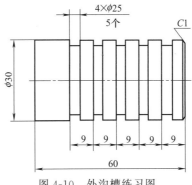

图 4-10　外沟槽练习图

任务二 内沟槽编程与加工

学习目标

1. 知识目标
(1) 掌握内沟槽加工的刀具选择。
(2) 正确制订内切槽加工路线。
(3) 熟练编写内切槽加工程序。
2. 技能目标
(1) 会内切槽刀的装夹。
(2) 会内沟槽加工及尺寸控制。

工作任务

如图 4-11 所示工件，毛坯沿用图 3-47 内孔加工基础上切内槽，试编写其数控车内沟槽加工程序并进行加工。

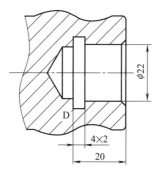

图 4-11 内沟槽零件图

任务分析：本任务是进行内沟槽的编程及加工，在编程中要注意进刀和退刀，以防撞刀。

在加工技能上训练学生内沟槽刀装刀和对刀。

计划

根据加工任务，制订零件加工计划，见表 4-15。

表 4-15 计划

序号	工 作 内 容	工 具	注 意 事 项	操作人
1	加工工艺分析,确定切削路线	参考书	无	全体
2	编写加工程序	参考书	无	全体
3	输入程序、图形模拟	机床	无	AB
4	装刀具和工件	刀架扳手和卡盘扳手	工件装好,取下卡盘扳手	CD
5	零件加工(对刀、复查刀补、自动加工)	内切槽刀、千分尺、游标卡尺	避免工件飞出,关安全防护门	EF
6	零件检测		无	CD
7	打扫机床,整理实训场地,量具摆放整齐	打扫工具	无	全体

▌决策

根据计划，由组长进行人员任务分工，见表 4-16。

表 4-16　决策

序号	人员	分　工	序号	人员	分　工
1	全体	工艺分析,编写加工程序	4	EF	装刀,装工件,对刀,零件加工
2	AB	输入程序,检验程序正确性,模拟图形	5	CD	零件检测
3	CD	准备刀具、量具、工件			

▌实施

一、分析零件图样

1. 零件分析

如图 4-10 所示。

2. 尺寸及精度分析

本任务中内沟槽尺寸精度和表面粗糙度要求不高，在加工过程中通过准确对刀，制订合适的加工工艺等措施来保证。

二、加工工艺分析

1. 制订加工方案及加工路线

内切槽刀定位到孔口外，沿 Z 负方向定位到 Z－20，沿 X 正向直进切削，X 负向直退出槽，再沿 Z 正方向退出孔，快速退回换刀点。加工工步及切削用量见表 4-17。

2. 工件定位与装夹

沿用项目二任务六已镗好孔的工件，夹住 $\phi38mm$ 外圆，找正后夹紧。

3. 刀具选择

选择刀宽为 4mm 的内切槽刀。

表 4-17　内沟槽零件加工工艺及切削用量

工步号	工步内容	指令	切削用量	
			进给速度 $f/(mm/r)$	主轴转速 $n/(r/min)$
1	快速定位孔口	G00		
2	Z 方向工进到切槽处	G01	1	280
3	X 向慢速切槽	G01	0.08	280
4	X 向退出	G01	0.3	280
5	Z 方向退出孔口	G01	1	280
6	快速退回换刀点	G00		

4. 加工中使用的工具、量具、夹具（见表 4-18）

表 4-18　内沟槽零件加工工、量、刃具清单

工、量、刃具清单					图号	图 4-10
种类	序号	名称	规格	精度	单位	数量
工具	1	三爪自定心卡盘			个	1
	2	卡盘扳手			副	1
	3	刀架扳手			副	1
	4	垫刀片			块	若干
量具	1	游标卡尺	0～150mm	0.02	把	1
刀具	1	内沟槽刀	93°		把	1

三、编写参考程序

1. 建立工件坐标系

工件原点设在右端面与工件轴线交点处。

2. 计算基点坐标

如图 4-10 所示，D（X26，Z-20）。

3. 参考程序

FANUC 0i 系统和 SIEMENS 802D 刀具号和刀补号格式不一样，其他都相同，见表 4-19。

表 4-19　FANUC 0i Mate 系统和 SIEMENS 802D 系统内沟槽参考程序

程序段号	程序内容		动作说明
N10	M03 S300；		主轴正转
N20	T0202； （FANUC 0i Mate 系统）	T2D1； （SIEMENS 802D 系统）	调用 2 号内沟槽刀
N30	G00 X20 Z3；		快速定位至孔外
N40	G01 Z-20 F1；		Z 向进刀
N50	X26 F0.08；		X 向切槽
N60	X20 F0.3；		X 向退出槽
N70	Z3 F1；		Z 向退到孔外
N80	G00 X100 Z100；		回换刀点
N90	M05；		主轴停
N100	M02；		程序结束

四、技能训练

1. 加工准备

（1）检查坯料尺寸。

（2）开机、回参考点。

（3）装夹工件与刀具。

① 沿用图 3-47 零件装夹在三爪自定心卡盘上，伸出 40mm，找正并夹紧。

② 切槽刀安装在 T02 号刀位，刀杆伸出刀架应尽可能短，以增加刚性，避免因刀杆弯曲变形，一般比加工长度长 5～10mm。刀杆要装正，主切削刃要与工件轴线平行，要保证副偏角的角度，刀刃要对准中心，刀尖应略高于工件旋转中心 0.5，防止镗刀下部碰坏孔壁，影响加工精度，一般装好刀后，手摇让刀进入孔内，看是否碰孔壁。

（4）程序输入。把编写的程序通过数控面板输入数控机床。

（5）程序模拟。机床锁紧，空运行打开，图形模拟。

2. 对刀

内切槽刀对刀时采用左侧刀尖为刀位点，与编程采用的刀位点一致。对刀操作步骤如下。

（1）Z 轴对刀

① 手动方式下，使主轴正转；或 MDA（MDI）方式下输入 M3 S400，使主轴正转。

② 手动方式下，移动刀具，使内切槽刀左侧刀尖刚好接触工件右端面。注意刀具接近工件时，进给倍率为 1%～2%。

③ 刀具沿+X 方向退出，然后进行面板操作。面板操作同内圆车刀对刀，注意刀具号为 T02。

（2）X 轴对刀

① 手动方式下，使主轴正转；或 MDA（MDI）方式下输入 M3 S400，使主轴正转。

② 手动方式下，移动刀具，使内切槽刀主切削刃刚好接触工件内孔。注意刀具接近工件时，进给倍率为 1%～2%。

③ 刀具沿＋Z方向退出，停车测出内孔直径，然后进行面板操作。面板操作同内孔车刀对刀，注意刀具号为 T02。

（3）复查刀补。

3. 零件自动加工

选择 MEM（或 AUTO）自动加工方式，打开程序，调好进给倍率，按数控启动按钮进行自动加工。

检查

零件加工结束后进行检测。检测结果写在表 4-20 中。

表 4-20　评分表

班级				姓名		学号	
任务			内沟槽编程与加工		零件图编号		图 4-10
		序号	检测内容	配分	学生自评	教师评分	
基本检查	编程	1	切削加工工艺制订正确	10			
		2	切削用量选择合理	10			
		3	程序正确、简单、规范	20			
	操作	4	设备操作、维护保养正确	5			
		5	安全、文明生产	5			
		6	刀具选择、安装正确、规范，不断刀	30			
		7	工件找正、安装正确、规范	5			
工作态度		8	行为规范、纪律表现	5			
长度		9	20	10			
综合得分				100			

评估

在实施过程中各组出现的问题各不相同，有些问题组内讨论解决了，有些问题没有解决，也有些问题组内成员都没有意识到，老师引导各组就一些典型和隐性的问题进行讨论，见表 4-21。

表 4-21　评估

序号	问题	可能原因	后果	避免措施
1	槽表面粗糙度差	进刀稍快	工件表面质量差	进刀慢点
2	切槽刀撞坏	对刀不正确；进退刀路径不对；程序出错速度太快；刀装得不正	零件损坏，刀具损坏，有可能发生工件飞出安全事故	对刀正确；内切槽进退刀路径要正确；切槽程序要正确；切削用量要合理；切槽刀主切削刃要和主轴轴线平行

思考与练习

1. 内沟槽刀装刀要注意什么？
2. 编写图 4-12 内切槽程序。

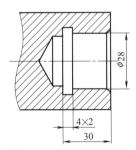

图 4-12　内沟槽练习图

项目五
普通螺纹编程与加工

任务一　普通圆柱外螺纹加工

圆柱外螺纹编程与加工

学习目标

1. 知识目标
（1）了解普通螺纹基本要素及相关尺寸计算。
（2）掌握普通螺纹的数控加工工艺。
（3）掌握螺纹加工指令的格式及应用。
（4）正确编写螺纹加工程序。
2. 技能目标
（1）会外螺纹车刀装刀及对刀。
（2）会进行普通外螺纹尺寸控制。
（3）能使用环规检测外螺纹尺寸。
（4）完成零件加工。

工作任务

如图 5-1 所示工件，毛坯沿用图 4-1 加工的零件。试编写其螺纹部分程序并进行加工。

任务分析：本任务引入法那克系统单行程螺纹切削 G32、单一循环螺纹切削 G92、复合螺纹切削 G76，西门子系统单行程螺纹切削 G33、螺纹切削循环 LCYC97。在加工技能上训练学生螺纹刀的安装和对刀及工件的校正装夹。

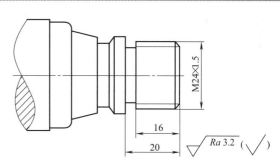

图 5-1　外螺纹加工零件图

资讯

一、普通螺纹工艺知识概述

1. 基本概念
（1）牙型　沿螺纹轴线剖切时，螺纹牙齿轮廓的剖面形状称为牙型。普通螺纹牙型角为 60°。
（2）螺纹直径（大径、小径、中径）
① 大径：与外螺纹牙顶或内螺纹牙底相重合的假想圆柱面的直径（内、外螺纹分别用

D、d 表示），也称为螺纹的公称直径。

② 小径：与外螺纹牙底或内螺纹牙顶相重合的假想圆柱面的直径（内、外螺纹分别用 D_1、d_1 表示）。

③ 中径：在大径与小径之间，其母线通过牙形沟槽宽度和凸起宽度相等的假想圆柱面的直径（内、外螺纹分别用 D_2、d_2 表示）。

（3）线数（n）　螺纹有单线和多线之分，沿一条螺旋线形成的螺纹为单线螺纹；沿轴向等距分布的两条或两条以上的螺旋线所形成的螺纹为多线螺纹。

（4）螺距（P）和导程（L）　相邻两牙在中径线上对应两点之间的轴向距离称为螺距。同一螺旋线上相邻两牙在中径线上对应两点之间的轴向距离称为导程。导程与螺距的关系为 $L=nP$。

（5）旋向　螺纹有右旋和左旋之分。按顺时针方向旋转时旋进的螺纹称为右旋螺纹，按逆时针方向旋转时旋进的螺纹称为左旋螺纹。

2. 普通螺纹尺寸计算

普通螺纹是我国应用最为广泛的一种三角形螺纹，分粗牙普通螺纹和细牙普通螺纹两种，螺纹特征代号为“M”。

粗牙普通螺纹螺距是标准螺距，其代号用字母“M”及公称直径表示，如 M16、M12 等。

细牙普通螺纹代号用字母“M”及公称直径×螺距表示，如 M24×1.5、M27×2 等。

（1）普通螺纹基本尺寸计算（见表 5-1、图 5-2）

表 5-1　普通螺纹基本尺寸计算

名　称	代　号	计　算　公　式
原始三角形高度	H	$H=0.866P$
公称直径	D—内螺纹　d—外螺纹	螺纹大径的基本尺寸＝螺纹公称直径
螺纹大径(基本尺寸)		
螺纹中径(基本尺寸)	D_2—内螺纹　d_2—外螺纹	$D_2=D-3H/4=d-0.6495P$ $d_2=d-3H/4=d-0.6495P$
牙型高度	h	$h=0.5413P$
螺纹小径(基本尺寸)	D_1—内螺纹　d_1—外螺纹	$D_1=D-2h=D-1.083P$ $d_1=d-2h=d-1.083P$

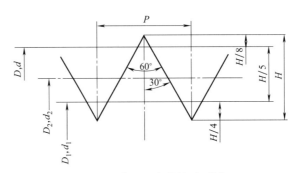

图 5-2　普通三角螺纹牙型图

（2）普通外螺纹编程直径及总切深的确定　考虑螺纹的公差要求和螺纹切削过程中车刀挤压作用、螺纹车刀刀尖形状及刃磨精度的影响，在编制螺纹加工程序时常采用以下经验公式确定编程尺寸：

车螺纹前的外圆直径＝外螺纹编程大径 $d'=d-0.13P$

编程总切深量（半径方向）$h'=0.65P$

外螺纹编程小径 $d'_1 = d' - 2h = d' - 1.3P$

例：在数控车床上加工 M24×1.5-7h 的外螺纹，编程尺寸采用经验公式取：

编程大径 $d' = 24 - 0.13 \times 1.5 = 23.805$mm；

半径方向总切深量 $h' = 0.65 \times 1.5 = 0.975$mm；

编程小径 $d'_1 = d' - 2h' = 23.805 - 2 \times 0.975 = 21.855$mm。

二、螺纹切削加工有关参数的确定

1. 走刀次数和背吃刀量

螺纹加工处于多刃切削，切削力大，需进行多次切削。常用 45 钢螺纹加工走刀次数与背吃刀量见表 5-2，加工时为防止切削力过大，可适当增加切削加工次数。螺纹走刀次数是根据螺纹高度确定，加工余量由多到少。

表 5-2　常用 45 钢螺纹的走刀次数与背吃刀量 　　　　　　　mm

米制螺纹								
螺距		1	1.5	2	2.5	3	3.5	4
牙深（半径值）		0.65	0.975	1.3	1.625	1.95	2.275	2.6
切深（直径值）		1.3	1.95	2.6	3.25	3.9	4.55	5.2
走刀次数及每次背吃量（直径值）	1	0.7	0.8	0.8	1.0	1.2	1.5	1.5
	2	0.4	0.5	0.6	0.7	0.7	0.7	0.8
	3	0.2	0.5	0.6	0.6	0.6	0.6	0.6
	4		0.15	0.4	0.4	0.4	0.6	0.6
	5			0.2	0.4	0.4	0.4	0.4
	6				0.15	0.4	0.4	0.4
	7					0.2	0.2	0.4
	8						0.15	0.3
	9							0.2

2. 主轴转速和进给速度

数控车床进行螺纹切削时是根据主轴上的位置编码器发出的脉冲信号，控制刀具进给运动形成螺旋线，主轴每转一转，刀具进给一个螺距。例如，切削螺距为 2mm 的螺纹，即主轴每转的刀具进给量为 2mm，则刀具的进给速度 f 就是 2mm/r，而车削工件时，常选择的刀具进给速度为 0.2mm/r 左右。由此可以看出，螺纹切削时的刀具进给速度非常快，因此，螺纹切削时要选择较低的主轴转速，来降低刀具的进给速度。

另外，螺纹切削速度很快，加工前一定要确认加工程序和加工过程正确后，方可加工，防止出现意外事故。

3. 导入量和退出量

如图 5-3 所示，在数控车床上车削螺纹时，由于机床伺服系统本身具有滞后特性，会在

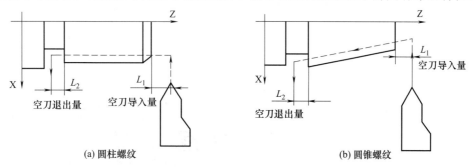

图 5-3　螺纹导入和退出

起始段和停止段发生螺纹的螺距不规则现象，所以螺纹切削时，应注意在两端设置足够的空刀导入量 $L_1=(1\sim5)L$ 和空刀退出量 $L_2=(1\sim2)L$，L 为导程。

三、螺纹的加工方法

螺纹加工方法分为三种，见表 5-3。

表 5-3　螺纹切削进刀方式

进刀方式	图　　示	特点及应用
直进法	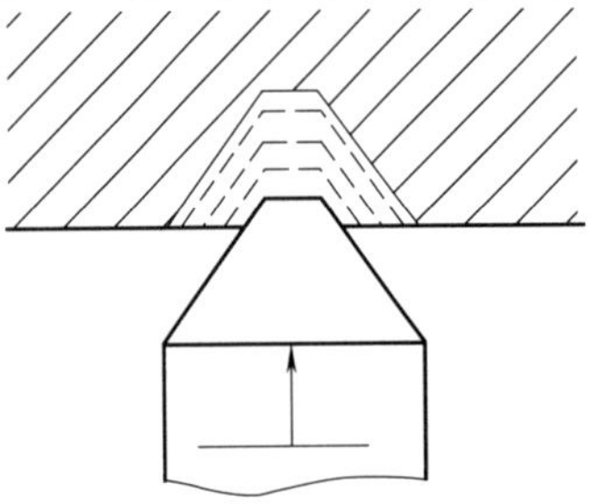	车削时，车刀沿横向间歇进给至牙深处，这种方法加工螺纹时车刀三面切削，切削余量大，刀尖磨损严重，排屑困难，容易产生扎刀现象。直进法适合于小导程的三角形螺纹的加工，一般采用 G32 或 G92 编程
斜进法	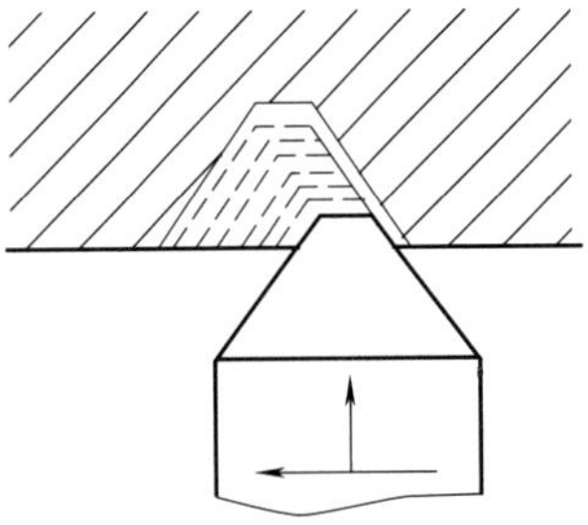	车削时，车刀沿牙型角方向斜向间歇进给至牙深处，每个行程中车刀除横向进给外，纵向也要作少量进给，这种方法加工螺纹时可避免车刀三面切削，切削力减少，不容易产生扎刀现象，一般采用 G76 编程
左右分层切削法	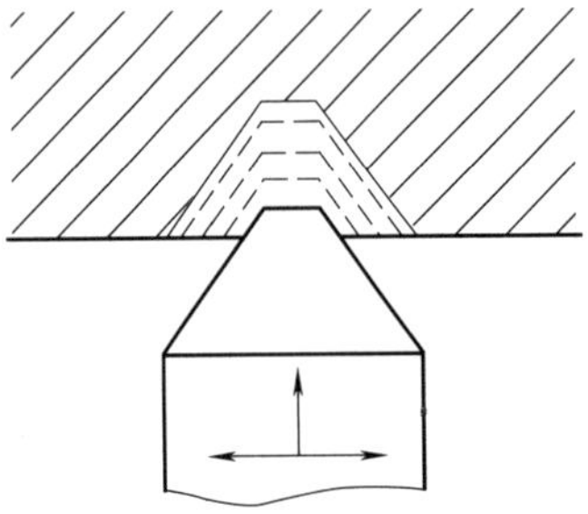	车削时，车刀沿牙型角方向交错间歇进给至牙深处，左右分层切削法实际上是直进法和左右切削法的综合应用。在车削较大螺距的螺纹时，左右分层切削法通常不是一次性就把牙槽切削出来，而是把牙槽分成若干层，转化成若干个较浅的牙槽来进行切削，从而降低了车削难度。每一层的切削都采用先直进后左右的车削方法，由于左右切削时槽深不变，刀具只须向左或向右纵向进给即可

四、螺纹编程指令

法那克系统和西门子系统螺纹切削指令见表 5-4。

表 5-4　FANUC 0i Mate 系统和 SIEMENS 802D 系统螺纹切削指令

FANUC 0i Mate	SIEMENS 802D
1. 单行程螺纹切削——G32 (1)指令格式:G32 X(u)__ Z(w)__ F __ 说明: ①X(u)、Z(w)——螺纹切削的终点坐标值。X 省略时为圆柱螺纹切削,Z 省略时为端面螺纹切削;X、Z 均不省略时为锥螺纹切削。 ②F——螺纹导程(单位:mm)。 (2)切削方式:直进式。 (3)切削轨迹如图 5-4 中 B→C	1. 单行程螺纹切削——G33 (1)指令格式:G33 X __ Z __ K __ 说明: ①X、Z——螺纹切削的终点坐标值。X 省略时为圆柱螺纹切削,Z 省略时为端面螺纹切削;X、Z 均不省略时为锥螺纹切削。 ②K——螺纹导程(单位:mm)。 (2)切削方式:直进式。 (3)切削轨迹如图 5-4 中 B→C

FANUC 0i Mate	SIEMENS 802D
2. 单一螺纹切削循环——G92 (1)指令格式:G92 X(u)__ Z(w)__ R__ F__ 说明: ①X(u)、Z(w)——螺纹切削的终点坐标值。 ②R——螺纹部分半径之差,即螺纹切削起始点与切削终点的半径差。 　加工圆柱螺纹时,R=0。加工圆锥螺纹时,当X向切削起始点坐标小于切削终点坐标时,R为负,反之为正。 ③切削循环中R在一些FANUC车床上,有时也用"I"来执行。 F——螺纹导程(单位:mm)。 (2)切削方式:直进式。 (3)切削轨迹如图5-4中A→B→C→D→A	2. 螺纹切削循环——CYCLE97 (1)指令功能:用螺纹切削循环可以加工圆柱螺纹或圆锥螺纹、外螺纹或内螺纹、单头螺纹或多头螺纹。左旋螺纹/右旋螺纹由主轴的旋转方向确定,它必须在调用循环之前的程序中编入。在螺纹加工期间,进给调整和主轴调整开关均无效。 (2)指令格式:CYCLE97(PIT,MPIT,SPL,FPL,DM1,DM2,APP,POP,TDEP,FAL,IANG,NSP,NRC,NID,VARI,NUMT) (3)参数含义: ①PIT:螺纹螺距(无符号输入)。 ②MPIT:螺距产生于螺纹尺寸,相当于螺纹公称直径,范围值为3~60(即M03~M60),与PIT只能选择使用其中一种参数,若不一致系统报警。 ③SPL:螺纹纵向轴(Z向)起始点坐标。 ④FPL:螺纹纵向轴(Z向)重点坐标。 ⑤DM1:螺纹起始点直径。 ⑥DM2:螺纹终点直径。
3. 复合螺纹切削循环——G76 (1)指令功能:螺纹切削复合循环指令可以完成一个螺纹段的全部加工任务。它的进刀方法有利于改善刀具的切削条件,在编程中应优先考虑应用该指令。 (2)程序段格式: G00X(α)Z(β) G76P(m)(r)(a)Q(Δdmin)R(d) G76X(u)Z(w)R(i)P(k)Q(Δd)F(f) 指令中各参数的含义如下: α、β:螺纹切削循环起始点坐标。X向,在切削外螺纹时,应比螺纹大径稍大1~2mm;在切削内螺纹时,应比螺纹小径稍小1~2mm。在Z向必须考虑空刀导入量。 m:精加工重复次数(1~99),本指令是状态指令,在另一个值指定前不会改变。 r:倒角量,螺纹收尾长度,其值为螺纹导程L的倍数(0~99中选值,取01则退0.11X导程);本指令是状态指令,在另一个值指定前不会改变。 α:刀尖角度(螺纹牙型角):可选择80°、60°、55°、30°、29°、0°,用2位数指定。本指令是状态指令,在另一值指定前不会改变。 Δdmin:最小切削深度,半径值,单位 μm。本指令是状态指令,在另一个值指定前不会改变。 d:精加工余量,半径值,单位 mm。 u:螺纹底径值(外螺纹为小径值,内螺纹大径值),直径值,单位 mm。 w:螺纹Z向终点位置坐标,必须考虑空刀导出量。 i:螺纹部分的半径差。如果i=0,可作一般直线螺纹切削。 k:螺纹高度。可按k=649.5P进行计算,取整,半径值,单位为 μm。 Δd:第一次切削深度,半径值,单位为 μm。 f:螺纹导程,单位为 mm。 (3)切削方式:螺纹刀以斜进的方式进行切削。总的螺纹切削深度一般以递减的方式进行分配,螺纹刀单刃参与切削。每次的切削深度由数控系统计算给出。如图5-5所示	⑦APP:空刀导入量(无符号输入),一般取APP=2.6K(K为螺纹导程)。 ⑧ROP:空刀退出量(无符号输入),一般取APP=1.3K。 ⑨TDEP:螺纹深度(无符号输入),一般取TDEP=0.6495P(P为螺纹螺距) ⑩FAL:精加工余量(无符号输入)。 ⑪IANG:切入进给角范围值:"+"用于沿侧面的进给,"-"用于交互的侧面进给,一般取IANG=0或30。 ⑫NSP:首牙螺纹的起始点偏移(无符号输入)。 ⑬NRC:粗加工切削次数(参照机械加工手册,一般情况下,常用螺纹切削进给次数与螺距有关;P1=3次,P1.5=4次,P2=5次,P2.5=6次……)。 ⑭NID:停顿时间,无符号输入。 ⑮VARI:螺纹的加工类型,范围值为1~4(1—外部、恒定进给;2—内部、恒定进给;3—外部、恒定精加工切削截面积;4—内部、恒定切削截面积)。 ⑯NUMT:螺纹起始数量(即螺纹线数),无符号输入。 (4)螺纹切削循环参数及动作轨迹如图5-6,切削时从A→B→C→D→A,并根据粗切次数重复以上动作

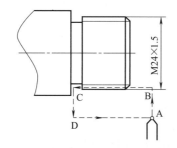

图 5-4　G32、G92 螺纹切削轨迹

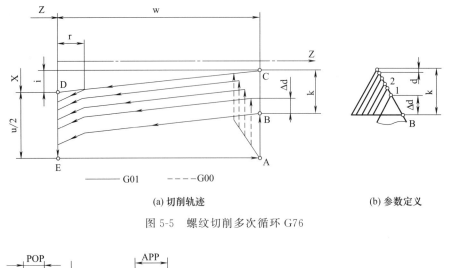

(a) 切削轨迹   (b) 参数定义

图 5-5   螺纹切削多次循环 G76

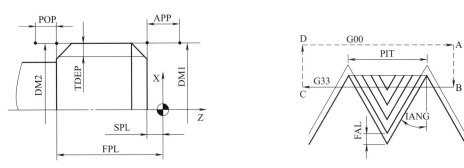

图 5-6   CYCLE97 螺纹切削循环参数及动作轨迹

五、螺纹测量和加工质量分析

对于一般标准螺纹，都采用螺纹环规或塞规来测量。在测量外螺纹时，如果螺纹"通规"正好旋进，而"止规"旋不进，则说明所加工的螺纹符合要求，反之就不合格。除螺纹环规还可以利用其他量具进行测量，用螺纹千分尺测量螺纹中径，用齿厚游标卡尺测量梯形螺纹中径牙厚和蜗杆节径齿厚，采用量针根据三针测量法测量螺纹中径。

螺纹加工完成后可以通过观察螺纹牙型判断螺纹质量及时采取措施，当螺纹牙顶未尖时，增加刀的切入量反而会使螺纹大径增大，增大量视材料塑性而定，当牙顶已被削尖时增加刀的切入量则大径成比例减小，根据这一特点要正确对待螺纹的切入量，防止报废。

六、车削螺纹时常见的问题

（1）车刀安装得过高或过低。车刀安装过高时，则吃刀到一定深度时，车刀的后刀面顶住工件，增大摩擦力，甚至把工件顶弯；车刀安装过低，则切屑不易排出，车刀径向力的方向是工件中心，致使吃刀深度不断自动趋向加深，从而把工件抬起，出现啃刀。此时，应及时调整车刀高度，使其刀尖与工件的轴线等高。在粗车和半精车时，刀尖位置比工件的中心高出 $1\%D$ 左右（D 表示被加工工件直径）。

（2）工件装夹不牢。工件装夹时伸出过长或本身的刚性不能承受车削时的切削力，因而产生过大的挠度，改变了车刀与工件的中心高度（工件被抬高了），形成切削深度增加，出现啃刀。此时应把工件装夹牢固，可使用尾座顶尖等，以增加工件刚性。

（3）牙型不正确，车刀安装不正确，没有采用螺纹样板对刀，刀尖产生倾斜，造成螺纹的半角误差；车刀刃磨时刀尖测量有误差，产生不正确牙型；车刀磨损，引起切削力增大，顶弯工件，出现啃刀。

（4）刀片与螺距不符。当采用定螺距刀片加工螺纹时，刀片加工范围与工件实际螺距不符，会造成牙型不正确甚至发生撞刀事故。

（5）切削速度过高。进给伺服系统无法快速地响应，造成乱牙现象发生。因此，一定要了解机床的加工性能，而不能盲目地追求高速、高效加工。

（6）螺纹表面粗糙。主要原因是车刀刃磨得不光滑，切削液使用不适当，切削参数和工作材料不匹配，以及系统刚性不足，切削过程产生振动等。

▌ 计划

根据加工任务，制订零件加工计划，见表 5-5。

表 5-5 计划

序号	工作内容	工 具	注意事项	操作人
1	加工工艺分析,确定切削路线	参考书	无	全体
2	编写加工程序	参考书	无	全体
3	输入程序、图形模拟	机床	无	AB
4	装刀具和工件	刀架扳手和卡盘扳手	工件装好,取下卡盘扳手	CD
5	零件加工(对刀、复查刀补、自动加工)	外螺纹刀、外圆刀、千分尺、游标卡尺	避免工件飞出,关安全防护门	EF
6	零件检测	千分尺,环规	无	CD
7	打扫机床,整理实训场地,量具摆放整齐	打扫工具	无	全体

▌ 决策

根据计划，由组长进行人员任务分工，见表 5-6。

表 5-6 决策

序号	人员	分 工	序号	人员	分 工
1	全体	工艺分析,编写加工程序	4	EF	装刀和装工件,对刀、零件加工
2	AB	输入程序,检验程序正确性,模拟图形	5	CD	零件检测
3	CD	准备刀具、量具、工件			

▌ 实施

一、加工工艺分析

1. 工、量、刃具选择

（1）工具选择　见表 5-7。

表 5-7 加工三角形外螺纹工、量、刃具清单

工、量、刃具清单					图号	图 5-1	
种类	序号	名称	规格	精度	单位	数量	
工具	1	三爪自定心卡盘			个	1	
	2	卡盘扳手			副	1	
	3	刀架扳手			副	1	
	4	垫刀片			块	若干	
量具	1	游标卡尺	0～150mm	0.02	把	1	
	2	千分尺	0～25 mm	0.01	把	1	

续表

工、量、刃具清单				图号		图 5-1
种类	序号	名称	规格	精度	单位	数量
量具	3	角度样板	60°		块	1
	4	螺纹环规	M24×1.5		副	1
刀具	1	外圆车刀	93°		把	1
	2	外螺纹车刀	60°		把	1

（2）量具选择　外径用外径千分尺测量，长度用游标卡尺测量，螺纹用螺纹环规测量。

（3）刀具选择及装夹　外圆选用93°偏刀车削；普通外螺纹加工选用60°外螺纹刀车削，外螺纹刀如图5-7所示。

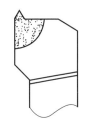

图 5-7　外螺纹车刀

2. 加工路线

车外圆 ϕ23.805mm→车削外螺纹。

3. 选择合理切削用量（略）

二、编写参考程序

1. 建立工件坐标系

工件原点设在右端面与工件轴线交点处。

2. 参考程序

FANUC 0i 参考程序见表 5-8，SIEMENS 802D 参考程序见表 5-9。

表 5-8　FANUC 0i Mate 系统加工普通外螺纹的参考程序

程序段号	加工程序			备注
	单行程螺纹切削	单一螺纹切削循环	复合螺纹切削循环	
	O1112；	O1113；	O1115；	程序名
N10	M03 S600；	M03 S600；	M03 S600；	
N20	T0101；	T0101；	T0101；	
N30	G00 X23.805 Z3；	G00 X23.805 Z3；	G00 X23.805 Z3；	外圆车到
N40	G01 Z−20 F0.1；	G01 Z−20 F0.1；	G01 Z−20 F0.1；	ϕ23.805mm
N45	X26 F0.3；	X26 F0.3；	X26 F0.3；	
N50	G00 X100 Z100；	G00 X100 Z100；	G00 X100 Z100；	
N60	M03 S400；	M03 S400；	M03 S400；	
N70	T0303；	T0303；	T0303；	
N80	G00 X26 Z3；	G00 X26 Z3；	G00 X26 Z3；	
N90	X23.305；	G92 X23.305 Z−18 F1.5；	G76 P020160 Q50 R0.05；	
N100	G32 Z−18 F1.5；	X22.805；	G76 X21.855 Z−18 R0 P975 Q350 F1.5；	
N110	G01 X25 F0.3；	X22.305；	G00 X100 Z100；	
N120	G00 Z3；	X21.955；	M05；	
N130	X22.805；	X21.855；	M02；	
N140	G32 Z−18 F1.5；	G00 X100 Z100；		
N150	G01 X25 F0.3；	M05；		车螺纹程序
N160	G00 Z3；	M02；		
N170	X22.305；			
N180	G32 Z−18 F1.5；			
N190	G01 X25 F0.3；			
N200	G00 Z3；			
N210	X21.955；			
N220	G32 Z−18 F1.5；			
N230	G01 X25 F0.3；			
N240	G00 Z3；			

续表

程序段号	加工程序			备注
	单行程螺纹切削	单一螺纹切削循环	复合螺纹切削循环	
	O1112；	O1113；	O1115；	程序名
N250	X21.855；			
N260	G32 Z-18 F1.5；			
N270	G01 X25 F0.3；			车螺纹程序
N280	G00 Z3；			
N290	G00 X100 Z100；			
N300	M05；			
N310	M02；			

表 5-9 SIEMENS 802D 系统加工普通外螺纹的参考程序

程序段号	加工程序		备注
	单行程螺纹切削	螺纹切削循环	
	GQQ11. MPF	GQQ22. MPF	程序名
N10	M03 S600	M03 S600	
N20	T1D1	T1D1	外圆车到
N30	G00 X23.805 Z3	G00 X23.805 Z3	ϕ23.805mm
N40	G01 Z-20 F0.1	G01 Z-20 F0.1	
N45	X26 F0.3	X26 F0.3	
N50	G00 X100 Z100	G00 X100 Z100	
N60	M03 S400	M03 S400	
N70	T3D1	T3D1	
N80	G00 X26 Z3	G00 X26 Z3	
N90	X23.305		
N100	G33 Z-18 K1.5	CYCLE97(1.5,,0,-16,23.805,23.805,6,2,0.975,	
N110	G01 X25 F0.3	0.05,-30,0,5,1,3,1)	
N120	G00 Z3		
N130	X22.805	G00 X100 Z100	
N140	G33 Z-18 K1.5	M05	
N150	G01 X25 F0.3	M02	
N160	G00 Z3		
N170	X22.305		
N180	G33 Z-18 K1.5		
N190	G01 X25 F0.3		
N200	G00 Z3		
N210	X21.955		
N220	G33 Z-18 K1.5		车螺纹程序
N230	G01 X25 F0.3		
N240	G00 Z3		
N250	X21.855		
N260	G33 Z-18 K1.5		
N270	G01 X25 F0.3		
N280	G00 Z3		
N290	G00 X100 Z100		
N300	M05		
N310	M02		

三、技能训练

1. 加工准备

(1) 检查坯料尺寸。

（2）开机、回参考点。

（3）装夹刀具与工件。

① 装工件。沿用图 4-1 外沟槽已加工的工件，夹住 $\phi38mm$ 外圆，尽可能减小悬伸量，找正后夹紧。

② 装刀具。安装螺纹车刀时，车刀的刀尖角等于螺纹牙型角 $\alpha = 60°$，其前角 $\gamma_o = 0°$ 才能保证工件螺纹的牙型角，否则牙型角将产生误差。只有粗加工时或螺纹精度要求不高时，其前角可取 $\gamma_o = 5° \sim 20°$。安装螺纹车刀时刀尖对准工件中心，并用样板对刀，以保证刀尖角的角平分线与工件的轴线相垂直，车出的牙型角才不会偏斜；刀杆伸出不要过长，一般为 20~25mm（约为刀杆厚度的 1.5 倍），否则，刀具刚性变差。

（4）程序输入。把编写的程序通过数控面板输入数控机床。

（5）程序模拟。机床锁紧，空运行打开，图形模拟。

2. 对刀

外圆刀和外螺纹刀都采用试切法对刀，其中螺纹车刀取刀尖为刀位点，螺纹加工对刀要求不是很高，特别是 Z 向，对刀步骤如下：

（1）X 轴对刀　手动方式下，使主轴正转；或 MDA（MDI）方式下输入 M3 S400，使主轴正转。手动方式下，移动螺纹刀，使刀尖轻轻碰至工件外圆面（外圆刀对刀时试切的外圆表面），如图 5-8 所示。注意刀具接近工件时，进给倍率为 1％～2％，刀具沿＋Z 方向退出，停车测出外圆直径，然后进行面板操作。面板操作同其他车刀对刀，注意刀具号为 T03。

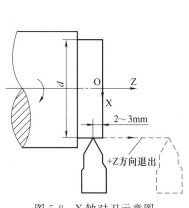

图 5-8　X 轴对刀示意图

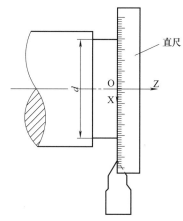

图 5-9　Z 轴对刀示意图

（2）Z 轴对刀　主轴停止转动。移动刀具，使外螺纹刀刀尖与工件端面对齐，采用借助目测法或借助于金属直尺对齐，如图 5-9 所示。注意刀具接近工件时，进给倍率为 1％～2％。然后进行面板操作。面板操作同其他车刀对刀，注意刀具号为 T03。

（3）复查刀补。

3. 零件自动加工

（1）零件自动加工　选择 MEM（或 AUTO）自动加工方式，打开程序，调好进给倍率，按数控启动按钮进行自动加工。

（2）螺纹测量　测量外螺纹时，采用螺纹环规测量。如果螺纹"通规"正好旋进，而"止规"旋不进，则说明所加工的螺纹符合要求，反之就不合格。

▮ 检查

零件加工结束后进行检测。检测结果写在表 5-10 中。

表 5-10　评分表

班级			姓名		学号	
任务		普通圆柱外螺纹编程与加工			零件图编号	图 5-1
		序号	检测内容	配分	学生自评	教师评分
基本检查	编程	1	切削加工工艺制订正确	10		
		2	切削用量选择合理	10		
		3	程序正确、简单、规范	20		
	操作	4	设备操作、维护保养正确	5		
		5	安全、文明生产	5		
		6	刀具选择、安装正确、规范	15		
		7	工件找正、安装正确、规范	5		
工作态度		8	行为规范、纪律表现	5		
外螺纹		9	M24×1.5	20		
表面粗糙度		10	$Ra3.2$	5		
综合得分				100		

评估

在实施过程中各组出现的问题各不相同，有些问题组内讨论解决了，有些问题没有解决，也有些问题组内成员都没有意识到，老师引导各组就一些典型和隐性的问题进行讨论，见表 5-11。

表 5-11　评估

序号	问　题	可能原因	后　果	避免措施
1	螺纹表面粗糙度差	螺纹刀表面有积屑瘤	报废	去除刀具积屑瘤
2	通规止规都能旋进	测量不准，读数读错，没有及时检查	报废	正确测量，及时检测
3	通规止规都旋不进	测量不准，读数读错，修调不到位	报废	正确测量，修调到位
4	止规能旋进，通规旋不进	牙角度不对	报废	装刀时用样板检测
5	撞刀	对刀不正确；程序不正确	零件损坏，刀具损坏，有可能发生工件飞出安全事故	对刀正确；程序正确

思考与练习

1. 螺纹加工为何要设空刀导入量和空刀退出量？
2. 螺纹车刀安装有何要求？
3. 编写图 5-10 零件加工程序。

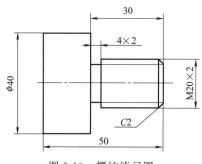

图 5-10　螺纹练习图

任务二　普通圆柱内螺纹编程与加工

学习目标

1. 知识目标

会编写内螺纹数控加工程序。

2. 技能目标

（1）会内螺纹车刀装刀和对刀。

（2）会进行普通内螺纹尺寸控制。

（3）能使用内螺纹测量工具塞规检测内螺纹尺寸。

（4）完成零件加工。

工作任务

如图 5-11 所示工件，毛坯沿用图 4-10 已加工的零件，通过校正装夹在该零件基础上进行螺纹加工。试编写其内螺纹程序并进行加工。

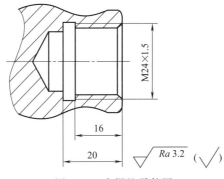

图 5-11　内螺纹零件图

任务分析：本任务训练内螺纹程序编写、刀具的安装和对刀、尺寸修调及零件的校正装夹。

资讯

普通内螺纹编程直径及总切深的确定

前面已介绍外螺纹编程直径及总切深的计算，下面介绍内螺纹编程直径及总切深的计算。

车螺纹前的底孔直径＝内螺纹编程小径 $D_1'=D-P$（车削塑性金属）

$$D_1'=D-1.05P \text{（车削脆性金属）}$$

编程总切深量（半径方向）$h'=0.65P$

内螺纹编程大径 $D'=D_1'+2h=D_1'+1.3P$

例：在数控车床上加工 M24×1.5-7H 的内螺纹，45 钢，编程尺寸采用经验公式计算：

编程螺纹底孔尺寸 $D_1'=24-1.5=22.5\text{mm}$；

半径方向总切深量 $h'=0.65×1.5=0.975\text{mm}$；

编程大径 $D'=22.5+2\times0.975=24.45$mm

计划

根据加工任务，制订零件加工计划，见表 5-12。

表 5-12 计划

序号	工作内容	工具	注意事项	操作人
1	加工工艺分析,确定切削路线	参考书	无	全体
2	编写加工程序	参考书	无	全体
3	输入程序、图形模拟	机床	无	AB
4	装刀具和工件	刀架扳手和卡盘扳手	工件装好,取下卡盘扳手	CD
5	零件加工(对刀、复查刀补、自动加工)	内螺纹刀、内孔镗刀、内测千分尺、游标卡尺、塞规	避免工件飞出,关安全防护门	EF
6	零件检测	内测千分尺,塞规	无	CD
7	打扫机床,整理实训场地,量具摆放整齐	打扫工具	无	全体

决策

根据计划，由组长进行人员任务分工，见表 5-13。

表 5-13 决策

序号	人员	分工
1	全体	工艺分析,编写加工程序
2	AB	输入程序,检验程序正确性,模拟图形
3	CD	准备刀具、量具、工件
4	EF	装刀和装工件,对刀,零件加工
5	CD	零件检测

实施

一、加工工艺分析

1. 工、量、刃具选择

(1) 工具选择 毛坯沿用图 5-11 零件，其他工具见表 5-14。

(2) 量具选择 内径用千分尺测量，长度用游标卡尺测量，螺纹用螺纹塞规测量。

(3) 刀具选择及装夹 内孔选用 93°偏刀车削；内螺纹选用 60°硬质合金内螺纹刀车削，内螺纹刀如图 5-12。

2. 加工路线

镗孔至 ϕ22.5mm→车削内螺纹（螺纹切削循环起点 X22.5，Z3）。

选择合理的切削用量，主轴转速 300r/min。

图 5-12 内螺纹车刀

表 5-14   加工三角形内螺纹工、量、刃具清单

种类	序号	名称	规格	精度	单位	数量
		工、量、刃具清单			图号：图 5-11	
工具	1	三爪自定心卡盘			个	1
	2	卡盘扳手			副	1
	3	刀架扳手			副	1
	4	垫刀片			块	若干
量具	1	游标卡尺	0～150mm	0.02	把	1
	2	内测千分尺	5～30mm	0.01	把	1
	3	角度样板	60°		块	1
	4	螺纹塞规	M24×1.5		副	1
刀具	1	内孔车刀	93°		把	1
	2	内螺纹车刀	60°		把	1

二、编写参考程序

1. 建立工件坐标系

工件原点设在右端面与工件轴线交点处。

2. 参考程序

法那克系统参考程序和西门子系统参考程序见表 5-15。

表 5-15   FANUC 0i Mate 系统和 SIEMENS 802D 系统内螺纹加工程序

程序段号	加工程序		备注
	FANUC 0i Mate 系统	SIEMENS 802D 系统	
	O2233；	WY11. MPF	程序名
N10	M03 S400；	M03 S400	
N20	T0202；	T2D1	
N30	G00 X22.5 Z3；	G00 X22.5 Z3	镗内孔 $\phi22.5$
N40	G01 Z−20 F0.1；	G01 Z−20 F0.1	
N50	G01 X18；	G01 X18	
N60	G01 Z3 F1.5；	G01 Z3 F1.5	
N70	G00 X100 Z100；	G00 X100 Z100	
N80	T0303；	T3D1	
N90	G00 X22.5 Z3；	G00 X22.5 Z3	车内螺纹
N100	G76 P020160 Q50 R0.05；	CYCLE97(1.5 , ,0,−16,22.5,22.5,6,2,0.975,0.05, −30,0,5,1,4,1)	
N110	G76 X24.45 Z−18 R0 P975 Q250 F1.5；		
N120	G00 X100 Z100；	G00 X100 Z100	
N130	M05；	M05	
N140	M02；	M02	

三、技能训练

1. 加工准备

（1）检查坯料尺寸。

（2）开机、回参考点。

（3）装夹刀具与工件。

沿用图 4-10 槽已加工的工件，夹住 ϕ38mm 外圆，找正后夹紧。

装内螺纹车刀时，刀尖对准工件中心，并借助角度样板，以保证刀尖角的角平分线与工件的轴线相垂直，车出的牙型角才不会偏斜；刀杆伸出不要过长，否则，刀具刚性变差。

（4）程序输入。把编写的程序通过数控面板输入数控机床。

（5）程序模拟。机床锁紧，空运行打开，图形模拟。

2. 对刀

内孔镗刀和内螺纹刀仍然采用试切对刀，内螺纹刀具体对刀步骤如下：

（1）X轴对刀 手动方式下，使主轴正转；或MDA（MDI）方式下输入M3 S400，使主轴正转。手动方式下，移动刀具，使内螺纹刀刀尖刚好接触工件内柱面（内孔镗刀对刀时镗过的一小段内孔），如图5-13所示。注意刀具接近工件时，进给倍率为1‰～2‰，刀具沿＋Z方向退出，输入已测量过的内孔直径，面板操作同其他刀具对刀，注意刀具号为T03。

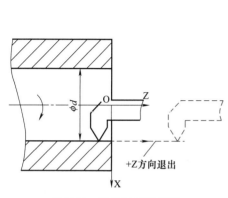

图 5-13 X轴对刀示意图

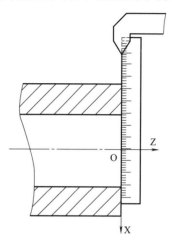

图 5-14 Z轴对刀示意图

（2）Z轴对刀 主轴停止转动，移动内螺纹刀刀尖与工件右端面平齐，用目测方式或借助于金属直尺，如图5-14所示。注意刀具接近工件时，进给倍率为1‰～2‰。然后进行面板操作。面板操作同其他刀具对刀，注意刀具号为T03。

（3）复查刀补。

3. 零件自动加工

（1）零件自动加工

选择MEM（或AUTO）自动加工方式，打开程序，调好进给倍率，按数控启动按钮进行自动加工。

（2）螺纹测量

测量内螺纹时，采用螺纹塞规测量。如果螺纹"通规"正好旋进，而"止规"旋不进，则说明所加工的螺纹符合要求，反之就不合格。

▮ 检测

零件加工结束后进行检测。检测结果写在表5-16。

表 5-16 评分表

班级			姓名		学号		
任务		普通圆柱外螺纹编程与加工			零件图编号		图5-11
		序号	检测内容		配分	学生自评	教师评分
基本检查	编程	1	切削加工工艺制订正确		10		
		2	切削用量选择合理		10		
		3	程序正确、简单、规范		20		
	操作	4	设备操作、维护保养正确		5		
		5	安全、文明生产		5		
		6	刀具选择、安装正确、规范		15		
		7	工件找正、安装正确、规范		5		

班级			姓名			学号		
任务			普通圆柱外螺纹编程与加工			零件图编号		图 5-11
	序号		检测内容			配分	学生自评	教师评分
工作态度	8		行为规范、纪律表现			5		
外螺纹	9		M24×1.5			20		
表面粗糙度	10		Ra3.2			5		
综合得分						100		

■ 评估

在实施过程中各组出现的问题各不相同，有些问题组内讨论解决了，有些问题没有解决，也有些问题组内成员都没有意识到，老师引导各组就一些典型和隐性的问题进行讨论，见表 5-17。

表 5-17　评估

序号	问　题	可能原因	后　果	避免措施
1	螺纹表面粗糙度差	螺纹刀表面有积屑瘤	报废	去除刀具积屑瘤
2	通规和止规都能旋进	测量不准，读数读错，没有及时检查	报废	正确测量，及时检测
3	通规和止规都旋不进	测量不准，读数读错，修调不到位	报废	正确测量，修调到位
4	塞规止端能旋进，塞规通端旋不进	牙角度不对	报废	装刀时用样板检测
5	撞刀	对刀不正确；程序不正确	零件损坏，刀具损坏，有可能发生工件飞出安全事故	对刀正确；程序正确

■ 思考与练习

1. 内螺纹底孔直径镗多少？G76 指令中，X 指内螺纹的什么直径？
2. 编写图 5-15 内螺纹加工程序。

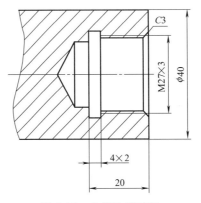

图 5-15　内螺纹练习图

项目六
数控车床典型零件编程与加工

任务一　数控车床典型零件编程与加工（一）

学习目标

1．知识目标
（1）会识读零件图样。
（2）能正确选择加工各种表面的刀具。
（3）会制订综合件加工工艺。
（4）了解数控加工刀具、数控加工工序卡等工艺文件。
（5）会编写综合件加工程序。
2．技能目标
（1）会一般轴类零件加工方法。
（2）会尺寸控制及表面粗糙度控制方法。
（3）完成综合件加工。

工作任务

如图 6-1 所示工件，毛坯 $\phi40mm\times110mm$，材料 45 钢，试编写其加工程序并进行加工。

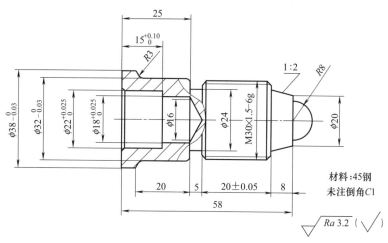

图 6-1　典型零件编程与加工（一）

任务分析：在前面单项训练的基础上进行综合训练，本任务引入的是外形整体加工、切断、调头加工内孔的加工方法，材料 45 钢，注意与铝棒在切削用量选择上的区别。训练学生数控编程及加工综合能力，为职业技能鉴定服务。

资讯

一、圆锥面基本参数的计算

如图 6-2 所示，已知圆锥大端直径 D（mm），小端直径 d（mm），锥体长度 L（mm），则锥度 $C=(D-d)/L$。例：若圆锥小端直径 $d=20$mm，锥体长度 $L=8$mm，锥度 $C=1:2$，则圆锥大端直径 $D=CL+d=(1/2)\times8+20=24$（mm）。

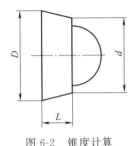

图 6-2　锥度计算

二、工件装夹方法

针对工件形状特点和加工精度要求，加工时采用三爪自定心卡盘直接安装工件。

三、数控加工工艺文件

数控加工工艺文件既是数控加工、产品验收的依据，又是操作者应遵守、执行的规程，同时做必要的工艺资料积累。该文件主要包括数控加工工序卡、数控加工刀具卡、数控加工程序单等。

1. 数控加工工序卡

数控加工工序卡是编制加工程序的主要依据和操作人员进行数控加工的指导性文件，它包括工步顺序、工步内容、各工步使用的刀具和切削用量等。

2. 数控加工刀具卡

数控加工刀具卡主要反应刀具编号、刀具名称、刀具数量、加工表面等内容。

3. 数控加工程序单

数控加工程序单是操作者根据工艺分析，经过数值计算，按照机床指令代码特点编制的。它是记录数控加工工艺过程、工艺参数、位移数据的清单，是手动数据输入实现数控加工的主要依据。不同数控机床和数控系统，程序单格式是不一样的。

计划

根据加工任务，制订零件加工计划，见表 6-1。

表 6-1　计划

序号	工作内容	工具	注意事项	操作人
1	加工工艺分析,确定切削路线	参考书	无	全体
2	编写加工程序	参考书	无	全体
3	输入程序、图形模拟	机床	无	AB
4	装刀具和工件	刀架扳手和卡盘扳手	工件装好,取下卡盘扳手	CD
5	零件加工(对刀、复查刀补、自动加工)	外圆车刀、外切槽刀、外螺纹刀、内孔镗刀、钻头、千分尺、游标卡尺、内测千分尺、环规	避免工件飞出,关安全防护门	EF
6	零件检测	千分尺、环规、内测千分尺	无	CD
7	打扫机床,整理实训场地,量具摆放整齐	打扫工具	无	全体

决策

根据计划，由组长进行人员任务分工，见表 6-2。

表 6-2　决策

序号	人员	分　工
1	全体	工艺分析,编写加工程序
2	AB	输入程序,检验程序正确性,模拟图形
3	CD	准备刀具、量具、工件,工件钻孔
4	EF	装刀,装工件,对刀,零件加工
5	CD	零件检测

▌ 实施

一、分析零件图样

1. 零件分析

如图 6-1 所示。该零件外轮廓由圆弧、锥面、螺纹、沟槽、圆柱等表面组成,外形直径尺寸从右往左依次增大;内轮廓由两个圆柱孔组成,直径从孔口开始由大到小。整个轮廓在原来单项基础上,增加了锥度,沟槽宽度大于刀宽且两侧增加了倒角。

2. 尺寸及精度分析

本任务只有尺寸精度及表面粗糙度要求。尺寸精度要求较高,均为 IT7 级,在加工过程中主要通过精确测量、准确对刀、正确设置刀补及刀具磨损量,以及制订合适的加工工艺等措施来保证。表面粗糙度要求主要通过选用合适的刀具及其几何参数,正确的粗、精加工路线,合理的切削用量等措施来保证。

二、加工工艺分析

认真分析零件轮廓特点及尺寸精度和表面粗糙度要求,制订加工工艺并编写数控加工工艺文件。

1. 工件装夹

工件采用三爪自定心卡盘直接装夹。

2. 选择工、量、刃具

(1) 选择工具　见表 6-3。

表 6-3　零件综合加工—工、量、刃具清单

工、量、刃具清单				图号	图 6-1	
种类	序号	名称	规格	精度	单位	数量
工具	1	三爪自定心卡盘			个	1
	2	卡盘扳手			副	1
	3	刀架扳手			副	1
	4	垫刀片			块	若干
	5	莫氏锥套	1～6 号		套	1
	6	钻夹头			个	1
量具	1	游标卡尺	0～150	0.02	把	1
	2	外径千分尺	0～25 25～50 75～100		个	各 1
	3	百分表		0.01	只	1
	4	磁力表座			套	1
	5	内径百分表	10～35	0.01	把	1
	6	内测千分尺	5～30		把	1
	7	万能游标量角器	0°～360°	2′	个	1

续表

工、量、刃具清单				图号	图 6-1
种类	序号	名称	规格	精度	单位	数量
量具	8	半径样板	$R3$、$R8$		套	1
	9	螺纹环规	M30×1.5−7H		套	1
	10	深度游标卡尺	120	0.02	个	1
	11	深度千分尺	100	0.01	个	1
	12	表面粗糙度样板			套	1

（2）选择量具　外径选用外径千分尺测量；螺纹退刀槽深度及轮廓长度用游标卡尺测量；圆弧表面选用半径样板检测；外螺纹选用螺纹环规检测；锥面选用万能游标量角器测量；表面粗糙度用表面粗糙度样板比对。量具的规格、参数见表 6-3。

（3）选择刀具　外圆轮廓从右往左，直径逐渐增大，选用 93°外圆车刀车削。切槽（断）用切槽刀加工；普通外螺纹用三角形外螺纹刀切削，内孔为盲孔，采用盲孔镗刀加工，具体规格见数控加工刀具卡（表 6-4）。

表 6-4　零件综合加工—数控加工刀具卡

零件名称		典型零件编程与加工(一)		零件图号		图 6-1
序号	刀具号	刀具名称	数量	加工表面	刀尖半径	刀尖方位
1	T01	93°硬质合金正偏刀	1	粗/精车外轮廓、精车端面	0.3mm	3
2	T02	硬质合金切槽刀（刀头宽4mm）	1	切槽、切断、粗切端面	0.2mm	3（左刀尖编程）
3	T03	60°硬质合金外螺纹车刀	1	车螺纹	0.2mm	
4		φ16 麻花钻		钻孔	安装在尾座内	
5	T04	硬质合金盲孔镗刀	1	粗/精车内孔	0.3mm	2
编制		审核		批准		共 1 页

3. 加工工艺路线分析

所有外轮廓表面均在一次装夹中完成，即粗/精车外轮廓（图 6-3）、切槽（图 6-4）、车外螺纹、切断，注意槽左端倒角放在外轮廓中用外圆刀完成切削，右侧倒角在切完 5mm 直槽后用切槽刀右刀尖完成加工。调头装夹粗、精车内孔。

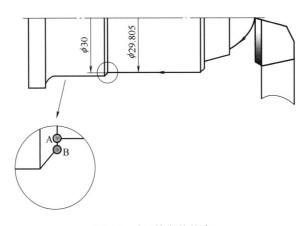

图 6-3　粗/精车外轮廓

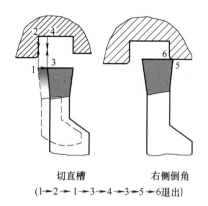

切直槽　　　　右侧倒角

(1→2→1→3→4→3→5→6退出)

图 6-4　切槽

具体工序内容见数控加工工序卡（表 6-5、表 6-6）。

表 6-5　加工外轮廓数控加工工序卡

单位名称	实训中心		零件名称	典型零件编程与加工（一）	零件图号	图 6-1
工序号	程序编号		夹具名称	数控系统		车间
001	法那克系统 O2211 西门子系统 WY2211.MPF		三爪自定 心卡盘	FANUC 0i Mate SIEMENS 802D		数控 车间
工步号	工步内容	刀具号	转速 n /(r/min)	进给量 f /(mm/r)		背吃刀 量 a_p/mm
1	手动粗车端面	T02	400	0.2		分层
2	手动精车端面	T01	800	0.08		0.2
3	粗/精车外轮廓	T01	400/1500	0.2/0.08		2/0.4
4	切宽 5mm 的槽并右侧倒角	T02	400	0.1		4
5	粗/精车外螺纹 M30×1.5-6g	T03	400			
6	切断	T02	300	0.08		
编制		审核	批准		共 1 页	第 1 页

表 6-6　加工内孔数控加工工序卡

单位名称	实训中心		零件名称	典型零件编程与加工（一）	零件图号	图 6-1
工序号	程序编号		夹具名称	数控系统		车间
002	法那克系统 O2212 西门子系统 WY2212.MPF		三爪自定 心卡盘	FANUC 0i Mate SIEMENS 802D		数控 车间
工步号	工步内容	刀具号	转速 n /(r/min)	进给量 f /(mm/r)		背吃刀 量 a_p/mm
1	手动粗/精车端面（掉头装夹）	T02	400/800	0.2/0.08		1/0.2
2	钻孔（φ16mm 麻花钻）长大于 20mm		300	0.1		
3	粗/精车左端 φ18mm、φ22mm 内孔	T04	400/800	0.18/0.08		1.5/0.3
编制		审核	批准		共 1 页	第 1 页

4. 选择合理切削用量

加工外轮廓切削用量见表 6-5，加工内轮廓切削用量见表 6-6。

三、编制参考程序

1. 加工外轮廓表面

（1）建立工件坐标系　根据零件特点，将工件坐标系原点设置在工件右端面中心处。

（2）计算基点坐标　关键是锥度部分计算及退刀槽左侧倒角基点坐标确定。

（3）带倒角退刀槽的加工 槽宽为 5，刀宽为 4，切直槽时要借刀；右侧倒角时，左刀尖编程，右刀尖加工，注意点的坐标设置。

（4）加工程序（参考） 见表 6-7。

表 6-7 右端外轮廓数控加工程序

程序段号	加工程序（FANUC 0i-Mate）	加工程序（SIEMENS 802D）
	O2211；	WY2211.MPF（主程序）
N10	G40 G99 G21；	G40 G95 G90 G71
N20	M03 S400 M08；	T1D1 M08（93°正偏刀）
N30	T0101；(93°正偏刀)	M03 S400
N40	G00 X40 Z3；	G0 X42 Z3
N50	G71 U2 R1；	CYCLE95（"WW2211",2,0,0.4,,0.2,0.08,0.08,1,,,0.5)
N60	G71 P70 Q200 U0.6 W0.2 F0.2；	M03 S1500
N70	G0 X0 S1500 F0.08；	G00 X42 Z3
N80	G1 Z0；	CYCLE95（"WW2211",2,0,0.4,,0.2,0.08,0.08,5,,,0.5)
N90	G3 X16 Z−8 R8；	G0 X100 Z100
N100	G1 X20；	T2D1 S400()（切槽刀，T=4mm，左刀尖对刀）
N110	X24 Z−16；	G0 X34 Z−41
N120	X27.805；	G1 X24.2 F0.1
N130	X29.805 Z−17；	G4 F2
N140	Z−41；	G1 X30 F0.2
N150	X30；	X30 Z−40
N160	X32 Z−42；	G1 X24 F0.1
N170	Z−58；	G4 F2
N180	G2 X38 Z−61 R3；	G1 Z−41 F0.1
N190	G1 Z−70；	X34
N200	X40	X29.805 Z−39
N210	G70 P70 Q200；	X27.805 Z−40
N220	G0 X100 Z100；	X34
N230	M3 S300；	G0 X100 Z100
N240	T0202；(切槽刀，T=4mm，左刀尖对刀)	M03 S400
N250	G0 X34 Z−41；	T3D1（外三角螺纹刀）
N260	G1 X24.2 F0.1；	G0 X32 Z−10
N270	G4 F2；	CYCLE97(1.5,,−16,−36,29.805,29.805,6,2,0.975,0.05,30,,10,1,3,1)
N280	G1 X30 F0.2；	G0 X100 Z100
N290	X30 Z−40；	M05 M09
N300	G1 X24 F0.1；	M30
N310	G4 F2；	
N320	G1 Z−41 F0.1；	WW2211.SPF（外轮廓子程序）
N330	X34；	G0 X0 Z1
N340	X29.805 Z−39	G1 Z0
N350	X27.805 Z−40	G3 X16 Z−8 CR=8
N360	X34	G1 X20
N370	G0 X100 Z100；	X24 Z−16
N380	M03 S400；	X27.805
N390	T0303；(外三角螺纹刀)	X29.805 Z−17
N400	G0 X32 Z−10；	Z−41
N410	G76 P020060 Q30 R0.03；	X30

续表

程序段号	加工程序 （FANUC 0i-Mate）	加工程序 （SIEMENS 802D）
	O2211；	WY2211. MPF（主程序）
N420	G76 X27.855 Z−43 R0 P975 Q300 F1.5；	X32 Z−42
N430	G0 X100 Z100；	Z−58
N440	M05；	G2 X38 Z−61 CR=3
N450	M09；	G1 Z−70
N460	M30；	X40
		RET

2. 加工左端面及左端内轮廓

以左端面中心为原点建立工件坐标系，手动车端面，钻孔。内轮廓数控加工程序见表6-8。

表 6-8　左端内孔数控加工程序

程序段号	加工程序 （法那克系统）	加工程序 （西门子系统）
	O2212；	WY2212. MPF（主程序）
N10	G40 G99 G21；	G40 G90 G95 G71
N20	M03 S400；	M03 S400
N30	T0404 M08；（盲孔镗刀）	T4D1 M08（盲孔镗刀）
N40	G0 X16 Z3；	G0 X16 Z3
N50	G71 U1.5 R0.5；	CYCLE95（"WW2212",1.5,0,0.3,,0.2,0.08,0.08,3,,,0.5）
N60	G71 P70 Q130 U−0.5 W0.25 F0.18；	M03 S800
N70	G0 X24 S800 F0.08；	G00 X15 Z3
N80	G1 Z0；	CYCLE95（"WW2212",1.5,0,0.3,,0.2,0.08,0.08,7,,,0.5）
N90	X22 Z−1；	G0 Z100
N100	Z−15；	X100
N110	X18；	M05
N120	Z−25；	M09
N130	X16；	M30
N140	G70 P70 Q130；	
N150	G0 Z100；	WW2212. SPF（内轮廓子程序）
N220	X100；	G0 X24 Z1
N230	M05；	G1 Z0
N240	M09；	X22 Z−1
N250	M30；	Z−15
		X18
		Z−25
		X16
		RET

四、技能训练

1. 加工准备

（1）检查毛坯尺寸。

（2）开机、回参考点。

（3）程序输入。把编写的程序通过数控面板输入数控机床。

（4）图形模拟。每个程序加工前都应进行图形模拟，以检测程序是否正确。

2. 装夹工件与刀具

（1）工件装夹　三爪自定心卡盘装夹，用划线盘及百分表校正并夹紧，注意伸出长度大于 70mm。

（2）刀具安装　刀架按其在机床中的位置可分前置刀架和后置刀架；按结构分有转塔刀架（八工位）和普通四方刀架（四工位）。把 93°正偏刀、切槽刀、外螺纹车刀、盲孔镗刀按要求依次装入 01、02、03、04 刀位。如果是四方刀架，则先安装加工外轮廓时用到的三把刀具，用完拆下，再装内孔用的刀具，注意刀具刀位号，及时调整程序中刀位号与之一致。

3. 对刀

试切法对刀，确定刀具在机床坐标系中的正确位置，注意复查刀补。

4. 零件自动加工及尺寸精度控制

自动加工必须正确选择当前零件加工程序。一般外圆、内孔的尺寸可选择在加工前预留刀具磨损量（磨耗），加工过程中通过试切、测量，及时修改刀具磨损量来保证；外螺纹尺寸控制可以采用修改刀具磨损量或修改程序中螺纹小径坐标两种方法，注意选择螺纹环规及时检测。

▌ 检查

零件加工结束后进行检测。检测结果写在表 6-9 中。

表 6-9　评分表

班级		姓名		学号		日期	
任务名称		典型零件编程与加工（一）		零件图号		图 6-1	
考核项目	序号	考核内容	配分	评分标准		学生自评	教师评分
工件评分（70分）	1	$\phi 38_{-0.03}^{0}$	6	超差 0.01 扣 2 分			
	2	$\phi 32_{-0.03}^{0}$	6	超差 0.01 扣 2 分			
	3	$\phi 22_{0}^{+0.025}$	6	超差 0.01 扣 2 分			
	4	$\phi 18_{0}^{+0.025}$	6	超差 0.01 扣 2 分			
	5	20 ± 0.05	4	超差不得分			
	6	$15_{0}^{+0.10}$	4	超差不得分			
	7	M30×1.5−6g	10	通规不进、止规旋进不得分			
	8	锥度 1：2	4	超差 0.01 扣 2 分			
	9	$R8$、$R3$ 圆弧	2×4	R 规检测超差不得分			
	10	$Ra3.2$	10	超差 1 处扣 2 分			
	11	其余尺寸	6	超差 1 处扣 1 分			
程序（20分）	12	程序正确（语法、数据）	20	视严重性，每错一处扣 1~4 分			
	13	程序合理		视严重性，不合理每处扣 1~4 分			
	14	程序中工艺参数正确		视严重性，不合理每处扣 1~4 分			
	15	加工工艺正确性		视严重性，不合理每处扣 1~4 分			
	16	程序完整		程序不完整扣 4~20 分			
工艺卡片（10分）	17	工件定位、夹紧及刀具选择合理、加工顺序及刀具轨迹路线合理	10	酌情扣分			
机床操作	18	装夹、换刀操作熟练	否定项（倒扣分）	不规范每次扣 2 分			
	19	机床面板操作正确		误操作每次扣 2 分			
	20	进给倍率与主轴转速设定合理		不合理每次扣 2 分			
	21	加工准备与机床清理		不符合要求每次扣 2 分			

续表

班级			姓名		学号		日期	
任务名称		典型零件编程与加工(一)			零件图号			图 6-1
考核项目	序号	考核内容	配分	评分标准			学生自评	教师评分
缺陷	22	工件缺陷、尺寸误差 0.5mm 以上、外形与图纸不符	否定项（倒扣分）	倒扣 2~10 分/次				
文明生产	23	人身、机床、刀具安全		倒扣 5~20 分/次				

评估

在实施过程中各组出现的问题各不相同，有些问题组内讨论解决了，有些问题没有解决，也有些问题组内成员都没有意识到，老师引导各组就一些典型和隐性的问题进行讨论，见表 6-10。

表 6-10 评估

序号	问题	可能原因	后果	避免措施
1	表面粗糙度差	精加工参数不合理	工件表面质量差	合理选择精加工参数
2	撞刀	对刀不正确；调刀错误；程序不正确	零件损坏，刀具损坏，有可能发生工件飞出安全事故	对刀正确；正确调刀；程序编写要正确
3	尺寸不符合要求	测量不正确	报废	正确测量
4	工件断开	钻孔太深	报废	控制深度
5	加工形状与图纸不符	调用程序错误；程序错误	报废	加工前查看程序

思考与练习

编写图 6-5 所示零件加工程序。

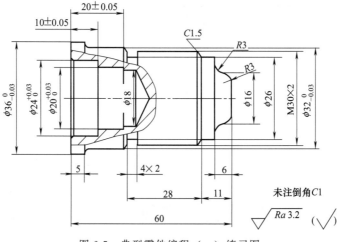

图 6-5 典型零件编程（一）练习图

任务二　数控车床典型零件编程与加工（二）

▌ 学习目标

1. 知识目标

（1）会识读零件图样。

（2）能正确选择加工各种表面的刀具。

（3）会进行圆弧相关尺寸计算。

（4）会根据零件不同特点，合理制订加工工艺。

（5）会编写综合件加工程序。

2. 技能目标

（1）进一步巩固尺寸控制及表面粗糙度控制方法。

（2）掌握梯形槽加工方法及槽深的测量。

（3）完成综合件加工。

▌ 工作任务

如图 6-6 所示工件，毛坯 $\phi 50 \times 90\text{mm}$，材料 45 钢，试编写其加工程序并进行加工。

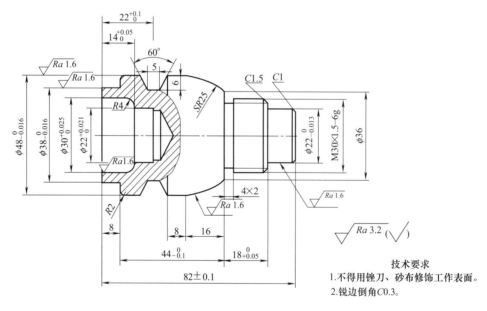

图 6-6　典型零件编程与加工（二）

任务分析：该综合件主要引入梯形槽加工；毛坯长度略大于零件长，考虑两头掉头装夹，$R25\text{mm}$ 圆弧放在哪端加工是关键，综合分析，合理制订加工工艺。

▌ 计划

根据加工任务，制订零件加工计划，见表 6-11。

表 6-11　计划

序号	工作内容	工具	注意事项	操作人
1	加工工艺分析,确定切削路线	参考书	无	全体
2	编写加工程序	参考书	无	全体
3	输入程序、图形模拟	机床	无	AB
4	装刀具和工件	刀架扳手和卡盘扳手	工件装好,取下卡盘扳手	CD
5	零件加工(对刀、复查刀补、自动加工)	外圆车刀、外切槽刀、外螺纹刀、内孔镗刀、钻头、千分尺、游标卡尺、内测千分尺、环规	避免工件飞出,关安全防护门	EF
6	零件检测	千分尺、环规、内测千分尺	无	CD
7	打扫机床,整理实训场地,量具摆放整齐	打扫工具	无	全体

决策

根据计划,由组长进行人员任务分工,见表 6-12。

表 6-12　决策

序号	人员	分工
1	全体	工艺分析,编写加工程序
2	AB	输入程序,检验程序正确性,模拟图形
3	CD	准备刀具、量具、工件、工件钻孔
4	EF	装刀,装工件,对刀,零件加工
5	CD	零件检测

实施

一、分析零件图样

1. 零件分析

如图 6-6 所示。

2. 尺寸及精度分析

本任务同前一任务相似,只有尺寸精度及表面粗糙度要求,且精度要求较高。

二、加工工艺分析

1. 选择工、量、刃具

(1) 选择工具　三爪自定心卡盘装夹,划线盘校正。工具见表 6-13。

表 6-13　典型零件加工工、量、刃具清单

工、量、刃具清单				图号		图 6-6	
种类	序号	名称	规格	精度	单位	数量
工具	1	三爪自定心卡盘			个	1
	2	卡盘扳手			副	1
	3	刀架扳手			副	1
	4	垫刀片			块	若干
	5	莫氏锥套	1~6 号		套	1
	6	钻夹头			个	1

续表

工、量、刀具清单					图号	图 6-6	
种类	序号	名称	规格	精度	单位	数量	
量具	1	游标卡尺	0～150	0.02	把	1	
	2	外径千分尺	0～25 25～50 75～100		个	各 1	
	3	百分表		0.01	只	1	
	4	磁力表座			套	1	
	5	内径百分表	10～35	0.01	把	1	
	6	内测千分尺	5～30		把	1	
	7	万能游标量角器	0°～360°	2′	个	1	
	8	半径样板	R2、R4、R25			1	
	9	螺纹环规	M30×1.5-6g		套		
	10	深度游标卡尺	120	0.02	个	1	
	11	深度千分尺	100	0.01	个	1	
	12	表面粗糙度样板			套	1	

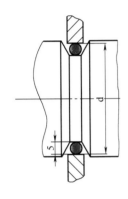

图 6-7 槽底直径测量

（2）选择量具 除常规量具外，本任务增加了梯形槽相关尺寸的测量。梯形槽槽底宽可选用带表游标卡尺测量，槽侧锥面可选用万能游标量角器测量，槽深度选用深度游标卡尺或深度千分尺测量（若槽底标注直径可借助芯棒用千分尺测量，如图 6-7 所示。量具的规格、参数见表 6-13。

槽底直径＝千分尺实测值－芯棒直径×2

（3）选择刀具 粗/精加工外圆轮廓用 93°外圆菱形车刀及 93°正偏刀；切槽（断）用切槽刀；普通外螺纹选用 60°外螺纹刀；内孔为盲孔，选择盲孔镗刀。具体规格见数控加工刀具卡（表 6-14）。

2. 加工工艺路线

根据毛坯及零件特点，外轮廓通过两次装夹、掉头、对接完成，内轮廓可与左端外形在一次装夹中完成。为防止掉头产生加工缺陷，左端外形加工时选择 93°外圆菱形刀车至 R25mm 圆弧处，同时将圆弧部分长度车长 2～3mm（注意圆弧终点坐标的计算），如图 6-8 所示，左端外形加工路线如图 6-9 所示。梯形槽是该任务的重点，加工时考虑先加工直槽，再加工两侧（注意左刀尖编程右刀尖加工），如图 6-10 所示。

表 6-14 典型零件编程与加工（二）数控加工刀具卡

零件名称		典型零件编程与加工(二)		零件图号	图 6-6	
序号	刀具号	刀具名称	数量	加工表面	刀尖半径	刀尖方位
1	T01	93°硬质合金菱形刀	1	粗/精车左端外轮廓	0.3mm	3
2	T02	93°硬质合金正偏刀	1	粗/精车右端外轮廓	0.3mm	3
3	T03	硬质合金切槽刀	1	切槽、切断（宽4mm）	0.2mm	3(左刀尖编程)
4	T04	60°硬质合金外螺纹车刀	1	车外螺纹	0.1mm	8
5		φ20 麻花钻		钻孔	安装在尾座内	
6	T05	盲孔镗刀	1	粗/精车内孔	0.3mm	2
7	T06	93°硬质合金端面车刀	1	车端面	0.4	
编制		审核		批准		共 1 页

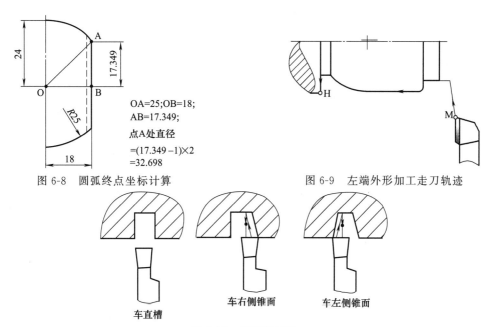

图 6-8 圆弧终点坐标计算   图 6-9 左端外形加工走刀轨迹

OA=25;OB=18;
AB=17.349;

点A处直径
=(17.349 −1)×2
=32.698

车直槽   车右侧锥面   车左侧锥面

图 6-10 梯形槽加工

具体工序内容见数控加工工序卡（表 6-15 和表 6-16）。

表 6-15 件 2 左端外形及内孔轮廓数控加工工序卡

单位名称	实训中心	零件名称	典型零件编程与加工(二)		零件图号	图 6-6
工序号	程序编号		夹具名称	数控系统		车间
001	法那克系统 O3001、O3002 西门子系统 WY3001. MPF、 WY3002. MPF		三爪自定 心卡盘	FANUC 0i Mate SIEMENS 802D		数控 车间
工步号	工步内容		刀具号	转速 n /(r/min)	进给量 f /(mm/r)	背吃刀 量 a_p/mm
1	手动粗车端面(伸出长度 大于 60mm)		T06	400	0.2	分层
2	钻孔(ϕ18 麻花钻)L>25mm			300	0.1	
3	手动精车端面		T06	800	0.08	0.1
4	粗/精车左端外轮廓到圆弧 R25mm		T01	400/1500	0.2/0.08	1.5/0.4
5	粗/精车梯形槽		T03	400	0.1	
6	粗/精车左端内轮廓		T06	400/800	0.18/0.08	1.5/0.3
编制		审核		批准	共 1 页	第 1 页

表 6-16 件 2 右端外轮廓数控加工工序卡

单位名称	实训中心	零件名称	典型零件编程与加工(二)		零件图号	图 6-6
工序号	程序编号		夹具名称	数控系统		车间
002	法那克系统 O3003 西门子系统 WY3003. MPF		三爪自定 心卡盘	FANUC 0i Mate SIEMENS 802D		数控 车间
工步号	工步内容		刀具号	转速 n /(r/min)	进给量 f /(mm/r)	背吃刀 量 a_p/mm
1	手动粗车右端面		T06	400	0.15	分层
2	手动精车右端面		T02	800	0.08	0.1
3	粗/精车右端 ϕ22mm 及螺纹外圆并倒角		T02	400/1500	0.2/0.08	2/0.4
4	切外沟槽		T03	400	0.08	4
5	粗/精车外螺纹 M30×1.5mm		T04	400		分层
编制		审核		批准	共 1 页	第 1 页

3. 合理选择切削用量

加工外轮廓切削用量见表 6-15，加工内轮廓切削用量见表 6-16。

三、编写参考程序

1. 编写左端轮廓表面及内孔程序

（1）建立工件坐标系　加工左端外轮廓及内孔轮廓。根据工件坐标系建立原则，工件坐标系原点设置在工件左端面中心处。

（2）计算基点坐标　按走刀轨迹，依次确定基点坐标，注意圆弧终点坐标依据实际延伸情况确定。

（3）参考程序　FANUC 0i Mate 和 SIEMENS 802D 参考程序见表 6-17 和表 6-18。

表 6-17　左端外轮廓数控加工程序

程序段号	加工程序 （FANUC 0i Mate）	加工程序 （SIEMENS 802D）
	O3001；	WY3001. MPF
N10	G40 G99 G21；	G40 G95 G90 G71
N20	M03 S400 M08；	T1D1 M08；（93°菱形刀）
N30	T0101；（93°菱形刀）	M03 S400
N40	G0 X55 Z3 ；	G0 X52 Z3；
N50	G73 U9 W0 R6；	CYCLE95（"WW3001",1.5,0,0.4,,0.2,0.08,0.08,1,,,0.5）；
N60	G73 P70 Q140 U0.3 W0 F0.2；	M03 S1500
N70	G0 X38 Z1 S1500 F0.08；	G0 X55 Z3；
N80	G1 Z−8；	CYCLE95（"WW3001",1.5,0,0.4,,0.2,0.08,0.08,5,,,0.5）；
N90	X44；	G0 X100 Z100
N100	G3 X48 Z−10 R2；	T2D1；（切槽刀，$T=4$mm，左刀尖对刀）
N110	G01 Z−36；	M03 S400 F0.1
N120	G3 X32.698 Z−54 R25；	G0 X50 Z−22；
N130	G01 Z−56；	CYCLE93（48,−20.072,1,6,,30,30,,,,,0.2,0.2,2,,5）；
N140	X50；	G00 X100 Z100
N150	G70 P70 Q140；	M05
N160	G0 X100 Z100；	M09
N170	T0202；（切槽刀，$T=4$mm，左刀尖对刀）	M30
N180	M03 S400；	
N190	G0 X50 Z−23.536；（车直槽）	WW3001. SPF（外轮廓子程序）
N200	G1 X36 F0.08；	G0 X38 Z1 ；
N210	G4 F2；	G1 Z−8
N220	G1 X48 F0.3；	X44
N230	Z−24.536 F0.08 ；	G3 X48 Z−10 CR=2
N240	X36；	G01 Z−36
N250	G4F2；	G3 X32.698 Z−54 CR=25
N260	Z−23.536；	G01 Z−56
N270	G1 X48 F0.3；（车右侧锥面）	X50
N280	Z−20.072 F0.3；	RET
N290	G1 X36 Z−23.536 F0.08；	
N300	G1X48 F0.3；（车左侧锥面）	
N310	Z−28 ；	
N320	X36 Z−24.536 F0.08；	
N330	X50 F0.3；	

程序段号	加工程序 （FANUC 0i Mate）	加工程序 （SIEMENS 802D）
	O3001；	WY3001. MPF
N340	G00 X100 Z100；	
N350	M05	
N360	M09；	
N370	M30；	

表 6-18　左端内孔数控加工程序

程序段号	加工程序 （法那克系统）	加工程序 （西门子系统）
	O3002；	WY3002. MPF（主程序）
N10	G40 G99 G21；	G40 G95 G90 G71
N20	M03 S400；	M03 S400
N30	T0505 M08；（盲孔镗刀）	T5D1 M08（盲孔镗刀）
N40	G0 X19 Z3；	G0 X18 Z3
N50	G71 U1.5 R0.5；	CYCLE95（"WW3002",1.5,0,0.3,,0.2,0.08, 0.08,3,,,0.5）
N60	G71 P70 Q120 U−0.4 W0 F0.18；	M03 S800
N70	G0 X30 S800 F0.08；	G00 X18 Z3
N80	G1 Z0；	CYCLE95（"WW3002",1.5,0,0.3,,0.2,0.08, 0.08,7,,,0.5）
N90	Z−10；	G0 Z100
N100	G03 X22 Z−14 R4；	X100
N110	G01 Z−22；	M05 M09
N120	X18；	M30
N130	G70 P70 Q120；	
N140	G0 X100 Z100；	WW3002. SPF（内轮廓子程序）
N150	M05 M09；	G0 X30 Z1
N160	M30；	G1 Z0
N170		Z−10
N180		G03 X22 Z−14 CR=4
N190		G01 Z−22
N200		X18
N210		RET

2. 加工右端轮廓表面

以右端面中心为原点建立工件坐标系。FANUC 0i Mate 和 SIEMENS 802D 参考程序见表 6-19。

表 6-19　右端轮廓数控加工程序

程序段号	加工程序 （FANUC 0i Mate）	加工程序 （SIEMENS 802D）
	O3003；	WY3003. MPF（主程序）
N10	G40 G99 G21；	G40 G95 G90 G71
N20	M03 S400；	M03 S400
N30	T0202 M08；（93°正偏刀）	T2D1 M08（93°正偏刀）
N40	G0 X50 Z3；	G0 X52 Z3
N50	G71 U2 R0.5；	CYCLE95（"WW3003",1.5,0,0.4,,0.2,0.08, 0.08,1,,,0.5）
N60	G71 P70 Q140 U0.6 W0.2 F0.2；	M03 S1500

续表

程序 段号	加工程序 （FANUC 0i Mate）	加工程序 （SIEMENS 802D）
	O3003；	WY3003.MPF（主程序）
N70	G0 X20 S1500 F0.08；	G00 X52 Z3
N80	G1 Z0；	CYCLE95（"WW3003"，1.5，0，0.4，，0.2，0.08，0.08，5，，，0.5）
N90	X22 Z−1；	G0 X100 Z100
N100	Z−12；	T3D1 S400（切槽刀，$T=4$mm，左刀尖对刀）
N110	X27；	M03 S400
N120	X29.805 Z−13.5；	G0 X32
N130	Z−30；	G1 Z−30 F0.5
N140	X50；	X26 F0.1
N190	G70 P70 Q140；	X32 F0.2
N200	G0 X100 Z100；	G00 X100 Z100
N210	T0303；（切槽刀，$T=4$mm，左刀尖对刀）	T4D1（外三角螺纹刀）
N220	M03 S400；	G0 X32 Z−6
N230	G0 X32；	CYCLE97（1.5，，−12，−28，29.805，29.805，6，2，0.975，0.05，30，，10，1，3，1）
N240	G1 Z−30 F0.5；	G0 X100 Z100
N250	X26 F0.1；	M05 M09
N260	X32 F0.2；	M30
N270	G00 X100 Z100；	
N280	T0404；（外三角螺纹刀）	WW3003.SPF
N290	M03 S400；	G0 X20 Z1
N300	G0 X32 Z−6；	G1 Z0
N310	G76 P010160 Q50 R0.05；	X22 Z−1
N320	G76 X28.05 Z−28 R0 P975 Q300 F1.5；	Z−12
N340	G0 X100 Z100；	X27
N350	M09；	X29.805 Z−13.5
	M05；	Z−30
	M30；	X50
		RET

四、技能训练

1. 加工准备

（1）检查毛坯尺寸。

（2）开机、回参考点。

（3）程序输入。把编写的程序通过数控面板输入数控机床。

（4）图形模拟。每个程序加工前都应进行图形模拟，以检测程序是否正确。

2. 装夹工件与刀具。

（1）装夹工件 三爪自定心卡盘装夹并校正、夹紧。

（2）装夹刀具 把93°菱形刀、93°正偏刀、切槽刀、外三角螺纹车刀、盲孔镗刀、端面车刀按要求依次装入01、02、03、04、05、06刀位。如果机床为四工位刀架，则加工时用到哪些刀具就装哪些刀具，用完后拆下，且注意刀具刀位号，并及时调整程序中刀位号与之一致。

3. 对刀

试切法对刀，确定刀具在机床坐标系中的正确位置，注意复查刀补。

4. 零件自动加工及尺寸精度控制

进一步巩固上一任务中修改刀具磨损量及编程坐标控制轮廓尺寸的方法。

检查

零件加工结束后进行检测。检测结果写在表 6-20 中。

表 6-20 评分表

班级			姓名		学号		日期	
任务名称		典型零件编程与加工(二)			零件图号			图 6-6
考核项目	序号	考核内容	配分	评分标准			学生自评	教师评分
工件评分(70分)	1	$\phi 48_{-0.016}^{0}$	5	超差 0.01 扣 2 分				
	2	$\phi 38_{-0.016}^{0}$	5	超差 0.01 扣 2 分				
	3	$\phi 22_{-0.013}^{0}$	5	超差 0.01 扣 2 分				
	4	$\phi 30_{0}^{+0.025}$	5	超差 0.01 扣 2 分				
	5	$\phi 22_{0}^{+0.021}$	5	超差 0.01 扣 2 分				
	6	$R25$	5	超差不得分				
	7	M30×1.5—6g	6	通规不进、止规旋进不得分				
	8	60°	4	超差不得分				
	9	槽深 6	4	超差不得分				
	10	侧面对称	4					
	11	82±0.1	3	超差不得分				
	12	$44_{-0.1}^{0}$	3	超差不得分				
	13	$18_{-0.05}^{0}$	3	超差不得分				
	14	$22_{0}^{+0.1}$	3	超差 1 处扣 2 分				
	15	$14_{0}^{+0.05}$	3	超差 1 处扣 1 分				
	16	轮廓形状有无缺陷	4					
	17	倒角、倒钝	3					
程序(20分)	18	程序正确(语法、数据)	20	视严重性,每错一处扣 1~4 分				
	19	程序合理		视严重性,不合理每处扣 1~4 分				
	20	程序中工艺参数正确		视严重性,不合理每处扣 1~4 分				
	21	加工工艺正确性		视严重性,不合理每处扣 1~4 分				
	22	程序完整		程序不完整扣 4~20 分				
工艺卡片(10分)	23	工件定位、夹紧及刀具选择合理、加工顺序及刀具轨迹路线合理	10	酌情扣分				
机床操作	24	装夹、换刀操作熟练	否定项(倒扣分)	不规范每次扣 2 分				
	25	机床面板操作正确		误操作每次扣 2 分				
	26	进给倍率与主轴转速设定合理		不合理每次扣 2 分				
	27	加工准备与机床清理		不符合要求每次扣 2 分				
缺陷	28	工件缺陷、尺寸误差 0.5mm 以上、外形与图纸不符		倒扣 2~10 分/次				
文明生产	29	人身、机床、刀具安全		倒扣 5~20 分/次				

评估

在实施过程中各组出现的问题各不相同,有些问题组内讨论解决了,有些问题没有解决,也有些问题组内成员都没有意识到,老师引导各组就一些典型和隐性的问题进行讨论,见表 6-21。

表 6-21　评估

序号	问题	可能原因	后果	避免措施
1	表面粗糙度差	精加工参数不合理	工件表面质量差	合理选择精加工参数
2	撞刀	对刀不正确;调刀错误;程序不正确	零件损坏,刀具损坏,有可能发生工件飞出安全事故	对刀正确;正确调刀;程序编写要正确
3	尺寸不符合要求	测量不正确	报废	正确测量
4	工件断开	钻孔太深	报废	控制深度
5	加工形状与图纸不符	调用程序错误;程序错误	报废	加工前查看程序
6	梯形槽不符要求	程序错误;参数不合理;刀具安装不符要求	报废	仔细检查切槽程序;合理选择参数;刀具安装正确
7	工件外圆有接痕	外轮廓两头加工,交接处程序未处理好	次品	合理编写外轮廓交接处程序

思考与练习

编写图 6-11 所示零件加工程序。

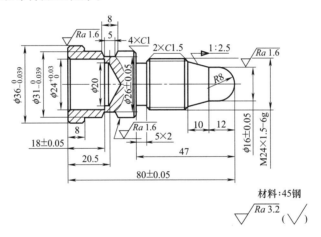

图 6-11　典型零件编程与加工（二）练习图

任务三　数控车床典型零件编程与加工（三）

学习目标

1. 知识目标
(1) 会识读零件图样。
(2) 会选择加工各种表面的刀具。
(3) 会制订综合件加工工艺。
(4) 会编写数控加工工序卡等工艺文件。
(5) 会根据工艺编写综合件加工程序。

2. 技能目标

（1）掌握一般轴类零件常见加工方法。

（2）掌握尺寸控制及内螺纹精度控制方法。

（3）完成综合件加工。

工作任务

如图 6-12 所示工件，毛坯 ϕ50mm×90mm，材料 45 钢，试编写其加工程序并进行加工。

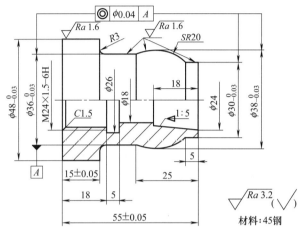

图 6-12　典型零件编程与加工（三）

任务分析：本任务引入的是一次装夹中完成整个外形和一侧内孔轮廓加工，调头加工另一侧内孔的加工方法；内螺纹加工，平时练习不多，通过训练，进一步巩固强化。

计划

根据加工任务，制订零件加工计划，见表 6-22。

表 6-22　计划

序号	工作内容	工具	注意事项	操作人
1	加工工艺分析,确定切削路线	参考书	无	全体
2	编写加工程序	参考书	无	全体
3	输入程序、图形模拟	机床	无	AB
4	装刀具和工件	刀架扳手和卡盘扳手	工件装好,取下卡盘扳手	CD
5	零件加工(对刀、复查刀补、自动加工)	外圆菱形刀、内孔镗刀、内切槽刀、内螺纹刀、钻头、千分尺、游标卡尺、内测千分尺、塞规、百分表	避免工件飞出,关安全防护门	EF
6	零件检测	千分尺、塞规、百分表	无	CD
7	打扫机床,整理实训场地,量具摆放整齐	打扫工具	无	全体

决策

根据计划，由组长进行人员任务分工，见表 6-23。

表 6-23　决策

序号	人员	分　工
1	全体	工艺分析,编写加工程序
2	AB	输入程序,检验程序正确性,模拟图形
3	CD	准备刀具、量具、工件,工件钻孔
4	EF	装刀,装工件,对刀,零件加工
5	CD	零件检测

实施

一、分析零件图样

1. 零件分析

如图 6-12 所示。该零件长度尺寸不大,外形轮廓从右往左凹凸变化;内孔相对前面任务明显复杂,为通孔类零件,增加了内螺纹。

2. 尺寸及精度分析

本任务除尺寸精度及表面粗糙度要求外,增加了形位公差要求。在前面任务基础上继续巩固尺寸精度及表面粗糙度的控制方法;本任务中 $\phi 30mm$ 外圆、$R20mm$ 圆弧、$\phi 36mm$ 外圆之间有同轴度要求,在机床功能正常情况下,通过在一次装夹中同时完成三个表面的加工来保证。

二、加工工艺分析

1. 选择工、量、刃具

（1）选择工具　三爪自定心卡盘装夹,并校正、夹紧。其他工具见表 6-24。

表 6-24　工、量、刃具清单

工、量、刃具清单					图号	图 6-6
种类	序号	名称	规格	精度	单位	数量
工具	1	三爪自定心卡盘			个	1
	2	卡盘扳手			副	1
	3	刀架扳手			副	1
	4	垫刀片			块	若干
	5	莫氏锥套	1~6 号		套	1
	6	钻夹头			个	1
量具	1	游标卡尺	0~150	0.02	把	1
	2	外径千分尺	25~50 75~100		个	各 1
	3	百分表		0.01	只	1
	4	磁力表座			套	1
	5	内径百分表	10~35	0.01	把	1
	6	内测千分尺	5~30		把	1
	7	万能游标量角器	0°~360°	2′	个	1
	8	半径样板	$R3$、$R20$		套	1
	9	螺纹塞规	M24×1.5—6g		套	
	10	深度游标卡尺	120	0.02	个	1
	11	表面粗糙度样板			套	1

（2）选择量具　内孔深度精度要求不高,选择深度游标卡尺测量;内螺纹选择螺纹塞规检测。具体量具的规格、参数见表 6-24。

（3）选择刀具 由于外轮廓从右往左轮廓凹凸变化，所以粗、精加工外圆轮廓用93°菱形车刀，自右往左车削，具体规格见数控加工刀具卡（表6-25）。

表6-25 数控加工刀具卡

零件名称		典型零件编程与加工（三）		零件图号		图6-12
序号	刀具号	刀具名称	数量	加工表面	刀尖半径	刀尖方位
1	T01	93°硬质合金外圆菱形刀	1	精车端面、粗/精车外轮廓	0.3mm	3
2	T02	硬质合金通孔镗刀	1	粗/精车内孔	0.3mm	2
3	T03	硬质合金内沟槽刀（刀头宽 $T=4mm$）	1	车内沟槽	0.2mm	2
4	T04	60°硬质合金内螺纹车刀	1	粗/精车内螺纹	0.2mm	6
5	T05	硬质合金外切槽刀（刀头宽 $T=4mm$）	1	切槽、切断	0.2mm	3
6	T06	93°硬质合金端面车刀	1	粗车端面	0.4mm	
7		$\phi18$ 麻花钻	1	钻孔	安装在尾部	
编制		审核		批准		共1页

2. 加工工艺路线

一次装夹中完成所有外轮廓表面（即粗/精车外轮廓）及右端 1∶5 内锥加工；调头校正装夹（夹 $\phi48$ 外圆），粗/精车左端内螺纹。

具体工序内容见数控加工工序卡（表6-26、表6-27）。

表6-26 加工外轮廓及右端内锥数控加工工序卡

单位名称		实训中心	零件名称	典型零件编程与加工（三）	零件图号	图6-12
工序号		程序编号	夹具名称	数控系统		车间
001		法那克系统 O2211 西门子系统 WY2211.MPF	三爪自定心卡盘	Fanuc 0i Mate SiEMENS 802D		数控车间
工步号		工步内容	刀具号	转速 n /(r/min)	进给量 f /(mm/r)	背吃刀量 a_p/mm
1		手动粗车端面（伸出长度大于60mm）	T06	400	0.2	分层
2		手动钻 $\phi18$ 底孔长度 $L>60mm$		400	0.1	
3		手动精车端面	T01	800	0.08	0.1
4		粗/精车整个外轮廓	T01	400/1500	0.2/0.08	1.5/0.4
5		粗/精车内锥 ▷1∶5	T02	400/800	0.18/0.08	1.5/0.3
6		手动切断	T05	400	0.1	4
编制		审核		批准	共1页	第1页

表6-27 加工左端内轮廓数控加工工序卡

单位名称		实训中心	零件名称	典型零件编程与加工（三）	零件图号	图6-12
工序号		程序编号	夹具名称	数控系统		车间
002		法那克系统 O2212 西门子系统 WY2212.MPF	三爪自定心卡盘	FANUC 0i-Mate SIEMENS 802D		数控车间
工步号		工步内容	刀具号	转速 n /(r/min)	进给量 f /(mm/r)	背吃刀量 a_p/mm
1		手动粗车左端面（夹住 $\phi48mm$ 外圆）	T06	400	0.2	分层
2		精车左端面	T01	800	0.1	0.1
3		粗/精车左端螺纹底孔 $\phi22.5mm$	T02	400/800	0.15/0.08	1.5/0.3
4		车内沟槽	T03	300	0.1	4
5		车内螺纹	T04	400		分层
编制		审核		批准	共1页	第1页

3. 选择合理切削用量

加工外轮廓切削用量见表 6-26，加工内轮廓切削用量见表 6-27。

三、编制参考程序

一次装夹编写一个程序，整个外轮廓及右端内锥一个程序，左端内轮廓部分一个程序。

1. 加工外轮廓及右端内锥

（1）建立工件坐标系　工件坐标系原点设置在工件右端面中心处。

（2）计算基点坐标　锥面小端直径 $d = D - L_c = 24 - 18 \times 1/5 = 20.4$（mm），其他基点坐标直接由图 6-12 得出。（略）

（3）参考程序　外轮廓及右端内轮廓 FANUC 0i Mate 和 SIEMENS 802D 加工程序见表 6-28。

表 6-28　外轮廓及右端内轮廓数控加工程序

程序段号	加工程序 （FANUC 0i Mate）	加工程序 （SIEMENS 802D）
	O2211；	WY2211. MPF
N10	G40 G99 G21；	G40 G95 G90 G71
N20	M03 S400；	M03 S400
N30	T0101 M08；（93°外圆菱形刀）	T1D1 M08（93°外圆菱形刀）
N40	G0 X52 Z3 ；	G0 X52 Z3
N50	G73 U10 W0 R7；	CYCLE95（"WW2201",1.5,0,0.4,,0.2,0.08,0.08,1,,,0.5）
N60	G73 P70 Q140 U0.8 W0 F0.2；	M03 S1500
N70	G0 X30 Z1 S1500 F0.08；	G00 X52 Z3
N80	G01 Z−5；	CYCLE95（"WW2201",1.5,0,0.4,,0.2,0.08,0.08,5,,,0.5）
N90	G3 X36 Z−25 R20；	G0 X100 Z100
N100	G1 Z−37；	M03 S400
N110	G2 X42 Z−40 R3；	T2D1（硬质合金通孔镗刀）
N120	G1 X48；	G0 X18 Z3
N130	Z−59；	CYCLE95（"WW2202",1.5,0,0.3,,0.2,0.08,0.08,3,,,0.5）
N140	X50；	M03 S800
N1 70	G70 P70 Q140；	G00 X18 Z3
N180	G0 X100 Z100；	CYCLE95（"WW2202",1.5,0,0.3,,0.2,0.08,0.08,7,,,0.5）
N190	M03 S400；	G0 Z100
N200	T0202；（硬质合金通孔镗刀）	X100
N210	G0 X18 Z3 ；	M05 M09
N220	G71 U1.5 R0.5；	M30
N230	G71 P240 Q270 U−0.3 W0 F0.18；	
N2 40	G0 X24 S800 F0.08；	
N250	G1 Z0；	WW2201. SPF
N2 60	X20.4 Z−18；	G0 X30 Z1 S1500 F0.08
N270	G1 X18；	G01 Z−5
N280	G70 P240 Q270；	G3 X36 Z−25 CR=20
N290	G0 X100；	G1 Z−37
N300	Z100；	G2 X42 Z−40 CR=3
N310	M05；	G1 X48
N320	M09；	Z−59

程序段号	加工程序 （FANUC 0i Mate）	加工程序 （SIEMENS 802D）
	O2211；	WY2211. MPF
N330	M30；	X50；
		RET；
		WW2202. SPF
		G0 X24 Z1；
		G1 Z0；
		X20. 4 Z−18；
		G1 X18；
		RET；

2. 加工左端面及左端内轮廓

以左端面中心为原点建立工件坐标系。左端内轮廓 FANUC 0i Mate 和 SIEMENS 802D 程序见表 6-29。

表 6-29　左端内轮廓数控加工程序

程序段号	加工程序 （FANUC 0i Mate）	加工程序 （SIEMENS 802D）
	O2212；	WY2212. MPF
N10	G40 G99 G21；	G40 G95 G90 G71
N20	M03 S400；	M03 S400
N30	T0202 M08；（硬质合金通孔镗刀）	T2D1 M08（硬质合金通孔镗刀）
N40	G0 X18 Z3；	G0 X18 Z3
N50	G71 U1. 5 R0. 5；	CYCLE95（"WW2212",1. 5,0,0. 3,,0. 2,0. 08, 0. 08,3,,,0. 5）
N60	G71 P70 Q110 U−0. 3 W0 F0. 18；	M03 S800
N70	G0 X25. 5 S800 F0. 08；	G00 X18 Z3
N80	G1 Z0；	CYCLE95（"WW2212",1. 5,0,0. 3,,0. 2,0. 08, 0. 08,7,,,0. 5）
N90	X22. 5 Z−1. 5；	G0 Z100
N100	Z−23；	X100
N110	X18；	T3D1（硬质合金内沟槽刀）
N170	G70 P70 Q110；	M03 S300
N180	G0 Z100；	G0 X20
N190	X100；	G1 Z−23 F0. 5
N200	T0303；（硬质合金内沟槽刀）	X26 F0. 08
N210	M03 S300；	X20 F0. 2
N220	G0 X20；	Z2
N230	G1 Z−23 F0. 5；	G00 Z100
N2 40	X26 F0. 08；	X100
N250	X20 F0. 2；	T4D1（内三角螺纹刀）
N2 60	Z2；	G0 X32 Z−10
N270	G00 Z100；	CYCLE97（1. 5,,0,−18,22. 5,22. 5,6,2,0. 975, 0. 05,30,,10,1,4,1）
N280	X100；	G0 X100 Z100
N290	T0404；（内三角螺纹刀）	M05 M09
N300	M03 S400；	M30
N310	G0 X22 Z3；	WW2212. SPF
N320	G76 P010160 Q60 R0. 06；	

程序 段号	加工程序 (FANUC 0i Mate)	加工程序 (SIEMENS 802D)
	O2212;	WY2212.MPF
N330	G76 X24 Z−20 R0 P974 Q300 F1.5;	G0 X25.5 Z1
N340	G0 X100 Z100;	G1 Z0
N350	M05;	X22.5 Z−1.5
N360	M09;	Z−23
N370	M30;	X18
		RET

四、技能训练

1. 加工准备

(1) 检查毛坯尺寸。

(2) 开机、回参考点。

(3) 程序输入。把编写的程序通过数控面板输入数控机床。

(4) 图形模拟。每个程序加工前都应进行图形模拟，以检测程序是否正确。

2. 装夹工件与刀具。

(1) 装夹工件　三爪自定心卡盘装夹，校正并夹紧，注意伸出长度。

(2) 装夹刀具　把93°外圆菱形刀、内孔车刀、内切槽刀、内螺纹刀按要求依次装入01、02、03、04刀位。

3. 对刀

试切法对刀，确定刀具在机床坐标系中的正确位置，注意复查刀补。

4. 零件自动加工及精度控制

进一步巩固修改刀具磨损量控制轮廓尺寸精度的方法；内螺纹尺寸控制可以采用修改磨耗或修改程序中螺纹大径坐标两种方法，注意选用螺纹塞规及时检测。

检查

零件加工结束后进行检测。检测结果写在表6-30中。

表6-30　评分表

班级			姓名		学号		日期		
任务名称		典型零件编程与加工（三）			零件图号			图6-12	
考核 项目	序号	考核内容		配分	评分标准		学生 自评	教师 评分	
工件 评分 (70分)	1	$\phi48_{-0.03}^{0}$		5	超差0.01扣2分				
	2	$\phi38_{-0.03}^{0}$		5	超差0.01扣2分				
	3	$\phi36_{-0.03}^{0}$		5	超差0.01扣2分				
	4	$\phi30_{-0.03}^{0}$		5					
	5	15±0.05		3	超差不得分				
	6	55±0.05		3	超差不得分				
	7	◎ $\phi0.04$ A		8	超差不得分				
	8	M24×1.5−6H		8	通规不进、止规旋进不得分				
	9	锥度1:5		4	超差0.01扣2分				
	10	$R20$、$R3$ 圆弧		2×3	R规检测超差不得分				
	11	$Ra1.6$		8	超差1处扣2分				
	12	其余尺寸		6	超差1处扣1分				

续表

班级		姓名		学号		日期	
任务名称		典型零件编程与加工(三)			零件图号		图 6-12

考核项目	序号	考核内容	配分	评分标准	学生自评	教师评分	
程序 (20分)	13	程序正确(语法、数据)	20	视严重性,每错一处扣 1～4 分			
	14	程序合理		视严重性,不合理每处扣 1～4 分			
	15	程序中工艺参数正确		视严重性,不合理每处扣 1～4 分			
	16	加工工艺正确性		视严重性,不合理每处扣 1～4 分			
	17	程序完整		程序不完整扣 4～20 分			
工艺卡片 (10分)	18	工件定位、夹紧及刀具选择合理、加工顺序及刀具轨迹路线合理	10	酌情扣分			
机床操作	19	装夹、换刀操作熟练	否定项 (倒扣分)	不规范每次扣 2 分			
	20	机床面板操作正确		误操作每次扣 2 分			
	21	进给倍率与主轴转速设定合理		不合理每次扣 2 分			
	22	加工准备与机床清理		不符合要求每次扣 2 分			
缺陷	23	工件缺陷、尺寸误差 0.5mm 以上、外形与图纸不符		倒扣 2～10 分/次			
文明生产	24	人身、机床、刀具安全		倒扣 5～20 分/次			

评估

在实施过程中各组出现的问题各不相同,有些问题组内讨论解决了,有些问题没有解决,也有些问题组内成员都没有意识到,老师引导各组就一些典型和隐性的问题进行讨论,见表 6-31。

表 6-31　评估

序号	问题	可能原因	后果	避免措施
1	表面粗糙度差	精加工参数不合理	工件表面质量差	合理选择精加工参数
2	撞刀	对刀不正确;调刀错误;程序不正确	零件损坏,刀具损坏,有可能发生工件飞出安全事故	对刀正确;正确调刀;程序编写要正确
3	尺寸不符要求	测量不正确	报废	正确测量
4	加工形状与图纸不符	调用程序错误;程序错误	报废	加工前查看程序
5	总长不符要求	两端面不平行,尺寸长或短	次品	装夹工件要校正
6	内螺纹不合格	螺纹底孔做大;未及时测量;刀头歪斜	废品	正确计算底孔直径,内径千分尺正确读数;及时测量;正确安装刀具

思考与练习

编写图 6-13 所示零件加工程序。

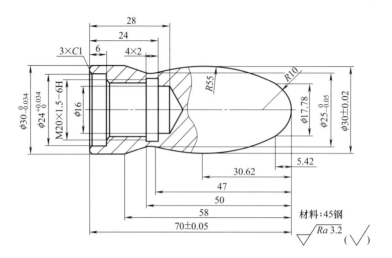

图 6-13　典型零件编程与加工（三）练习图

任务四　数控车床典型零件编程与加工（四）

学习目标

1. 知识目标

（1）会识读零件图样。

（2）会进行相关圆弧尺寸的计算。

（3）会选择加工各种表面的刀具。

（4）会制订综合件加工工艺。

（5）会编写综合件加工程序。

2. 技能目标

（1）掌握综合件加工方法。

（2）掌握尺寸控制及各尺寸精度控制方法。

（3）完成综合件加工。

工作任务

如图 6-14 所示工件，毛坯 $\phi 50 \text{mm} \times 93 \text{mm}$，材料 45 钢，试编写其加工程序并进行加工。

任务分析：本任务主要引入多槽加工；针对零件特点，考虑两头掉头加工，如何保证形位公差要求，多槽放在哪侧加工是关键。

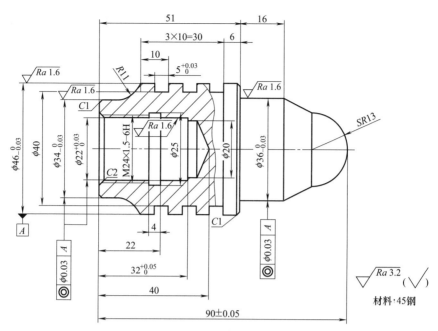

图 6-14　典型零件编程与加工（四）

计划

根据加工任务，制订零件加工计划，见表 6-32。

表 6-32　计划

序号	工作内容	工具	注意事项	操作人
1	加工工艺分析，确定切削路线	参考书	无	全体
2	编写加工程序	参考书	无	全体
3	输入程序、图形模拟	机床	无	AB
4	装刀具和工件	刀架扳手和卡盘扳手	工件装好，取下卡盘扳手	CD
5	零件加工（对刀、复查刀补、自动加工）	外圆车刀、外切槽刀、内孔镗刀、内切槽刀、内螺纹刀、钻头、千分尺、游标卡尺、内测千分尺、塞规、内径百分表	避免工件飞出，关安全防护门	EF
6	零件检测	千分尺、塞规、内径百分表	无	CD
7	打扫机床，整理实训场地，量具摆放整齐	打扫工具	无	全体

决策

根据计划，由组长进行人员任务分工，见表 6-33。

表 6-33　决策

序号	人员	分　工
1	全体	工艺分析，编写加工程序
2	AB	输入程序，检验程序正确性，模拟图形
3	CD	准备刀具、量具、工件、工件钻孔
4	EF	装刀，装工件，对刀、零件加工
5	CD	零件检测

▌实施

一、分析零件图样

1. 零件分析

如图 6-14 所示。

2. 尺寸及精度分析

本任务同前一任务相似，在尺寸精度及表面粗糙度要求外，增加了形位公差要求。任务中以多槽外圆表面 $\phi 46mm$ 为基准面，左端 $\phi 34mm$ 外圆、$\phi 22mm$ 内孔相对该基准有同轴度要求，遵循同一基准原则，考虑一次装夹中同时完成三表面的加工来保证；右端 $\phi 36mm$ 外圆与基准面的同轴度要求，遵循互为基准原则，以槽外圆为装夹基准面，通过校正装夹完成右端 $\phi 36mm$ 外圆的加工。

二、加工工艺分析

1. 选择工、量、刀具

（1）选择工具　见表 6-34。

表 6-34　工、量、刃具清单

种类	\multicolumn{4}{c	}{工、量、刀具清单}	图号	图 6-14
种类	序号	名称	规格	精度	单位	数量
工具	1	三爪自定心卡盘			个	1
	2	卡盘扳手			副	1
	3	刀架扳手			副	1
	4	垫刀片			块	若干
	5	莫氏锥套	1～6 号		套	1
	6	钻夹头			个	1
量具	1	游标卡尺	0～150	0.02	把	1
	2	外径千分尺	0～25 25～50 75～100		个	各 1
	3	百分表		0.01	只	1
	4	磁力表座			套	1
	5	内径百分表	10～35	0.01	把	1
	6	内测千分尺	5～30		把	1
	7	万能游标量角器	0°～360°	2′	个	1
	8	半径样板	$R11$、$R13$			1
	9	螺纹塞规	M24×1.5－6H		套	
	10	带表游标卡尺	120	0.02	个	1
	11	深度千分尺	100	0.01	个	1
	12	表面粗糙度样板			套	1

（2）选择量具　槽宽可以选择带表游标卡尺测量，孔深可以选择深度千分尺进行测量。量具的规格、参数见表 6-34。

（3）选择刀具　粗、精加工外圆轮廓用 93° 外圆车刀，切外沟槽刀宽 $T=4mm$。各刀具具体规格见数控加工刀具卡表 6-35。

表 6-35 数控加工刀具卡

零件名称		典型零件编程与加工（四）		零件图号		图 6-14
序号	刀具号	刀具名称	数量	加工表面	刀尖半径	刀尖方位
1	T01	93°硬质合金外圆车刀	1	粗/精车外轮廓	0.3mm	3
2	T02	硬质合金切槽刀	1	切槽、切断	刀头宽 4mm	
3		φ20 麻花钻	1	钻孔	安装在尾座内	
4	T03	硬质合金盲孔车刀	1	粗/精车内孔	0.3mm	2
5	T04	硬质合金内切槽刀	1	切内槽	刀头宽 4mm	3
6	T05	60°硬质合金内螺纹车刀	1	车内螺纹	0.2	6
7	T06	93°硬质合金车端面车刀	1	车端面	0.4	
编制		审核		批准		共 1 页

2. 加工工艺路线

本任务采用两次装夹完成，先加工左侧内、外形，完成粗/精加工后，掉头加工右端外形。

具体工序内容见数控加工工序卡（表 6-36、表 6-37）。

表 6-36 左端外轮廓及内孔数控加工工序卡

单位名称		实训中心	零件名称	典型零件编程与加工（四）	零件图号	图 6-14
工序号		程序编号	夹具名称	数控系统		车间
001		法那克系统 O9001、O9002 西门子系统 WY9001. MPF、 WY9002. MPF	三爪自定 心卡盘	FANUC 0i Mate SIEMENS 802D		数控 车间
工步号		工步内容	刀具号	转速 n /(r/min)	进给量 f /(mm/r)	背吃刀 量 a_p/mm
1		手动粗车左端面（毛坯伸出长 大于 54mm）	T06	400	0.2	分层
2		钻孔深 40mm（φ20mm 麻花 钻）		300	0.1	
3		手动精车左端面	T01	800	0.08	0.1
4		粗/精车左端外圆轮廓（倒角、 φ34mm 外圆、R11mm 圆弧、 φ46mm 圆柱）	T01	400/1500	0.2/0.08	2/0.4
5		切多槽	T02	400	0.08	4
6		粗/精车螺纹底孔 φ22mm 至 尺寸，并倒角	T03	400/800	0.18/0.08	1.5/0.3
7		车内沟槽	T04	300	0.08	4
8		粗/精车内螺纹	T05	400	1.5	
编制		审核		批准	共 1 页	第 1 页

表 6-37 右端外轮廓数控加工工序卡

单位名称		实训中心	零件名称	典型零件编程与加工（四）	零件图号	图 6-14
工序号		程序编号	夹具名称	数控系统		车间
002		法那克系统 O9003 西门子系统 WY9003. MPF	三爪自定 心卡盘	FANUC 0i Mate SIEMENS 802D		数控 车间
工步号		工步内容	刀具号	转速 n /(r/min)	进给量 f /(mm/r)	背吃刀 量 a_p/mm
1		手动粗车右端面	T06	400	0.2	分层
2		手动精车右端面（控制总长）	T01	800	0.08	0.1
3		粗/精车右端外轮廓（R13、 锥及 φ36 外圆并倒角 C2）	T01	400/1500	0.2/0.08	2/0.4
编制		审核		批准	共 1 页	第 1 页

3．选择切削用量

加工左端内孔及外轮廓切削用量见表 6-36，加工右端内孔切削用量见表 6-37。

三、编写参考程序

1．加工左端轮廓表面

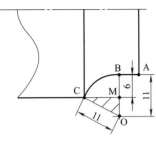

图 6-15　基点坐标

（1）建立工件坐标系　以工件左端面中心为原点建立工件坐标系。

（2）计算基点坐标　如图 6-15 所示。

$R11$ 圆弧起点 B 坐标计算：

$OB=OC=R=11；MB=(1/2)(46-34)=6；$

$OM=OB-MB=11-6=5；$

$CM=9.798；$

所以基点 B 坐标为 (34，－5.202)。

其他基点坐标直接由图 6-14 得出。（略）

（3）参考程序　左端外轮廓 FANUC 0i Mate 和 SIEMENS 802D 加工程序见表 6-38。左端内轮廓 FANUC 0i Mate 和 SIEMENS 802D 加工程序见表 6-39。

表 6-38　左端外轮廓加工程序

程序段号	加工程序（FANUC 0i Mate）	加工程序（SIEMENS 802D）
	O9001；	WY9001. MPF
N10	G40 G99 G21；	G40 G95 G90 G71
N20	M03 S400；	M03 S400
N30	T0101 M08；(93°硬质合金外)圆刀	T1D1 M08(93°硬质合金外圆刀)
N40	G0 X52 Z3；	G0 X52 Z3
N50	G71 U2 R0.5；	CYCLE95（"WW9001"，2，0，0.4，，0.2，0.08，0.08，1，，，0.5）
N60	G71 P70 Q130 U0.4 W0 F0.2；	M03 S1500
N70	G0 X32 S1500 F0.08；	G0 X52 Z2
N80	G1 Z0；	CYCLE95（"WW9001"，2，0，0.4，，0.2，0.08，0.08，5，，，0.5）
N90	X34 Z−1；	G0 X100 Z100
N100	G1 Z−5.202；	T2D1S400(硬质合金切槽刀 T=4mm，左刀尖对刀)
N110	G2 X46 Z−15 R11；	G0 X48 Z−24
N120	G1 Z−52；	CYCLE93（46，−24，1，3，，，，，，，0.2，0.2，2，，5）
N130	X50；	CYCLE93（46，−34，1，3，，，，，，，0.2，0.2，2，，5）
N140	G70 P70 Q130；	CYCLE93（46，−44，1，3，，，，，，，0.2，0.2，2，，5）
N150	G0 X100 Z100；	G0 X100 Z100
N160	T0202；(硬质合金切槽刀 T=4mm，左刀尖对刀)	M5
N170	M03 S400；	M09
N180	G0 X48 Z−24；	M30
N190	G75 R0.5；	
N200	G75 X40 Z−25 P2000 Q1000 F0.1；	WW9001. SPF(外轮廓子程序)
N210	G0 Z−34；	G00 X32 Z1 S1500 F0.08
N220	G75 R0.5；	G01 Z0

续表

程序段号	加工程序 （FANUC 0i Mate） O9001	加工程序 （SIEMENS 802D） WY9001. MPF
N230	G75 X40 Z−35 P2000 Q1000 F0.1；	X34 Z−1
N240	G0 Z−44；	G01 Z−5.202
N250	G75 R0.5；	G2 X46 Z−15 CR＝11
N260	G75 X40 Z−45 P2000 Q1000 F0.1；	G1 Z−53
N270	G0 X100 Z100；	X50
N280	M05；	RET
N290	M09；	
N300	M30；	

表 6-39　左端内轮廓数控加工程序

程序段号	加工程序（FANUC 0i Mate） O9002；	加工程序（SIEMENS 802D） WY9002. MPF
N10	G40 G99 G21；	G40 G95 G90 G71
N20	M03 S400；	M03 S400
N30	T0303 M08（硬质合金盲孔镗刀）	T3D1 M08（硬质合金盲孔镗刀）
N40	G00 X18 Z3；	G00 X18 Z3
N50	G71 U1 R0.5；	CYCLE95（"WW9002",1.5,0,0.3,,0.2,0.08,0.08,3,,,0.5）
N60	G71 P70 Q130 U−0.3 W0 F0.18；	M03 S800
N70	G0 X26.5 S800 F0.08；	G00 X18 Z3
N80	G1 Z0；	CYCLE95（"WW9002",1.5,0,0.3,,0.2,0.08,0.08,7,,,0.5）
N90	G1 X22.5 Z−2；	G0 X100 Z100
N100	Z−22 ；	T4D1（硬质合金内沟槽刀）
N110	X22；	
N120	Z−32 ；	
N130	X18；	M3 S300
N140	G70 P70 Q130；	G0 X20 Z3
N150	G0 Z100；	G1 Z−22 F0.2
N160	X100；	G1 X25 F0.1
N170	M3 S300；	X20
N180	T04O4；（硬质合金内沟槽刀）	G0 Z100
N190	G0 X20 Z3；	X100
N200	G1 Z−22 F0.2；	M03 S400
N210	G1 X25 F0.1；	T5D1（硬质合金内三角螺纹刀）
N220	X20；	G0 X20 Z6
N230	G0 Z100；	CYCLE97（2,,0,−18,22,22,6,2,1.3,0.05,30,,15,1,4,1）
N240	X100；	G0 X100 Z100
N250	M03 S400；	M05 M09
N260	T0505；（硬质合金内三角螺纹刀）	M30
N270	G0 X20 Z6；	
N280	G76 P010060 Q50 R−0.05；	WW9002. SPF　（左端内轮廓子程序）
N290	G76 X24 Z−20 R0 P1299 Q300 F2；	G0 X26.5 Z1
N300	G0 X100 Z100；	G1 Z0
N310	M05；	G1 X22.5 Z−2
N320	M09；	Z−22
N330	M30；	X22
		Z−32
		X18
		RET

2. 加工右端面及右端外轮廓

（1）建立工件坐标系　以工件右端面中心为原点建立工件坐标系。

（2）计算基点坐标　基点坐标可由图 6-14 得出，注意 $\phi46$mm 外圆处的倒角处理成 C2，基点坐标要正确设置。

（3）参考程序　右端外轮廓 FANUC 0i Mate 和 SIEMENS 802D 参考程序见表 6-40。

表 6-40　右端外轮廓数控加工程序

程序段号	加工程序（FANUC 0i Mate）	加工程序（SIEMENS 802D）
	O9003；	WY9003. MPF
N10	G40 G99 G21；	G40 G95 G90 G71
N20	M03 S400；	M03 S400
N30	T0101 M08；（93°硬质合金正偏刀）	T1D1 M08（93°硬质合金正偏刀）
N40	G0 X50 Z3；	G0 X52 Z3
N50	G71 U1.5 R0.5；	CYCLE95（"WW9003"，1.5，0，0.4，，0.2，0.08，0.08，1，，，0.5）
N60	G71 P70 Q130 U0.8 W0.2 F0.2；	M03 S1500
N70	G0 X0 S1500 F0.08；	G00 X52 Z3
N80	G1 Z0；	CYCLE95（"WW9003"，1.5，0，0.4，，0.2，0.08，0.08，5，，，0.5）
N90	G3 X26 Z−13 R13；	G0 X100 Z100
N100	G1 X36 Z−23 ；	M05 M09
N110	Z−39；	M30
N120	G0 X46；	
N130	X50 Z−41；	WW9003. SPF（右端外轮廓子程序）
N140	G70 P70 Q130；	G0 X0 Z1
N150	G0 X100 Z100；	G1 Z0
N160	M05；	G3 X26 Z−13 CR=13
N170	M09；	G1 X36 Z−23
N180	M30；	Z−39
		G1 X46
		X50 Z−41
		RET

四、技能训练

1. 加工准备

（1）检查毛坯尺寸。

（2）开机、回参考点。

（3）程序输入。把编写的程序通过数控面板输入数控机床。

（4）图形模拟。每个程序加工前都应进行图形模拟，以检测程序是否正确。

2. 装夹工件与刀具。

（1）装夹工件　本任务采用三爪自定心卡盘装夹工件，两头掉头加工。加工左端时，三爪自定心卡盘夹住棒料一端，伸出长大于 54mm，并校正夹紧，由机床保证相应表面的同轴度；加工右端时，三爪自定心卡盘夹住多槽外圆 $\phi46$ mm，用划线盘及百分表校正装夹，注意保证同轴度 $\phi0.03$ mm。

（2）装夹刀具　把外圆车刀、切槽刀、盲孔车刀、内切槽刀、内螺纹刀、端面车刀按要求依次装入 01、02、03、04、05、06 刀位。

3．对刀（略）

4．零件自动加工及精度控制（略）

检查

零件加工结束后进行检测。检测结果写在表 6-41 中。

表 6-41　评分表

班级		姓名		学号		日期		
任务名称		典型零件编程与加工（四）		零件图号			图 6-14	
考核项目	序号	考核内容	配分	评分标准	学生自评	教师评分		
工件评分 （70分）	1	$\phi46^{~0}_{-0.03}$	6	超差 0.01 扣 2 分				
	2	$\phi36^{~0}_{-0.03}$	6	超差 0.01 扣 2 分				
	3	$\phi34^{~0}_{-0.03}$	6	超差 0.01 扣 2 分				
	4	$\phi22^{+0.03}_{~0}$	6	超差 0.01 扣 2 分				
	5	$5^{+0.03}_{~0}$	4	超差不得分				
	6	$32^{+0.05}_{~0}$	3	超差不得分				
	7	M24×1.5－6H	10	通规不进、止规旋进不得分				
	8	◎ $\phi0.03$ A	10	超差 0.01 扣 2 分				
	9	$Ra1.6$（3 处）	6	超差不得分				
	10	$Ra3.2$	5	超差 1 处扣 2 分				
	11	其余尺寸	8	超差 1 处扣 1 分				
程序 （20分）	12	程序正确（语法、数据）	20	视严重性，每错一处扣 1～4 分				
	13	程序合理		视严重性，不合理每处扣 1～4 分				
	14	程序中工艺参数正确		视严重性，不合理每处扣 1～4 分				
	15	加工工艺正确性		视严重性，不合理每处扣 1～4 分				
	16	程序完整		程序不完整扣 4～20 分				
工艺卡片 （10分）	17	工件定位、夹紧及刀具选择合理、加工顺序及刀具轨迹路线合理	10	酌情扣分				
机床操作	18	装夹、换刀操作熟练	否定项（倒扣分）	不规范每次扣 2 分				
	19	机床面板操作正确		误操作每次扣 2 分				
	20	进给倍率与主轴转速设定合理		不合理每次扣 2 分				
	21	加工准备与机床清理		不符合要求每次扣 2 分				
缺陷	22	工件缺陷、尺寸误差 0.5mm 以上，外形与图纸不符		倒扣 2～10 分/次				
文明生产	23	人身、机床、刀具安全		倒扣 5～20 分/次				

评估

在实施过程中各组出现的问题各不相同，有些问题组内讨论解决了，有些问题没有解决，也有些问题组内成员都没有意识到，老师引导各组就一些典型和隐性的问题进行讨论，见表 6-42。

表 6-42　评估

序号	问题	可能原因	后果	避免措施
1	表面粗糙度差	精加工参数不合理	工件表面质量差	合理选择精加工参数
2	撞刀	对刀不正确；调刀错误；程序不正确	零件损坏，刀具损坏，有可能发生工件飞出安全事故	对刀正确；正确调刀；程序编写要正确
3	尺寸不符合要求	测量不正确	报废	正确测量
4	加工形状与图纸不符	调用程序错误；程序错误	报废	加工前查看程序
5	总长不符合要求	两端面不平行，尺寸长或短	次品	装夹工件要校正
6	内螺纹不合格	螺纹底孔做大	废品	正确计算底孔直径，内测千分尺正确读数
7	ϕ36mm 外圆夹痕较深	工艺安排不合理	次品	合理安排工艺
8	左右不同轴，轮廓有缺陷	没校同轴度	次品	正确校正同轴度，左端 ϕ46mm 外圆右倒角 C1 放在右端加工，为防止同轴度误差产生的缺陷，倒角按 C2 加工，与左侧 ϕ46mm 外圆自然相交

思考与练习

编写图 6-16 所示零件加工程序。

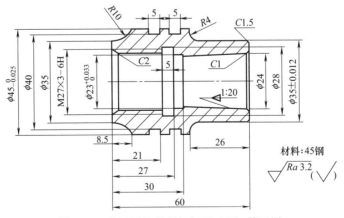

图 6-16　典型零件编程与加工（四）练习图

项目七
数控铣床/加工中心基本操作

任务一　数控铣床/加工中心面板功能认知

学习目标

1. 知识目标

（1）掌握 FANUC 0i Mate-MC 系统数控铣床面板功能。

（2）掌握 SIEMENS 802D 系统数控铣床面板功能。

2. 技能目标

会数控铣床面板操作。

资讯

一、FANUC 0i Mate-MC 操作面板功能

FANUC 0i Mate-MC 数控系统面板主要由三部分组成，即 CRT 显示屏、编辑面板及操作面板。

1. FANUC 0i Mate-MC 数控系统 CRT 显示屏及按键

FANUC 0i Mate-MC 数控系统 CRT 显示屏及按键见图 7-1。CRT 显示屏下方的软键，其功能是可变的。在不同的方式下，软键功能依据 CRT 画面最下方显示的软键功能提示，如图 7-2 所示。

2. FANUC 0i Mate-MC 数控系统编辑面板按键

FANUC 0i Mate-MC 数控系统编辑面板如图 7-3 所示，其各按键名称及用途见表 7-1、表 7-2。

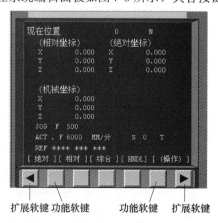

图 7-1　FANUC 0i Mate-MC 数控系统 CRT 显示屏

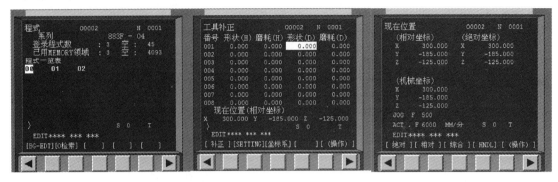

(a) 程序画面　　　　　　　(b) 刀偏/设定画面　　　　　　　(c) 位置画面

图 7-2　FANUC 0i Mate-MC 数控系统 CRT 显示屏各画面

图 7-3　FANUC 0i Mate-MC 数控系统编辑面板

表 7-1　FANUC 0i Mate-MC 数控系统主菜单功能键的符号和用途

序号	键符号	按键名称	用途
1	POS	位置键	荧屏显示当前位置画面,包括绝对坐标、相对坐标、综合坐标(显示绝对、相对坐标和余移量、运行时间、实际速度等)
2	PROG	程序键	荧屏显示程序画面,显示的内容由系统的操作方式决定。 ①在 AUTO(自动执行)或 MDI(manual data input 手动数据输入)方式下,显示程序内容、当前正在执行的程序段和模态代码、当前正在执行的程序段和下一个将要执行的程序段、检视程序执行或 MDI 程序。 ②在 EDIT(编辑)方式下,显示程序编辑内容、程序目录
3	OFFSET SETTING	刀偏设定键	荧屏显示刀具偏移值、工件坐标系等
4	SYS-TEM	系统键	荧屏显示参数画面、系统画面
5	MESS-AGE	信息键	荧屏显示报警信息、操作信息和软件操作面板
6	CUSTOM GRAPH	图形显示键	辅助图形画面,CNC 描述程序轨迹

表 7-2 FANUC 0i Mate-MC 数控系统功能键的符号和用途

序号	键符号	按键名称	用途
1	(Oₚ ~ 9꜀ 等 23 个键)	数字和字符键	每个键都至少包含字母、数字键各一个。在系统键入时会根据需要自行选择字母或数字
2	RESET	复位键	用于 CNC 复位或者取消报警等
3	HELP	帮助键	按此键用来显示如何操作机床,如 MDI 键的操作。可在 CNC 发生报警时提供报警的详细信息、帮助功能
4	SHIFT	换挡键	在有些键顶部有两个字符。按住此键来选择字符,当一个特殊字符 Λ 在屏幕上显示时,表示键面右下角的字符可以输入
5	INPUT	输入键	用来对参数键入、偏置量设定与显示页面内的数值输入
6	CAN	取消键	按此键可删除已输入到缓冲器的最后一个字符或符号
7	ALTER	替换键	替换光标所在的字
	INSERT	插入键	在光标所在字后插入
	DELETE	删除键	删除光标所在字,如光标为一程序段首的字则删除该段程序,此外还可删除若干段程序、一个程序或所有程序
8	↑ ← ↓ →	光标移动键	向程序的指定方向逐字移动光标
9	↑PAGE ↓PAGE	翻页键	向屏幕显示的页面向上、向下翻页
10	EOB E	分段键	该键是段结束符

3. FANUC 0i Mate-MC 数控系统操作面板按键及旋钮

FANUC 0i Mate-MC 数控系统操作面板如图 7-4 所示,其各按键或旋钮名称及用途见表 7-3。

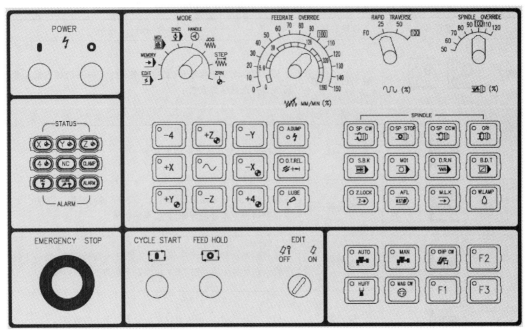

图 7-4　FANUC 0i Mate-MC 数控系统操作面板

表 7-3　FANUC 0i Mate-MC 系统机床控制面板各键和按钮的功能

序号	键、旋钮符号	键、旋钮名称	功能说明
1	EMERGENCY STOP	急停按钮	紧急情况下按下此按钮,机床停止一切运动
2	MODE DNC HANDLE MDI JOG MEMORY STEP EDIT ZRN	操作模式旋钮	用于选择一种工作模式: 编辑模式:用于编写、修改程序 自动加工模式:用于自动执行程序 MDI 录入模式:可输入一个程序段后立即执行,不需要完整的程序格式。用以完成简单的工作 DNC 模式:用于机床在线加工 手轮模式:选择相应的轴向及手轮进给倍率,实现旋动手轮来移动坐标轴 JOG 模式:按相应的坐标轴按钮来移动坐标轴,其移动速度取决于"进给倍率修调"值的大小 STEP 模式:启动脉冲运动功能。每次选择按下轴向键的一个按键,只会在选定的轴和方向移动一个选定的"脉冲步进当量"。因为机床有了手动脉冲,有些机床上该按钮无效 ZRN 回参考点模式:使各坐标轴返回参考点位置并建立机床坐标系

序号	键、旋钮符号	键、旋钮名称	功能说明
3	FEEDRATE OVERRDE ... MM/MIN(%)	进给倍率旋钮	按百分率强制调整进给的速度 外圈为修调分度率(%)：在 0～150% 的范围内，以每 10% 的增量，修调坐标轴移动速度 内圈为进给率分度：在点动模式下，在 0～1260mm/min 范围内调整坐标轴移动速度
4	RAPID TRAVERSE ... (%)	快速倍率旋钮	用于在 0～100% 的范围内，以每次 25% 的增量按百分率强制调整快速移动的速度
5	SPINDLE OVERRIDE ... (%)	主轴旋转倍率旋钮	可在 50%～120% 的范围内，以每次 10% 的增量调整主轴旋转倍率
6	-4 +Z -Y / +X ~ +X / +Y -Z +4	轴选择键及快速进给键	在 JOG 模式下按下某轴方向键即向指定的轴方向移动。每次只能按下一个按钮，且按下时，坐标就移动，松手即停止移动 在按下轴进给键的同时按下快速进给键，可向指定的轴方向快速移动(G00 进给)，即通常所说的"快速叠加"
7	○ S.B.K	单段执行键	在 AUTO、MDI 模式，选择该按键，启动单段执行程序功能。即运行完一个程序段后，机床进给暂停，再按下循环启动键，机床再执行下一个程序段
8	○ M01	选择停止键	在 AUTO 模式下，选择该按键，结合程序中的 M01 指令，程序执行将暂停，直到按下循环启动键才恢复自动执行程序
9	○ D.R.N	空运行键	在 AUTO 模式下，选择该按键，CNC 系统将按参数设定的速度快速执行程序。除 F 指令不执行外，程序中的所有指令都被执行
10	○ B.D.T	跳段执行键	在 AUTO 模式下，选择该按键，结合程序中的跳段符"/"，可越过所有含有"/"的程序段，执行后续的程序段

序号	键、旋钮符号	键、旋钮名称	功能说明
11	○ Z.LOCK Z→	Z轴锁键	在 AUTO 模式下,选择该按键,CNC 系统将执行加工程序而不输出 Z 轴控制信息,即 Z 轴的伺服元件无动作。该方式只能检查程序的语法错误,检查不出 NC 数据的错误
12	○ AFL M.S.T↗	辅助功能锁键	在 AUTO 模式下,选择该按键将使辅助功能指令无效
13	○ M.L.K →	伺服元件锁键	在 AUTO 模式下,选择该按键,CNC 系统将只执行加工程序而不输出控制信息,即所有的伺服元件无动作。该方式只能检查程序的语法错误,检查不出 NC 数据的错误,因此很少用到该功能
14	○ WLAMP	机床照明键	按此键使其指示灯亮为开机床照明灯,按此键使其指示灯灭为关机床照明灯
15	CYCLE START ▣	循环启动键	伺服在 AUTO、MDI 模式下,若按该按键,选定的程序、MDI 键入的程序段将自动执行
16	FEED HOLD ◉	进给保持键	在程序执行过程中,若按该按键,进给和程序执行立即停止,直到启用循环启动键
17	○ SP CW	主轴正转键	在 JOG 模式或手轮模式且主轴已经赋值过转速的情况下,启用该键,主轴正转。应该避免主轴直接从反转启动到正转,中间应该经过主轴停止转换
18	○ SP STOP	主轴停转键	在 JOG 模式或手轮模式下,启用该键,主轴将停止。手工更换刀具时,这个按键必须被启用
19	○ SP CCW	主轴反转键	在 JOG 模式或手轮模式且主轴已经赋值过转速的情况下,启用该键,主轴反转。应该避免主轴直接从正转启动到反转,中间应该经过主轴停止转换
20	○ MAG CW ◎	刀库正转键	按一下使刀库顺时针转动一个刀位(逆着 Z 轴正向看)。不要随意操作,如果刀库手动转动后使刀库实际到位与主轴当前刀位不一致,容易发生严重的撞刀事故
21	○ ORI	主轴准停按键	在 JOG 模式可以使主轴准确停止,停止角度可由系统参数设定
22	○ O.T.REL ↗←|	超程释放键	强制启动伺服系统,一般在机床超程时使用
23	○ LUBE ↗	机床润滑键	给机床加润滑油
24	○ AUTO ⚙	自动冷却键	在自动模式下,当程序中有 M08 给冷却液指令运行,则该键指示灯亮,若没有冷却液指令运行则该指示灯保持熄灭状态

续表

序号	键、旋钮符号	键、旋钮名称	功能说明
25	○ MAN	手动冷却键	在 JOG 模式、手轮模式或自动模式下，按此键使指示灯亮，则冷却液打开，按此键使指示灯灭，则冷却液关闭
26	EDIT OFF ON	程序保护锁	只有在关闭程序保护锁状态下，出现才可以进行程序的编辑、登录。图示为保护开状态
27	POWER	系统电源开关键	左边绿色按钮用于启动 NC 单元。右边红色按键用于关闭 NC 系统电源

二、SIEMENS（西门子）802D-MC 操作面板功能

SIEMENS（西门子）802D-MC 操作面板功能如图 7-5 所示。

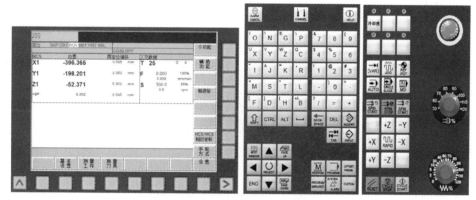

图 7-5　SIEMENS（西门子）802D-MC 操作面板功能

SIEMENS（西门子）802D-MC 数控操作面板功能如图 7-6 所示。其按键功能见表 7-4。

图 7-6　SIEMENS（西门子）802D-MC 数控操作面板功能

表 7-4 SIEMENS（西门子）802D-MC 数控操作面板各键和按钮的功能

按键	功能	按键	功能
 ALARM CANCEL	报警应答键	 CHANNEL	通道转换键
 HELP	信息键	 NEXT WINDOW	未使用
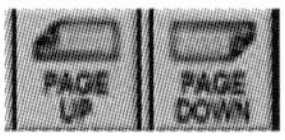 PAGE UP / PAGE DOWN	翻页键	 END	
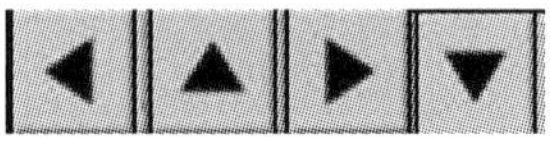 ◀ ▲ ▶ ▼	光标键	 SELECT	选择/转换键
 POSITION	加工操作区域键	 PROGRAM	程序操作区域键
 OFFSET PARAM	参数操作区域键	 PROGRAM MANAGER	程序管理操作区域键
 SYSTEM ALARM	报警/系统操作区域键	 CUSTOM	
 0	字母键 上档键转换对应字符	 7	数字键 上档键转换对应字符
 SHIFT	上挡建	 CTRL	控制键
 ALT	替换键		空格键
 BKSPACE	退格删除键	 DEL	删除键
 INSERT	插入键	 TAB	制表键
 INPUT	回车/输入键		

SIEMENS（西门子）802D-MC 机床操作面板功能如图 7-7 所示。其按键功能见表 7-5。

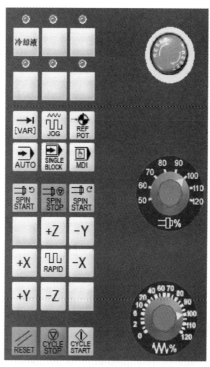

图 7-7　SIEMENS（西门子）802D-MC 机床操作面板功能

表 7-5　SIEMENS（西门子）802D-MC 机床操作面板功能各键和按钮的功能

按键	功能	按键	功能
	增量选择键		点动
	参考点		自动方式
	单段		手动数据输入
	主轴正转		主轴翻转
	主轴停		
	Z 轴点动		X 轴点动
	Y 轴点动		快进键
	复位键		数控停止
	数控启动		

按键	功能	按键	功能
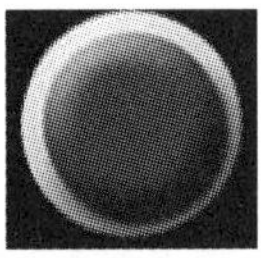	急停键		
	主轴速度修调		
	进给速度修调		

▌ 实施

1. 打开 FANUC 0i Mate 数控铣床，熟悉各种加工模式及功能。
2. 打开 SIEMENS（西门子）802D 数控铣床，熟悉各种加工模式及功能。

▌ 思考与练习

简述 FANUC 0i Mate 和 SIEMENS（西门子）802D 数控铣床各种加工模式及功能。

任务二　数控铣床/加工中心程序输入、编辑及模拟

▌ 学习目标

1. 知识目标

掌握程序输入、编辑和图形模拟方法。

2. 技能目标

（1）会数控程序输入。

（2）会进行程序内容的编辑处理。

（3）会进行图形模拟。

▌ 资讯

一、数控程序的输入

1. FANUC 0i Mate 系统程序的输入

（1）将程序保护锁调到开启状态，按 EDIT 键，选择编辑工作模式。

（2）按 PROG（程序）键，显示程序编辑画面或程序目录画面。如图 7-8 所示。

（3）输入新程序名如"O0010"，按"INSERT"，再按"EOB"和"INSERT"。

（4）程序段的输入是"程序段＋EOB"，然后"INSERT"，换行后继续输入程序。

具体详细过程是：主功能 EDIT（编辑）→PROG（程序）→程序名→INSERT（插入）→EOB→INSERT→程序段＋EOB→INSERT。

注：若程序在输入过程中出现错误可通过面板上的"DELETE"（删除）。

（5）按 CAN 可依次删除输入区最后一个字符，按【DIR】软键可显示数控系统中已有程序目录。

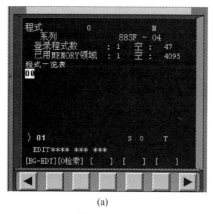
(a)

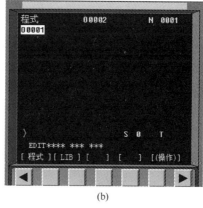
(b)

图 7-8　FANUC 0i Mate-MC 数控系统创建新程序操作

2. SIEMENS 802D 系统程序的输入

（1）选择数控编辑面板中程序管理操作区域键，出现图 7-9 所示的程序管理显示窗口，显示系统中所有程序目录。

（2）按显示屏右侧【新程序】软键，出现图 7-10 所示的新程序名输入提示对话框。新程序输入时不输入扩展名，即使用缺省扩展名". MPF"，子程序必须跟扩展名". SPF"。

（3）输入新程序名，按显示屏右下角【确认】软键后即出现程序窗口，按加工要求逐行输入程序。每输完一个程序段按回车键换行，继续程序的输入，如图 7-11 所示。在程序输入状态下，对钻削、铣削复合循环指令，可以使用对应软键（显示屏下方和右侧），打开相应复合循环指令参数输入窗口，输入数据，按【确认】生成加工程序。例：程序中需要输入 CYCLE81（10，0，3，－5，5），可在屏幕下方选择【钻削】对应软键后，按显示屏右侧出现的【钻中心孔】对应软键，在出现的 CYCLE81 参数输入界面输入相应参数（图 7-12），输完后按显示屏右侧【确认】软键，生成相应程序。输入的程序自动保存。

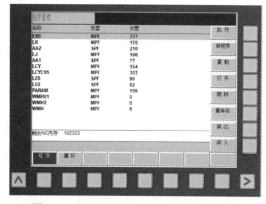

图 7-9　SIEMENS 802D 系统程序管理窗

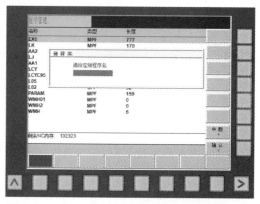

图 7-10　SIEMENS 802D 系统输入新程序名窗口

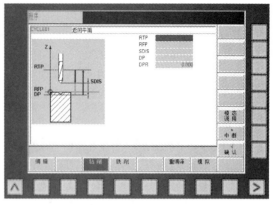

图 7-11　SIEMENS 802D 系统程序编辑窗　　图 7-12　SIEMENS 802D 系统循环指令参数输入窗口

二、程序编辑

1. FANUC 0i Mate 系统程序编辑

（1）打开程序　将程序保护锁调到开启状态—将操作模式旋钮旋至【编辑】模式—按【程序】键，按下软键【LIB】［如图 7-13（a）所示 CRT 显示区即将所有建立过的程序列出］—按地址键 O，输入程序号 0002（必须是系统已经建立过的程序号）—按向下方向键，打开程序［图 7-13（b）］。

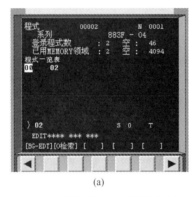

(a)　　　　　　　　　　　　　(b)

图 7-13　FANUC 0i Mate-MC 数控系统进入程序操作

（2）程序的字录入和修改　创建或进入一个新的程序——应用替换键、删除键、插入键、取消键等完成对程序的录入和修改，在每个程序段尾按分段键完成一段。

如图 7-14（a）所示在程序编辑模式编辑程序（O0002，将光标移到 G17 处输入"G18"，按下【替换键】则程序编辑结果为图 7-14（b）所示，此时光标在 G18 处—按【删除键】则程序编辑结果为图 7-14（c）所示，此时光标在"G40"处。

如图 7-14（d）所示，输入"G17"—按【插入键】则程序编辑结果为图 7-14（e）所示，【取消键】的功用是取消前面录入的一个字符。

（3）程序编辑的字检索　在编辑模式中打开某个程序——输入要检索的字，例如：检索"X37"——向上检索按下向上方向键，向下检索按下向下方向键，光标即停在字符 X37 位置。

注意：在检索程序的检索方向必须存在所检索的字符，否则系统将报警。

（4）程序的复制　拷贝一个完整的程序：将操作模式旋钮旋至编辑模式—按程序键—按软键【操作】—按软件扩展键—按软键【EX－EDT】—按软键【COPY】—按软键

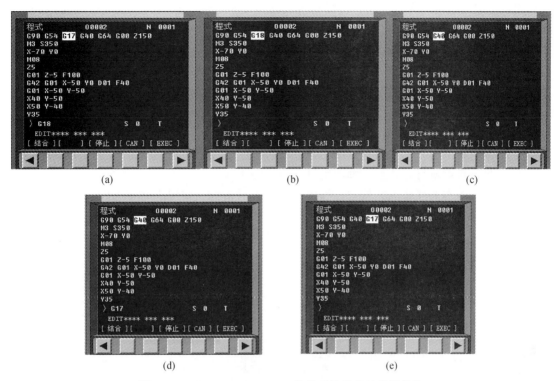

图 7-14　FANUC 0i Mate-MC 数控系统程序的编辑操作

【ALL】—输入新的程序名（只输数字部分）并按输入键—按软键【EXEC】。

拷贝程序的一部分：将操作模式旋钮旋至【编辑】模式—按【程序】键—按软键【操作】—按软件扩展键—按软件【EX－EDT】—按软键【COPY】—将光标移动到要拷贝范围的开头，按软键【CRSR～】—将光标移动到要拷贝范围的末尾，按软键【～CRSR】或【～BTTM】（如按【～BTTM】则不管光标的位置直到程序结束的程序都将被拷贝）—输入新的程序名（只输数字部分）并按输入键—按软件【EXEC】。

（5）程序的删除　删除一个完整的程序：将操作模式旋钮旋至【编辑】模式—按下软键【LIB】［如图 7-15（a）所示］—按【程序】键—键入地址键 O—键入要删除的程序号［如图 7-15（a）中键入 O0001］—按【删除】键，删除完成［结果如图 7-15（b）中所示］。

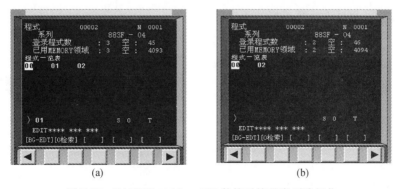

图 7-15　FANUC 0i Mate-MC 数控系统程序删除操作

删除内存中的所有程序：将操作模式旋钮旋至【编辑】模式—按下软键【LIB】—按【程序】键—键入地址键 O—键入"－9999"—按【删除】键，删除完成。

删除指定范围内的多个程序：将操作模式旋钮旋至【编辑】模式—按下软键【LIB】—按程序键—输入"OXXXX，OYYYY"（XXXX代表将要删除程序的起始程序号，YYYY代表将要删除程序的终止程序号）—按删除键即删除从 No XXXX—No YYYY 之间的程序。

2. SIEMENS 802D 系统程序编辑

（1）程序的查找与打开、删除、重命名、复制

① 在任何操作模式下，按程序管理操作区域键 PROGRAM MANAGER，出现程序管理窗口，显示所有程序目录。

② 按 ▲ ▼ 上下光标键查找程序名。

③ 按显示屏右侧【打开】软键即可打开指定程序。

④ 按显示屏右侧【删除】软键，弹出删除文件对话框，如图 7-16 所示，按显示屏右侧【确认】软键即可删除指定程序。

⑤ 按显示屏右侧【重命】软键，弹出指定新程序名对话框，如图 7-17 所示，按显示屏右侧【确认】软键即可重命名指定程序。

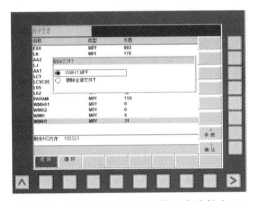

图 7-16 SIEMENS 802D 系统程序编辑窗口

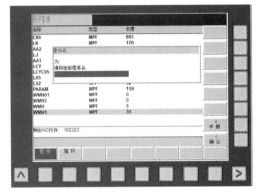

图 7-17 SIEMENS 802D 系统程序编辑窗口

⑥ 按显示屏右侧【复制】软键，弹出指定新文件名对话框，按显示屏右侧【确认】软键即可复制选定的程序。

（2）程序内容的编辑

① 按（1）中①②③步骤打开选定的程序。

② 按 ▲ ▼ 光标上下移动键查找要编辑的程序段。

③ 按 PAGE UP、PAGE DOWN 可翻页查找要编辑的程序段。

④ 按 ◀ ▶ 光标左右移动键，查找要编辑字的位置。

⑤ 直接输入要添加的程序字、地址、数据。

⑥ 按 BACK SPACE 键一次删除一位光标前的字符；连续按，可连续删除。

（3）程序段的复制与删除

① 程序编辑模式下，移动光标至所要复制的程序段前，选择显示屏右侧【标记程序段】软键，按光标键，逐字标记所要复制的程序段，标记的程序段上打上阴影，如图 7-18 所示。

② 选择显示屏右侧【复制程序段】软键，阴影消除。

图 7-18 SIEMENS 802D 系统标记程序段窗口

③ 移动光标至要粘贴的位置，按显示屏右侧【粘贴程序段】软键，完成复制。

④ 在步骤①的操作完成之后，按显示屏右侧【删除程序段】软键，完成标记程序段的删除。

三、刀具补偿的设定操作

1. FANUC 0i Mate-MC 系统刀具补偿的设定

按刀偏设定键—按软键【补正】，出现如图 7-19 所示画面—按光标移动键，将光标移至需要设定刀补的相应位置［如图 7-19（a）光标停在 D01 位置］—输入补偿量［如图 7-19（a）输入刀补值 6.1］—按输入键［结果如图 7-19（b）所示］。

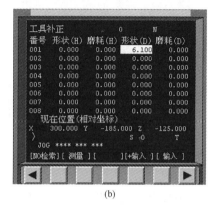

(a)　　　　　　　　　　　　　　　　　　(b)

图 7-19　FANUC 0i Mate-MC 数控系统刀补设定操作

2. SIEMENS 802D 系统刀具补偿的设定

按刀偏设定键—按光标移动键，将光标移至需要设定刀补的相应位置［如图 7-20（a）光标停在 1 号刀 D1 位置］—输入补偿量（输入刀补值 6.1）—结果如图 7-20（b）所示。

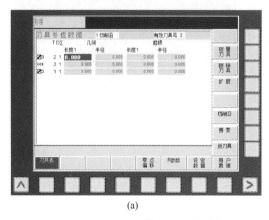
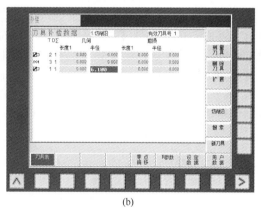

(a)　　　　　　　　　　　　　　　　　　(b)

图 7-20　SIEMENS 802D 数控系统刀补设定操作

四、程序模拟

在自动运行加工程序之前，需先对加工程序进行检查。检查可以采用机床锁住运行（该方式只能检查程序的语法错误，检查不出 NC 数据的错误，因此很少用到该功能）及空运行操作。

空运行操作中通过观察刀具的加工路径及其模拟轨迹，发现程序中存在的问题。空运行的进给是快速的，所以空运行操作前要实行刀具长度补偿。即将工件坐标系在 Z 轴方向抬高才能安全进行空运行操作，否则会以 G00 进给速度铣削，从而导致撞刀等事故！

1. 系统程序模拟

（1）操作步骤　抬刀及设置刀具补偿：按下刀偏设定键—按软键【（坐标系）】，进入如图 7-21（a）所示页面—确认光标停在番号 00 的 Z 坐标位置—输入 50，再按输入键［如图7-21（b）所示页面］即将工件坐标系在 Z 轴方向抬高 50mm。最后设置好刀具补偿参数。

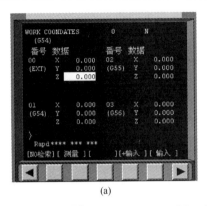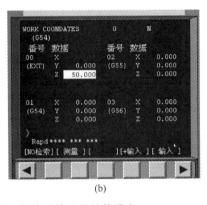

(a)　　　　　　　　　　(b)

图 7-21　FANUC 0i Mate-MC 数控系统刀具补偿设定

（2）启动程序空运行　按前面讲解的操作打开内存中的某个程序—按复位键使光标在程序开头位置—将操作模式旋钮旋至自动模式—按空运行键（如图 7-22 所示）。调整进给倍率到 2%～10%，按循环启动键，当程序执行过了 Z 轴的定位后，可将进给倍率恢复到 120%。

（3）检查程序　可以通过观察刀具的加工路径及其模拟轨迹（按图形画面显示键进入"图形显示"页面—按下软件【（参数）】，在该页面中设置图形显示的参数，设置好显示参数后按下软件【（图形）】即可进入加工程序模拟图形显示页面），观察程序的路径、程序是否正确。如有错误则反复修改、运行，直至路径、程序正确。

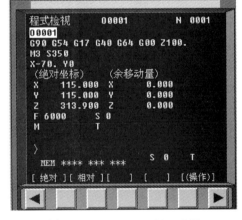

图 7-22　FANUC 0i Mate-MC
数控系统自动运行操作

2. 西门子系统程序模拟

（1）选择 [AUTO] 工作模式。

（2）按程序管理操作键 [PROGRAM MANAGER]。

（3）移动光标，选择要运行的程序名，按显示屏右侧【打开】软键，打开程序。

（4）选择显示屏下方【程序控制】软键。

（5）按显示屏右侧【程序测试】、【空运行进给】软键，打开程序测试、空运行进给功能。

（6）打开显示屏下方【模拟】软键。

（7）按循环启动键 [CYCLE START]，开始描绘图形。

（8）按显示屏右侧【程序测试】、【空运行进给】软键，关掉程序测试和空运行进给。

■ 实施

在数控铣床上输入程序，在进行程序检查时，可以通过图形显示功能来描绘刀具路径，具体操作步骤如下：

(1) 选择"编辑"方式。

(2) 按"PRGRM"键，输入程序。

(3) 选择"自动"方式。

(4) 按"锁定"键，进行机械锁定。

(5) 按"图形模拟"键。

(6) 按"循环启动"，开始描绘图形。

(7) 再按"锁定"键，进行机械锁定解除。

■ 思考与练习

1. 简述法那克系统和西门子系统程序输入步骤。

2. 简述法那克系统和西门子系统程序模拟步骤。

任务三　数控铣床/加工中心手动、手轮及 MDI 操作

■ 学习目标

1. 知识目标

掌握数控铣床回参考点、手动、手轮及 MDI（或 MDA）操作。

2. 技能目标

(1) 会数控铣床的开机、关机和回参考点的方法。

(2) 会数控铣床的手动、手轮及 MDI 操作。

■ 资讯

机床基本操作

1. 开机操作

打开机床总电源—按系统电源开键，直至 CRT 显示屏出现"NOT READY"提示后—旋开急停旋钮，当"NOT READY"提示消失后，开机成功。

注意：在开机前，应先检查机床润滑油是否充足，电源柜门是否关好，操作面板各按键是否处于正常位置，否则将可能影响机床正常开机。

2. 机床回零操作

将操作模式旋钮旋至回零模式—将快速倍率旋钮旋至最大倍率 100%—依次按＋Z、＋X、＋Y 轴进给方向键（必须先按＋Z，确保回零时不会使刀具撞上工件），待 CRT 显示屏中各轴机械坐标值均为零时（图 7-23），回零操作成功。

机床回零操作应注意以下几点：

① 当机床工作台或主轴当前位置接近机床零点或处于超程状态时，此时应采用手动模式，将机床工作台或主轴移至各轴行程中间位置，否则无法完成回零操作。

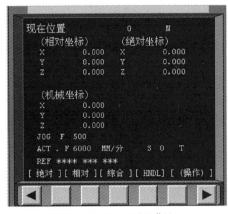
(a) FANUC 0i Mate 系统屏幕显示

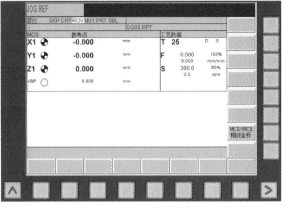
(b) SIEMENS 802D 系统屏幕显示

图 7-23 回参考点屏幕显示

② 机床正在执行回零动作时,不允许旋动操作模式旋钮,否则回零操作失败。

③ 回零操作做完后将操作模式旋钮旋至手动模式—依次按住各轴选择键－X、－Y、－Z,给机床回退一段约 100mm 的距离。

3. 关机操作

按下急停旋钮—按系统电源关键—关闭机床总电源,关机成功。

注意:关机后应立即进行加工现场及机床的清理与保养。

4. 手动模式操作

操作模式旋钮旋至手动(JOG)模式—分别按住各轴选择键＋Z、＋X、＋Y、－X、－Y、－Z 即可使机床向"键名"的轴和方向连续进给,若同时按快速移动键,则可快速进给—通过调节进给倍率旋钮、快速倍率旋钮,可控制进给、快速进给移动的快慢。

5. 手轮模式操作

(1) FANUC 0i Mate 系统手轮操作 操作模式旋钮旋至手轮模式—通过手轮上的轴向选择旋钮可选择轴向运动—顺时针转动手轮脉冲器,轴正移,反之,则轴负移—通过选择脉动量×1、×10、×100(分别是 0.001、0.01、0.1 毫米/格)来确定进给快慢。手轮构造见图 7-24。

(2) SIEMENS 802D 系统手轮操作 在(JOG)模式下,选择显示屏右侧【手轮方式】软键,如图 7-25 所示,弹出手轮机床坐标选择显示窗口,如图 7-26 所示,按显示屏右侧【X】【Y】或【Z】软键,选择需要的坐标轴,逆时针或顺时针方向转动手轮,就可实现 X、Y 或 Z 方向的"－""＋"向运动。刀架移动的快慢可选择增量选择按钮【VAR】,设置不同的单步移动增量来实现。手轮构造见图 7-27。

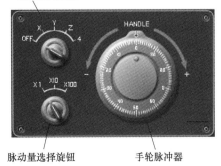

图 7-24 手轮面板

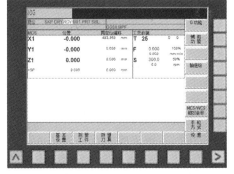

图 7-25 SIEMENS 802D 系统 JOG 模式窗口

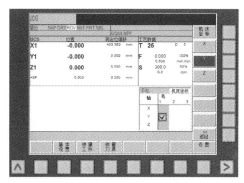

图 7-26 SIEMENS 802D 系统手轮坐标选择窗口

图 7-27 SIEMENS 802D 手轮旋钮面板

6. 手动数据模式（MDI 模式）

（1）FANUC 0i Mate 系统的 MDI 操作 将操作模式旋钮旋至 MDI 模式—按编辑面板上的程序键，选择程序屏幕—按下对应 CRT 显示区的软键【MDI】，系统会自动加入程序号 O0000—用通常的程序编辑操作编制一个要执行的程序，在程序段的结尾不能加 M30（在程序执行完毕后，光标将停留在最后一个程序段）。如图 7-28（a）中所示输入若干段程序，将光标移到程序首句，按循环启动键即可运行。

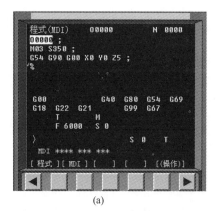

(a)

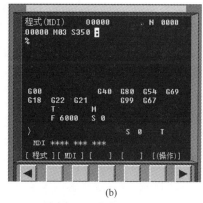

(b)

图 7-28 FANUC 0i Mate-MC 数控系统 MDI 操作

若只需在 MDI 输入运行主轴转动等单段程序，只需在程序号 O0000 后输入所需运行的单段程序光标位置停在末尾［如图中 7-28（b）所示］，按循环启动键循环启动键即可运行。

要删除在 MDI 方式中编制的程序可输入地址 O0000，然后按下 MDI 面板上的删除键或直接按复位键。

（2）SIEMENS 802D 系统的 MDI 操作 按 模式键，出现 MDI 窗口，如图 7-29 所示，在输入区输入要执行的程序，按循环启动键 即可运行。

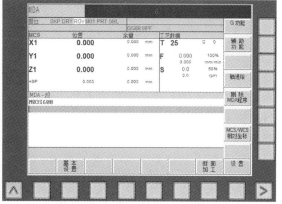

图 7-29 SIEMENS 802D MDI 窗口

▌实施

通过改变主功能模式，在数控铣床上进行手动、手轮、MDI（或 MDA）、回参考点操作。

（1）手动：X、Y、Z 三轴分别移动－100mm 左右。

（2）回参考点：分别按"＋Z""＋X""＋Y"方向键回机床参考点。

（3）手轮：通过选择脉动量，转动手轮脉冲器，让 X、Y、Z 三轴分别移动－100mm。

（4）MDI（或 MDA）：输入"M03 S600"，启动主轴正转。

▌思考与练习

1. 简述如何回参考点。

2. 手动快慢如何变速？

数控铣床对刀

任务四　数控铣床/加工中心对刀

▌学习目标

1. 知识目标

掌握工件坐标系及建立方法。

2. 技能目标

（1）会正确安装刀具和工件。

（2）会 FANUC 系统铣床对刀操作。

（3）会 SIEMENS 系统铣床对刀操作。

▌资讯

一、工件坐标系

1. 工件坐标系的概念

工件坐标系又称编程坐标系，是编程人员为方便编写数控程序而建立的坐标系，一般建立在工件上或零件图样上。工件坐标系的坐标方向与机床坐标系方向相同。

工件坐标系的建立通常是通过对刀操作来实施，将工件坐标系相对于机床坐标系的偏置量输入到机床的存储器内。一般数控机床可以预先存储 6 个工件坐

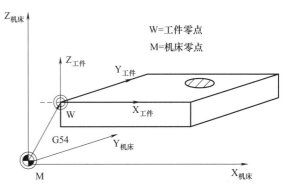

图 7-30　工件坐标系的偏置 G54

标系的偏置量（G54～G59），在程序中可以分别选取使用，以 G54 为例建立工件坐标系的偏置如图 7-30 所示。

工件坐标系的原点就是工件原点。在实际应用中，为了对刀和编程方便，工件原点通常选择在零件上表面上，并且对于形状对称的工件，原点设在几何中心处；对于一般零件，原点设在某一角点上，如图 7-31 所示。

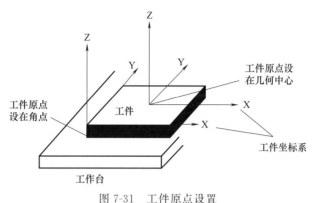

图 7-31　工件原点设置

二、工件的装夹

在数控铣床上加工工件时，常用的装夹方法有平口钳装夹、压板装夹、组合夹具装夹和专用夹具装夹。

1. 用平口钳装夹工件

采用平口钳装夹工件的方法，一般适合工件尺寸较小、形状比较规则、生产批量较小的情况。使用平口钳装夹工件时，应注意以下几个问题。

（1）使用前要使用千分表确认钳口与 X 轴或 Y 轴平行。

（2）工件底面不能悬空，否则工件在受到切削力时位置可能发生变化，甚至可能发生打刀事故。安装时可在工件底下垫上等高垫铁，等高垫铁厚度根据工件的安装高度情况选择。夹紧时应边夹紧边用铜棒或胶锤将工件敲实。

（3）需要加工通孔时，要注意垫铁的位置，防止在加工时加工到垫铁。

（4）在铣外轮廓时，要保证工件露出钳口部分足够高，以防止加工时铣到钳口。

（5）批量生产时，应将固定钳口面确定为基准面，与固定钳口面垂直方向可在工作台上固定一挡铁作为基准 。

2. 用压板装夹工件

采用压板装夹工件的方法，一般适合工件尺寸较大、工件底面较规则、生产批量较小的情况。使用压板装夹工件时，应注意以下几个问题。

（1）工件装夹时，要注意确定基准边的位置，并用千分表进行找正。

（2）需要加工通孔时，在工件底面要垫上等高垫铁，并要注意垫铁的位置，防止在加工时加工到垫铁。

（3）编程时，就要考虑压板的位置，避免加工时碰到压板。如果工件的整个上面或四周都需要加工时，可采用"倒压板"的方式进行加工，即先将压板附近的表面留下暂不加工，加工其他表面。其他表面加工完成后，在保证原压板不松开的情况下，在已加工过的表面再上一组压板并夹紧（如已加工表面怕划伤时，可在压板下面垫上铜皮），然后卸掉原压板，加工剩余表面。

（4）压板的位置要和垫铁的位置上下一一对应，以防止工件夹紧变形。

3. 用专用夹具和组合夹具装夹工件

采用专用夹具装夹工件的方法，适合生产批量较大的情况。合理地设计和利用专用夹具，可大大地提高生产效率和提高加工精度。

三、刀具的装夹

数控铣床的刀具一般通过刀柄自带的夹头进行装夹。在装夹时，在保证加工过程中不与工件及夹具干涉的情况下，应尽量使刀具伸出长度短一些，以提高加工时刀具的刚度。

四、 数控铣床对刀

在数控铣床上加工零件时，为了使对刀过程方便，通常工件坐标系的原点设在工件的几何中心或几何角点上，下面以工件原点设在工件的几何中心为例，说明常见的几种对刀方法。

1. 用寻边器和 Z 轴设定器对刀

寻边器主要用来确定工件坐标系原点在机床坐标系中的 X、Y 值，也可测量工件的简单尺寸。寻边器分为偏心式和光电式两种，其中以光电式寻边器比较常用（见图 7-32）。光电式寻边器的测头一般为直径 10mm 的钢球，用弹簧拉紧在光电式寻边器的测杆上，碰到工件时可以退让，并将电路导通，发出光迅信号，通过光电式寻边器的指示和机床坐标位置，即可得到被测表面的坐标位置。

图 7-32 光电式寻边器   图 7-33 Z 轴设定器

Z 轴设定器用于确定工件坐标系中的 Z 值（见图 7-33），有光电式和指针式等类型，通过光电指示或指针判断刀具与对刀器是否接触，对刀精度一般可达 0.005mm。Z 轴设定器带有磁性表座，可以牢固吸附在工件或者夹具上，其高度一般为 50mm 或 100mm。对刀时，将刀具的端刃与工件表面或 Z 轴设定器的测头接触，利用机床坐标的显示来确定对刀值。需要注意的是当使用 Z 轴设定器对刀时，要将 Z 轴设定器的高度考虑进去。

使用寻边器和 Z 轴设定器对刀过程如下。

（1）X 轴方向对刀

① 开机，回参考点；

② 点击操作面板中的手动按钮，机床进入手动模式；

③ 将寻边器装到机床主轴上，找正；

④ 分别按下"X""Y"或"Z"按钮选择坐标轴，再按住"＋"或"－"不放，可以选定坐标轴向正方向或负方向连续运动；

⑤ 按下"X"按钮，再按住"＋"或"－"不放，使寻边器接近工件的右边（见图 7-34），通过进给速度倍率按钮来调节进给速度；

⑥ 点击操作面板中的手动脉冲按钮，机床进入手动脉冲模式；

⑦ 通过将手轮上坐标选择的旋钮旋转在 X 位置选择 X 进给轴；

⑧ 通过将手轮上进给倍率旋钮依次旋转在×100、×10、×1 位置，反向摇动手轮手柄，要注意观察寻边器的指示灯，当指示灯亮表明位置合适，记下此时的坐标值 X_1；

⑨ 同理将寻边器移至工件左边位置（见图 7-34），用手轮操作使其接近工件，注意观察寻边器的指示灯，当指示灯亮表明位置合适，记下此时的坐标值 X_2；

⑩ 将（X_1+X_2）/2 所得的 X 坐标值输入到 G54 坐标系中既完成了 X 方向的对刀操作。

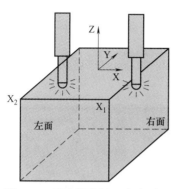

图 7-34　寻边器进行 X 方向对刀

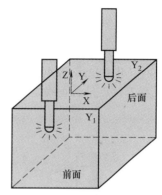

图 7-35　寻边器进行 Y 方向对刀

（2）Y 轴方向对刀

① 按照与 X 轴对刀相同的方法，将寻边器移动至工件前边位置，用手轮操作使其接近工件，注意观察寻边器的指示灯，当指示灯亮表明位置合适，记下此时的坐标值 Y_1。再将寻边器移动至工件后边位置，用手轮操作使其接近工件，注意观察寻边器的指示灯，当指示灯亮表明位置合适，记下此时的坐标值 Y_2（见图 7-35）。

② 将（Y_1+Y_2）/2 所得的 Y 坐标值输入到 G54 坐标系中即完成了 Y 方向的对刀操作。

（3）Z 轴方向对刀

① 将寻边器卸下来，将加工用的刀具装到机床主轴上，找正；

② 将高度为 50mm 的 Z 轴设定器吸附在工件的上表面上；

③ 点击操作面板中的手动按钮，机床进入手动模式；

④ 分别按下"$\boxed{X}$""$\boxed{Y}$"或"$\boxed{Z}$"按钮选择坐标轴，在按住"＋"或"－"不放，使刀具接近工件上表面，通过进给速度倍率按钮来调节进给速度；

⑤ 当刀具非常接近工件时，点击手动脉冲按钮，机床进入手动脉冲模式；

⑥ 通过将手轮上坐标选择的旋钮旋转在 Z 位置选择 Z 进给轴；

⑦ 通过将手轮上进给倍率旋钮依次旋转在×100、×10、×1 位置，摇动手轮手柄，要注意 Z 轴设定器的指示灯，当指示灯亮表明刀具已经与工件上表面接触，记下此时的坐标值 Z_1；

⑧ 将（Z_1-50）所得的 Z 坐标值输入到 G54 坐标系中，即完成了 Z 方向的对刀操作。

2. 试切对刀

（1）FANUC 0i Mate 系统对刀操作　在 REF 工作模式下依次按＋Z、＋X、＋Y 回参考点，在 MDI 工作模式下输入 M03 S600 指令，按$\boxed{\text{I}}$循环启动键，主轴刀具正转。切换成手轮（HNDL）模式，手轮方式移动机床依次确定 X、Y、Z 坐标，确定各轴原点。

① X 轴方向对刀（用刀具试切左面和右面）　用刀具试切工件左端面，注意观察切屑情况，一旦下屑表示刀具已经与工件左表面接触上，在相对坐标状态下，按$\boxed{X}$出现闪烁，按【起源】将该点 X 坐标"置零"，抬刀，用刀具试切工件右端面（见图 7-36），注意观察切屑情况，一旦下屑表示刀具已经与工件右表面接触上，记下相对坐标 X_1 值。按$\boxed{\substack{\text{OFSET}\\\text{SET}}}$→坐标系，将光标移动到 G54，输入 X 值为 $X_1/2$，按软键【测量】，X 坐标值就存储到 G54 坐标

系中，即完成了 X 方向的对刀操作（见图 7-37）。

② Y 轴方向对刀（用刀具试切前面和后面） 方法同 X 轴方向。

③ Z 轴方向对刀 将刀具试切工件上表面（见图 7-36），按 **OFSET SET** →坐标系，将光标移动到 G54，输入 Z_0，按软键【测量】，Z 坐标值就存储到 G54 坐标系中，即完成了 Z 方向的对刀操作（见图 7-37）。

④ 复检：MDI 方式→M03 S500；＋启动→G54 G00 X0 Y0；＋启动→G01 Z5 F300；＋启动→观察刀位点是否正确。

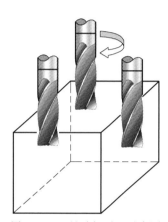

图 7-36 刀具试切对刀示意图

图 7-37 工件坐标系设定页面

（2）SIEMENS 802D 系统试切对刀操作

① 按参数操作区域键 **OFFSET PARAM**，进入参数设置界面，选择显示屏下方【（零点偏移）】软键，如图 7-38 所示，观察零点偏移值是否均为零（若不为零，移动光标至对应位置，输入 0 即可）。如图 7-39 所示。

② 在 MDI 工作模式下输入 M03 S600 指令，按循环启动键 ，使主轴转动（或手动方式下按 主轴正转按钮，使主轴转动）。

③ 按手动键 切换成手动（JOG）模式。

④ X 轴方向对刀（用刀具试切左面和右面）。用刀具试切工件左端面，注意观察切屑情

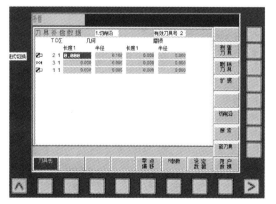

图 7-38 SIEMENS 802D 系统参数设置窗口

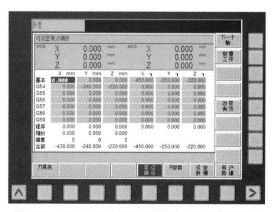

图 7-39 SIEMENS 802D 系统零点偏移参数设置

况，一旦下屑表示刀具已经与工件左表面接触上，依次按下【基本设置】【X＝0】对应的按钮，将该点 X 坐标"置零"，如图 7-40（a），抬刀，用刀具试切工件右端面（见图 7-36），注意观察切屑情况，一旦下屑表示刀具已经与工件右表面接触上，记下坐标 X_1 值，如图 7-40（b）所示。依次按下【测量工件】⊠对应的按钮，通过选择键 ◯ 选择存储位置为"G54"，向下移动光标键▼依次设置方向"＋"、位置到"$X_1/2$"，按下【计算】按钮，如图 7-40（b）所示。X 坐标值就存储到 G54 坐标系中，如图 7-41（b）所示。

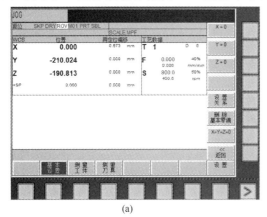 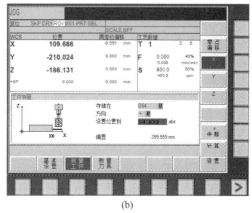

(a) (b)

图 7-40　SIEMENS 802D 系统 X 向对刀参数输入

⑤ Y 轴方向对刀（用刀具试切前面和后面）。方法同 X 轴方向。

⑥ Z 轴方向对刀。将刀具试切工件上表面，依次按下【测量工件】⊠对应的按钮，如图 7-41（a）所示，向下移动光标键▼，在设置位置到 Z_0 处输入 0，按下【计算】按钮。Z 坐标值就存储到 G54 坐标系中，如图 7-41（b）所示。

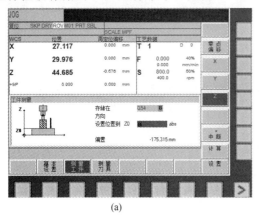 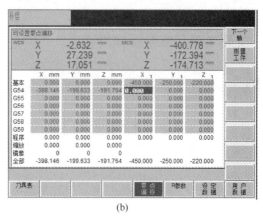

(a) (b)

图 7-41　SIEMENS 802D 系统 Z 向对刀参数输入

⑦ 复检：MDI 方式→M03 S500；＋启动→G54 G00 X0 Y0；＋启动→G01 Z5 F100；＋启动→观察刀位点是否正确。

▌ 实施

技能训练

1. 对刀准备

（1）开机、回参考点。

（2）装夹工件。

（3）装夹刀具。

2. 对刀

X、Y、Z 轴均采用试切法对刀，通过对刀操作把得到的数据输入到 G54 存储器中。对刀结束进行检验，检查刀位点位置和绝对坐标值是否一致。

▌ 思考与练习

1. 练习数控铣床工件的装夹。

2. 练习数控铣床刀具的装夹。

3. 练习数控铣床对刀。

任务五　数控铣床/加工中心文明生产及维护保养

▌ 学习目标

1. 知识目标

（1）掌握数控铣床安全操作规程和安全文明生产知识。

（2）了解数控铣床的日常维护及保养知识。

2. 技能目标

会数控铣床的日常维护及保养。

▌ 资讯

一、文明生产和安全操作规程

1. 文明生产

数控机床是一种自动化程度较高、结构较复杂的先进加工设备，为了充分发挥机床的优越性，提高生产效率，管好、用好、修好数控机床，技术人员的素质及文明生产显得尤为重要。操作人员除了要熟悉掌握数控机床的性能，做到熟练操作以外，还必须养成文明生产的良好工作习惯和严谨工作作风，具有良好的职业素质、责任心和合作精神。操作时应做到以下几点：

（1）严格遵守数控机床的安全操作规程。未经专业培训不得擅自操作机床。

（2）严格遵守上下班、交接班制度。

（3）做到用好、管好机床，具有较强的工作责任心。

（4）保持数控机床周围的环境整洁。

（5）操作人员应穿戴好工作服、工作鞋，不得穿、戴有危险性的服饰品。

2. 安全操作规程

（1）开机前的注意事项

① 操作人员必须熟悉该数控机床的性能、操作方法。经机床管理人员同意方可操作机床。

② 机床通电前，先检查电压、气压、油压是否符合工作要求。

③ 检查机床可动部分是否处于可正常工作状态。

④ 检查工作台是否有越位、超极限状态。

⑤ 检查电气元件是否牢固，是否有接线脱落。

⑥ 检查机床接地线是否和车间地线可靠连接（初次开机特别重要）。

⑦ 已完成开机前的准备工作后方可合上电源总开关。

（2）开机过程注意事项

① 严格按机床说明书中的开机顺序进行操作。一般情况下开机过程中必须先进行回机床参考点操作，建立机床坐标系。

② 开机后让机床空运转 15min 以上，使机床达到平衡状态。

③ 关机以后必须等待 5min 以上才可以进行再次开机，没有特殊情况不得随意频繁进行开机或关机操作。

（3）调试过程注意事项

① 编辑、修改、调试好程序。若是首件试切必须进行空运行，确保程序正确无误。

② 按工艺要求安装、调试好夹具，并清除各定位面的铁屑和杂物。

③ 按定位要求装夹好工件，确保定位正确可靠。不得在加工过程中发生工件松动现象。

④ 安装好所要用的刀具，若是加工中心，则必须使刀具在刀库上的刀位号与程序中的刀号严格一致。

⑤ 按工件上的编程原点进行对刀，建立工件坐标系。若用多把刀具，则其余各把刀具分别进行长度补偿或刀尖位置补偿。

⑥ 设置好刀具半径补偿。

⑦ 确认冷却液输出通畅，流量充足。

⑧ 再次检查所建立的工件坐标系是否正确。

⑨ 以上各点准备好后方可加工工件。

（4）加工过程注意事项

① 加工过程中，不得调整刀具和测量工件尺寸。

② 自动加工中，自始至终监视运转状态，严禁离开机床，遇到问题及时解决，防止发生不必要的事故。

③ 定时对工件进行检验，确定刀具是否磨损等情况。

④ 关机时，或交接班时对加工情况、重要数据等作好记录。

⑤ 机床各轴关机时远离其参考点，或停在中间位置，使工作台重心稳定。

⑥ 清理机床，必要时涂防锈漆。

二、数控机床的维护保养

数控机床的使用寿命和效率高低，不仅取决于机床本身的精度和性能，很大程度上也取决于它的正确使用和维修。正确的使用能防止设备非正常磨损，避免突发故障；精心的维护可使设备保持良好的技术状态，延迟老化进程，及时发现和消灭故障防患未然，防止恶性事故的发生，从而保障安全运行。也就是说，机床的正确操作与精心维护，是贯彻设备管理以预防为主的重要环节。

各类数控机床因其功能、结构及系统的不同，各具不同的特性。其维护保养的内容和规则也各有特色，具体应根据其机床种类、型号及实际使用情况，并参照该机床说明书的要求，制定和建立必要的定期、定级保养制度。下面列举一些常见、通用的日常维护保养要点。

1. 使机床保持良好的润滑状态

定期检查清洗自动润滑系统，添加或更换油脂、油液，使丝杠、导轨等各运动部位始终保持良好的润滑状态，降低机械磨损速度。

2．定期检查液压、气压系统

对液压系统定期进行油质化检，检查和更换液压油，并定期对各润滑、液压、气压系统的过滤器或过滤网进行清洗或更换，对气压系统还要注意经常放水。

3．定期检查电动机系统

对直流电动机定期进行电刷和换向器检查、清洗和更换，若换向器表面脏，应用白布沾酒精予以清洗；若表面粗糙，用细金相砂纸予以修整；若电刷长度为 10mm 以下时，予以更换。

4．适时对各坐标系轴进行超限位试验

由于切削液等原因使硬件限位开关产生锈蚀，平时又主要靠软件限位起保护作用。因此要防止限位开关锈蚀后不起作用，防止工作台发生碰撞，严重时会损坏滚珠丝杠，影响其机械精度。试验时只要按一下限位开关确认一下是否出现超程报警，或检查相应的 I/O 接口信号是否变化。

5．定期检查电气元件

检查各插头、插座、电缆、各继电器的触点是否接触良好，检查各印刷线路板是否干净。检查主变电器、各电机的绝缘电阻在 1MΩ 以上。平时尽量少开电气柜门，以保持电气柜内的清洁，定期对电气柜和有关电气元件的冷却风扇进行卫生清洁，更换其空气过滤网等。电路板上太脏或受湿，可能发生短路现象，因此，必要时对各个电路板、电气元件采用吸尘法进行卫生清扫等。

6．机床长期不用时的维护

数控机床不宜长期封存不用，购买数控机床以后要充分利用起来，尽量提高机床的利用率，尤其是投入的第一年，更要充分利用，使其容易出现故障的薄弱环节尽早暴露出来，使故障的隐患尽可能在保修期内得以排除。数控机床不用，反而由于受潮等原因加快电子元件的变质或损坏，如数控机床长期不用时要长期通电，并进行机床功能试验程序的完整运行。要求每 1～3 周通电试运行 1 次，尤其是在环境湿度较大的季节，应增加通电次数，每次空运行 1h 左右，以利用机床本身的发热来降低机内湿度，使电子元件不致受潮。同时，也能及时发现有无电池报警发生，以防系统软件、参数的丢失等。

7．更换存储器电池

一般数控系统内对 COMOS RAM 存储器器件设有可充电电池维持电路，以保证系统不通电期间保持其存储器的内容。在一般的情况下，即使电池尚未失效，也应每年更换一次，以确保系统能正常工作。电池的更换应在数控装置通电状态下进行，以防更换时 RAM 内信息丢失。

8．印刷线路板的维护

印刷线路板长期不用是很容易出故障的。因此，对于已购置的备用印刷线路板应定期装到数控装置上运行一段时间，以防损坏。

9．监视数控装置用的电网电压

数控装置通常允许电网电压在额定值的 +10%～-15% 的范围内活动，如果超出此范围就会造成系统不能正常工作，甚至会引起数控系统内电子元件的损坏。为此，需要经常监视数控装置用的电网电压。

10．定期进行机床水平和机械精度检查

机械精度的校正方法有软硬两种。其软方法主要是通过系统参数补偿，如丝杠反向间隙补偿、各坐标系定位精度定点补偿、机床回参考点位置校正等；其硬方法一般要在机床大修时进行，如进行导轨修刮、滚珠丝杠螺母预紧、调整反向间隙等。

11. 经常打扫卫生

如果机床周围环境太脏、粉尘太多，均可以影响机床的正常运行；电路板太脏，可能产生短路现象；油水过滤网、安全过滤网等太脏，会发生压力不够、散热不好，造成故障。所以必须定期进行卫生清扫。数控机床日常保养如表 7-6 所示。

表 7-6 数控铣床日常保养一览表

序号	检查周期	检查部位	检 查 要 求
1	每天	导轨润滑油箱	检查油量，及时添加润滑油，润滑油泵是否定时启动打油
2	每天	主轴润滑恒温油箱	工作是否正常，油量充足，温度范围是否合适
3	每天	机床液压系统	油箱油泵有无异常噪声，工作油面高度是否合适，压力表指示是否正常，管路及各接头有无泄漏
4	每天	压缩空气气源压力	气动控制系统压力是否在正常范围之内
5	每天	气源自动分水滤气器，自动空气干燥器	及时清理分水器中滤出的水分，保证自动空气干燥器工作正常
6	每天	气液转换器和增压器油面	油量不够时要及时补充
7	每天	X、Y、Z轴导轨面	清除切屑和脏物，检查导轨面有无划伤损坏，润滑油是否充足
8	每天	各防护装置	导轨、机床防护罩等是否齐全有效
9	每天	电气柜各散热通风装置	各电气柜中散热风扇是否工作正常，风道过滤网有无堵塞，及时清洗过滤器
10	每天	冷却油箱、水箱	随时检查液面高度，及时添加油（或水），太脏时要更换。清洗油箱（水箱）和过滤器
11	每周	各电气柜过滤网	清洗粘附的尘土
12	不定期	废油池	及时取走存积在废油池中的废油，避免溢出
13	不定期	排屑器	经常清理切屑，检查有无卡住等现象
14	半年	检查主轴驱动皮带	按机床说明书要求调整皮带的松紧程度
15	半年	各轴导轨上镶条、压紧滚轮	按机床说明书要求调整松紧状态
16	一年	检查或更换直流伺服电动机炭刷	检查换向器表面，去除毛刺，吹净炭粉，及时更换长度过短的炭刷，并应跑合后才能使用
17	一年	液压油路	清洗滤油器、油箱，过滤或更换液压油
18	一年	主轴润滑恒温油箱	清洗过滤器、油箱，更换润滑油
19	一年	润滑油泵，过滤器	清洗润滑油池，更换过滤器
20	一年	滚珠丝杠	清洗丝杠上旧的润滑脂，涂上新油脂

▊ 实施

技能训练

清理切屑，擦拭机床各导轨面，对数控铣床进行维护保养。

▊ 思考与练习

1. 简述数控铣床安全操作规程。
2. 试述数控铣床日常维护保养的内容。
3. 试述数控铣床日常操作有哪些注意事项。

项目八
平面铣削编程与加工

任务一　普通平面铣削加工

▌ 学习目标

1. 知识目标
熟悉数控铣床平面加工常用刀具。
2. 技能目标
(1) 会装夹工件、刀具。
(2) 会数控铣床基本操作。
(3) 会制订平面铣削加工工艺方案。

▌ 工作任务

完成如图 8-1 所示零件的上表面加工（其余表面已加工）。毛坯为 80mm×80mm× 22mm 长方块，材料为 45 钢。

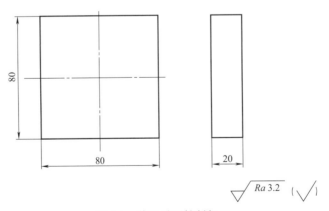

图 8-1　普通平面铣削加工

▌ 资讯

平面铣削的工艺知识

平面铣削通常是把工件表面加工到某一高度并达到一定表面质量要求的加工。
1. 平面铣削的加工方法
平面铣削的加工方法主要有周铣和端铣两种，如图 8-2 所示。

2. 平面铣削的刀具

（1）立铣刀　立铣刀的圆周表面和端面上都有切削刃，圆周切削刃为主切削刃，主要用来铣削台阶面。一般 $\phi20\sim\phi40$mm 的立铣刀铣削台阶面的质量较好。

（2）面铣刀　面铣刀的圆周表面和端面上都有切削刃，端部切削刃为主切削刃，主要用来铣削大平面，以提高加工效率。用面铣刀端铣有如下特点：

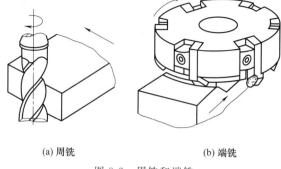

(a) 周铣　　　　　　(b) 端铣

图 8-2　周铣和端铣

① 用端铣的方法铣出的平面，其平面度的好坏主要取决于铣床主轴轴线与进给方向的垂直度。面铣刀加工时，它的轴线垂直于工件的加工表面。

② 端铣用的面铣刀其装夹刚性较好，铣削时振动较小。

③ 端铣时，同时工作的刀齿数比周铣时多，工作较平稳。这时因为端铣时刀齿在铣削层宽度的范围内工作。

④ 端铣用面铣刀切削，其刀齿的主、副切削刃同时工作，由主切削刃切去大部分余量，副切削刃则可起到修光作用，铣刀齿刃负荷分配也较合理，铣刀使用寿命较长，且加工表面的表面粗糙度值也比较小。

⑤ 端铣的面铣刀，便于镶装硬质合金刀片进行高速铣削和阶梯铣削，生产效率高，铣削表面质量也比较好。

一般情况下，铣平面时，端铣的生产效率和铣削质量都比周铣高，所以平面铣削应尽量用端铣方法。一般大面积的平面铣削使用面铣刀，小面积平面铣削也可使用立铣刀端铣。

3. 面铣刀的选用

面铣刀的圆周表面和端面上都有切削刃，端部切削刃为副切削刃。由于面铣刀的直径一般较大，为 $\phi50\sim\phi500$mm，故常制成套式镶齿结构，即将刀齿和刀体分开，刀体采用 40Cr 制作，可长期使用。硬质合金面铣刀与高速钢面铣刀相比，铣削速度较高、加工效率高、加工表面质量也较好，并可加工带有硬皮和淬硬层的工件，在数控面铣削时得到广泛应用。

（1）硬质合金可转位式面铣刀　硬质合金可转位式面铣刀（可转位式端铣刀），如图8-3所示。这种结构成本低，制作方便，刀刃用钝后，可直接在机床上转换刀刃和更换刀片。

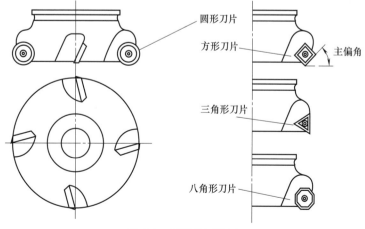

圆形刀片

方形刀片　　　主偏角

三角形刀片

八角形刀片

图 8-3　可转位面铣刀

可转位式面铣刀要求刀片定位精度高、夹紧可靠、排屑容易、更换刀片迅速等，同时各定位、夹紧元件通用性要好，制造要方便，降低成本，操作使用方便。

硬质合金面铣刀与高速钢面铣刀相比，铣削速度较高、加工效率高、加工表面质量也较好，并可加工带有硬皮和淬硬层的工件，在提高产品质量和加工效率等方面都具有明显的优越性。

（2）直径选用　平面铣削时，面铣刀直径尺寸的选择是重点考虑问题之一。

对于面积不太大的平面，宜用直径比平面宽度大的面铣刀实现单次平面铣削，平面铣刀最理想的宽度应为材料宽度的 1.3～1.6 倍。1.3～1.6 倍的比例可以保证切屑较好形成和排出。

对于面积太大的平面，由于受到多种因素（如机床功率、刀具和可转位刀片几何尺寸、安装刚度、每次切削的深度和宽度）的限制，面铣刀刀具直径不可能比加工平面宽度更大时，宜选用直径大小适当的面铣刀分多次走刀铣削平面。特别是平面粗加工时，切深大，余量不均匀，考虑到机床功率和工艺系统的受力，铣刀直径 D 不宜过大。

工件分散、较小面积的平面，可选用直径较小的立铣刀铣削。

面铣时，应尽量避免面铣刀刀具的全部刀齿参与铣削，即应该避免对宽度等于或稍微大于刀具直径的工件进行平面铣削。面铣刀整个宽度全部参与铣削（全齿铣削）会迅速磨损镶刀片的切削刃，并容易使切屑黏结在刀齿上。此外工件表面质量也会受到影响，严重时会造成镶刀片过早报废，从而增加加工的成本。

（3）面铣刀刀齿选用　面铣刀齿数对铣削生产率和加工质量有直接影响，齿数越多，同时参与切削的齿数也多，生产率高，铣削过程平稳，加工质量好，但要考虑到其负面的影响：刀齿越密，容屑空间小，排屑不畅。因此只有在精加工余量小和切屑少的场合用齿数相对多的铣刀。

可转位面铣刀的齿数根据直径不同可分为粗齿、细齿、密齿三种。粗齿铣刀主要用于粗加工；细齿铣刀用于平稳条件下的铣削加工；密齿铣刀的每齿进给量较小，主要用于薄壁铸铁的加工。

面铣刀主要以端齿为主加工各种平面。刀齿主偏角一般为 45°、60°、75°、90°，主偏角为 90°的面铣刀还能同时加工出与平面垂直的直角面，这个面的高度受到刀片长度的限制。

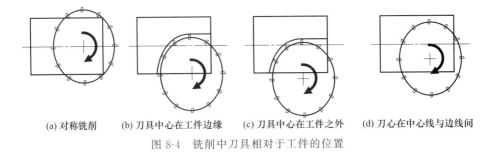

(a) 对称铣削　　(b) 刀具中心在工件边缘　(c) 刀具中心在工件之外　(d) 刀心在中心线与边线间

图 8-4　铣削中刀具相对于工件的位置

4. 平面铣削的路线设计

平面铣削中，刀具相对于工件的位置选择是否适当将影响到切削加工的状态和加工质量，现分析图 8-4 中面铣刀进入工件材料时的位置对加工的影响。

（1）刀心轨迹与工件中心线重合　如图 8-4（a）所示，刀具中心轨迹与工件中心线重合。单次平面铣削时，当刀具中心处于工件中间位置，容易引起颤振，从而影响到表面加工质量，因此，应该避免刀具中心处于工件中间位置。

（2）刀心轨迹与工件边缘重合　如图 8-4（b）所示，当刀心轨迹与工件边缘线重合时，切削镶刀片进入工件材料时的冲击力最大，是最不利于刀具寿命和加工质量的情况。因此应该避免刀心轨迹与工件边缘线重合。

（3）刀心轨迹在工件边缘外 如图 8-4（c）所示，刀心轨迹在工件边缘外，刀具刚刚切入工件时，刀片相对工件材料冲击速度大，引起碰撞力也较大。容易使刀具破损或产生缺口，基于此，拟定刀心轨迹时，应避免刀心在工件之外。

（4）刀心轨迹在工件边缘与中心线间 如图 8-4（d）所示，当刀心处于工件内时，已切入工件材料镶刀片承受最大切削力，而刚切入（撞入）工件的刀片将受力较小，引起碰撞力也较小，从而可延长镶刀片寿命，且引起的振动也小一些。

因此尽量让面铣刀中心在工件区域内。但要注意：当工件表面只需一次切削时，应避免刀心轨迹与工件表面的中心线重合。

由上分析可见：拟定面铣刀路时，应尽量避免刀心轨迹与工件中心线重合、刀心轨迹与工件边缘重合、刀心轨迹在工件边缘外的三种情况，刀心轨迹在工件边缘与中心线间是理想的选择。

再比较如图 8-5 所示两个刀路，虽然刀心轨迹在工件边缘与中心线间，但图 8-5（b）面铣刀整个宽度全部参与铣削，刀具容易磨损；图 8-5（a）所示的刀具铣削位置是合适的。

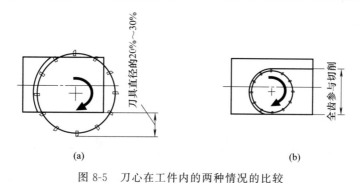

图 8-5 刀心在工件内的两种情况的比较

（5）大平面铣削时的刀具路线 单次平面铣削的一般规则同样也适用于多次铣削。由于平面铣刀直径的限制而不能一次切除较大平面区域内的所有材料，因此在同一深度需要多次走刀。

铣削大面积工件平面时，分多次铣削的刀路有好几种，如图 8-6 所示，最为常见的方法为同一深度上的单向多次切削和双向多次切削。

① 单向多次切削粗精加工的路线设计 如图 8-6（a）、（b）为单向多次切削粗精加工的路线设计。

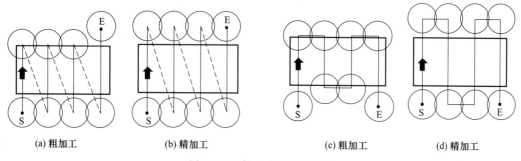

(a) 粗加工   (b) 精加工   (c) 粗加工   (d) 精加工

图 8-6 面铣的多次切削刀路

单向多次切削时，切削起点在工件的同一侧，另一侧为终点的位置，每完成一次工作进给的切削后，刀具从工件上方快速点定位回到与切削起点在工件的同一侧，这是平面精铣削时常用的方法，频繁的快速返回运动导致效率很低，但这种刀路能保证面铣刀的切削总是顺铣。

② 双向来回（Z 形）切削　双向来回切削也称为 Z 形切削，如图 8-6（c）、（d）所示，显然它的效率比单向多次切削要高，但它在面铣刀改变方向时，刀具要从顺铣方式改为逆铣方式，从而在精铣平面时影响加工质量，因此平面质量要求高的平面精铣通常并不使用这种刀路，但常用于平面铣削的粗加工。

为了安全起见，刀具起点和终点设计时，应确保刀具与工件间有足够的安全间隙。

5. 平面铣削的切削参数

（1）背吃刀量（端铣）或侧吃刀量（圆周铣）的选择　背吃刀量和侧吃刀量的选取主要由加工余量和对表面质量的要求决定。

① 在要求工件表面粗糙度值 Ra 为 $12.5\sim25\mu m$ 时，如果圆周铣的加工余量小于 5mm，端铣的加工余量小于 6mm，粗铣一次进给就可以达到要求。但余量较大、数控铣床刚性较差或功率较小时，可分两次进给完成。

② 在要求工件表面粗糙度值 Ra 为 $3.2\sim12.5\mu m$ 时，可分粗铣和半精铣两步进行，粗铣的背吃刀量与侧吃刀量取一样值。粗铣后留 $0.5\sim1mm$ 的余量，在半精铣时完成。

③ 在要求工件表面粗糙度值 Ra 为 $0.8\sim3.2\mu m$ 时，可分为粗铣、半精铣和精铣三步进行。半精铣时背吃刀量与侧吃刀量取 $1.5\sim2mm$，精铣时，圆周侧吃刀量可取 $0.3\sim0.5mm$，端铣背吃刀量取 $0.5\sim1mm$。

（2）进给速度 v_f 的选择　进给速度 v_f 与每齿进给量 f_z 有关。

$$v_f = nzf_z$$

式中，n 为转速，z 为模数。

每齿进给量参考切削用量手册或表 8-1 选取。

表 8-1　每齿进给量

工件材料	每齿进给量/(mm/z)			
	粗铣		精铣	
	高速钢铣刀	硬质合金铣刀	高速钢铣刀	硬质合金铣刀
钢	0.1～0.15	0.10～0.25	0.02～0.05	0.10～0.15
铸铁	0.12～0.20	0.15～0.30		

（3）切削速度　表 8-2 为铣削速度 v_c 的推荐范围。

表 8-2　不同材料铣削速度

工件材料	硬度（HBS）	切削速度 v_c/(m/min)	
		高速钢铣刀	硬质合金铣刀
钢	<225	18～42	66～150
	225～325	12～36	54～120
	325～425	6～21	36～75
铸铁	<190	21～36	66～150
	190～260	9～18	45～90
	260～320	4.5～10	21～30

实际编程中，切削速度确定后，还要计算出主轴转速，其计算公式为：

$$n = 1000v_c/(\pi D)$$

式中，v_c——切削线速度，m/min；

n——为主轴转速，r/min；

D——刀具直径，mm。

计算的主轴转速最后要参考机床说明书查看机床最高转速是否能满足需要。

计划

根据加工任务，制订零件加工计划，见表 8-3。

表8-3　计划

序号	工作内容	工具	注意事项	操作人
1	装工件	平口钳、垫块	工件底面不能悬空	AB
2	装刀具	刀柄	主轴抬高装刀	CD
3	零件加工	游标卡尺		EF
4	打扫机床,整理实训场地,量具摆放整齐	打扫工具	无	全体

决策

根据计划,由组长进行人员任务分工,见表8-4。

表8-4　决策

序号	人员	分工
1	全体	工艺分析,编写加工程序
2	AB	输入程序,检验程序正确性,模拟图形
3	CD	准备刀具、量具、工件
4	EF	装刀,装工件,对刀,零件加工
5	CD	零件检测

实施

一、加工工艺的确定

1. 分析零件图样

该零件主要是平面的加工,尺寸精度为自由公差,表面粗糙度为 $Ra3.2\mu m$,没有形位公差项目的要求,整体加工要求不高。

2. 工艺分析

(1) 加工方案的确定　根据图样加工要求,上表面的加工方案采用端铣刀粗铣→精铣完成。

(2) 确定装夹方案　加工上表面时,可选用平口虎钳装夹,工件上表面高出钳口10mm左右。

(3) 确定加工工艺　加工工艺见表8-5。

表8-5　数控加工工序卡片

数控加工工序卡片			产品名称	零件名称		材料	零件图号
						45钢	图8-1
工序号	程序编号	夹具名称	夹具编号	使用设备		车间	
		虎钳					
工步号	工步内容		刀具号	主轴转速/(r/min)	进给速度/(mm/min)	背吃刀量/mm	侧吃刀量/mm	备注
1	粗铣上表面		T01	250	300	1.5	80	
2	精铣上表面		T01	400	160	0.5	80	

(4) 进给路线的确定　铣上表面的走刀路线如图8-6所示,台阶面略。

(5) 刀具及切削参数的确定　刀具及切削参数见表8-6。

表8-6　数控加工刀具卡

数控加工刀具卡片		工序号	程序编号	产品名称	零件名称	材料	零件图号
						45钢	图8-1
序号	刀具号	刀具名称	刀具规格/mm		补偿值/mm		刀补号		备注
			直径	长度	半径	长度	半径	长度	
1	T01	端铣刀(8齿)	φ125	实测					硬质合金

（6）工具量具选用　加工所需工具、量具见表 8-7。

表 8-7　工具量具清单

种类	序号	名称	规格	单位	数量
工具	1	平口钳	QH150	个	1
	2	扳手		把	1
	3	平行垫铁		副	1
	4	橡皮锤		个	1
量具	1	游标卡尺	0～150mm	把	1
	2	深度游标卡尺	0～200mm	把	1
	3	百分表及表座	0～10mm	个	1
	4	表面粗糙度样板	$Ra0.8～6.3$	套	1

二、技能训练

1. 主轴正转

在平面铣削前，先要设置刀具正转。具体有如下三种方法：

（1）选择"MDI"方式，输入指令"M03 S300"，再按"启动"键。

（2）选择"JOG"方式，按"主轴正转"键。

（3）选择"HND"方式，按"主轴正转"键。

注：如机床刚通电，只能先选择"MDI"方式设置主轴正转。

2. 工件对刀

面铣刀对刀时，由于刀具直径大于工件宽度，因此可以只对工件 Z 向进行对刀。

3. 平面加工

在平面铣削时可采用如下几种方式加工：

（1）选择"MDI"方式，输入指令"G91 G01 X－120 F300；""G91 G01 X＋120 F300；"再按"启动"键。

（2）选择"JOG"方式，按"－X"键和"＋X"键，通过调节进给倍率旋钮控制加工速度。

（3）选择"HND"方式，按轴向选择旋钮选 X 轴和正负方向，通过选择脉动量×1、×10、×100（分别是 0.001、0.01、0.1 毫米/格）来确定进给快慢。

▌评估

在实施过程中各组出现的问题各不相同，老师引导各组就一些典型和隐性的问题进行讨论，见表 8-8。

表 8-8　评估

序号	问题	可能原因	后果	避免措施
1	表面粗糙度差	精加工参数不合理	工件表面质量差	合理选择精加工参数
2	盘刀刀片损坏	铣得太深	发生干涉现象，刀片损坏，其他地方啃表面	平面铣削深度不能超过 1mm

▌思考与练习

1. 数控铣床有哪几种方法执行主轴正转？

2. 数控铣床平面铣削的刀具有哪些？

3. 编写图 8-7 所示零件的上表面铣削加工程序。

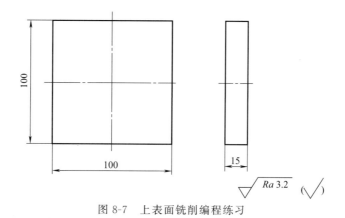

图 8-7　上表面铣削编程练习

任务二　台阶面铣削编程与加工

▌学习目标

1. 知识目标

（1）掌握 G90、G91、G20、G21、G00、G01 指令格式及其应用。

（2）掌握台阶面零件的程序编制。

2. 技能目标

（1）制订平面铣削加工工艺方案。

（2）会数控铣床铣削台阶面。

▌工作任务

完成图 8-8 所示零件的上表面及台阶面加工（其余表面已加工）。毛坯为 100mm×80mm×32mm 长方块，材料为 45 钢。

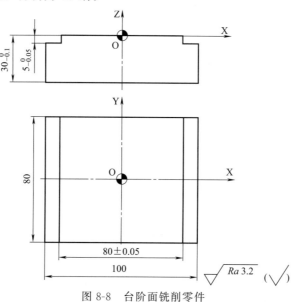

图 8-8　台阶面铣削零件

▌资讯

平面铣削常用编程指令

1. 绝对编程指令 G90 与增量编程指令 G91

绝对编程：指机床运动部件的坐标尺寸值相对于坐标原点给出。

增量编程：指机床运动部件的坐标尺寸值相对于前一位置给出。

格式：G90/G91　G __　X __　Y __　Z __；

功能：G90——绝对坐标尺寸编程；G91——增量坐标尺寸编程。

说明：① G90 与 G91 后的尺寸字地址只能用 X、Y、Z。

② G90 与 G91 均为模态指令，可相互注销。其中 G90 为机床开机的默认指令。

③ G90、G91 可用于同一程序段中，但要注意其顺序所造成的差异。

例：如图 8-9 所示，使用 G90、G91 编程，要求刀具由原点按顺序移动到 1、2、3 点。

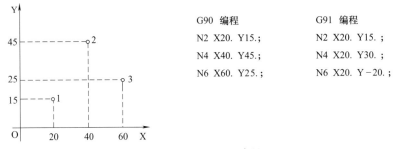

G90 编程

N2 X20. Y15.；

N4 X40. Y45.；

N6 X60. Y25.；

G91 编程

N2 X20. Y15.；

N4 X20. Y30.；

N6 X20. Y−20.；

图 8-9　G90、G91 编程

2. 快速点定位指令 G00

（1）指令功能　指令控制刀具以点位控制的方式快速移动到目标位置，其移动速度由参数来设定。指令执行开始后，刀具沿着各个坐标方向同时按参数设定的速度移动，最后减速到达终点。如图 8-10（a）所示。注意：在各坐标方向上有可能不是同时到达终点。刀具移动轨迹是几条线段的组合，不是一条直线。在 FANUC 系统中，运动总是先沿 45°角直线移动，最后再在某一轴单向移动至目标点位置，如图 8-10（b）所示。编程人员应了解所使用的数控系统的刀具移动轨迹情况，以避免加工中可能出现的碰撞。

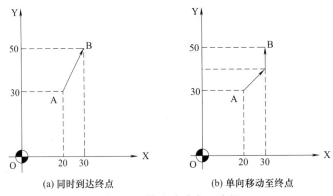

(a) 同时到达终点　　(b) 单向移动至终点

图 8-10　快速移动走刀路径

（2）格式　G00 X __　Y __　Z __；

（3）说明

① X、Y、Z 为终点坐标；

② G00 为模态指令；

（4）注意

① 刀具运动轨迹不一定为直线。

② 运动速度由系统参数给定。

③ 用此指令时不切削工件。

例：如图 8-10 所示，从 A 点到 B 点快速移动的程序段为：G90 G00 X30 Y50；G00 指令中的快进速度，由机床参数对各轴分别设定，不能用程序规定。快移速度可由机床操作面板上的进给修调旋钮修正。

3. 直线插补指令 G01

（1）指令功能　指令用于产生按指定进给速度 F 实现的空间直线运动。

（2）格式　G01 X __ Y __ Z __ F __；

（3）说明

① X、Y、Z 为直线终点坐标；

② F 为进给速度；

③ G01 为模态指令，如果后续的程序段不改变加工的线型，可以不再书写这个指令；

④ 程序段指令刀具从当前位置以联动的方式，按程序段中 F 指令所规定的合成进给速度沿直线（联动直线轴的合成轨迹为直线）移动到程序段指定的终点，刀具的当前位置是直线的起点，为已知点。

例：图 8-10（a）中从 A 点到 B 点的直线插补运动，其程序段为：

绝对方式编程：G90 G01 X30. Y50. F100；

增量方式编程：G91 G01 X10. Y20. F100；

计划

根据加工任务，制订零件加工计划，见表 8-9。

表 8-9　计划

序号	工作内容	工具	注意事项	操作人
1	加工工艺分析，确定切削路线	参考书	无	全体
2	编写加工程序	参考书	无	全体
3	输入程序、图形模拟	机床	无	AB
4	装工件	平口钳、垫块	工件底面不能悬空	CD
5	装刀具	刀柄	主轴抬高装刀	AB
6	零件加工	铣刀、千分尺、游标卡尺	关安全防护门	EF
7	零件检测	千分尺	无	CD
8	打扫机床，整理实训场地，量具摆放整齐	打扫工具	无	全体

决策

根据计划，由组长进行人员任务分工，见表 8-10。

表 8-10　决策

序号	人员	分 工
1	全体	工艺分析，编写加工程序
2	AB	输入程序，检验程序正确性，模拟图形
3	CD	准备刀具、量具、工件
4	EF	对刀、零件加工
5	CD	零件检测

■ 实施

一、加工工艺的确定

1. 分析零件图样

该零件包含了平面、台阶面的加工，尺寸精度约为 IT10，表面粗糙度全部为 $Ra3.2\mu m$，没有形位公差项目的要求，整体加工要求不高。

2. 工艺分析

（1）加工方案的确定　根据图样加工要求，上表面的加工方案采用端铣刀粗铣→精铣完成，台阶面用立铣刀粗铣→精铣完成。

（2）确定装夹方案　加工上表面、台阶面时，可选用平口虎钳装夹，工件上表面高出钳口 10mm 左右。

（3）确定加工工艺　加工工艺见表 8-11。

表 8-11　数控加工工序卡片

数控加工工序卡片		产品名称	零件名称		材料	零件图号
					45 钢	图 8-9
工序号	程序编号	夹具名称	夹具编号	使用设备		车　间
		虎钳				
工步号	工步内容		刀具号	主轴转速 /(r/min)	进给速度 /(mm/min)	背吃刀量 /mm	侧吃刀量 /mm	备注
1	粗铣上表面		T01	250	300	1.5	80	
2	精铣上表面		T01	400	160	0.5	80	
3	粗铣台阶面		T02	350	100	4.5	9.5	
4	精铣台阶面		T02	450	80	0.5	0.5	

（4）进给路线的确定　铣上表面的走刀路线同前，台阶面如图 8-11 所示。

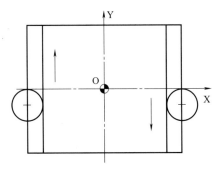

图 8-11　铣削台阶时的刀具进给路线

（5）刀具及切削参数的确定　刀具及切削参数见表 8-12。

表 8-12　数控加工刀具卡

数控加工 刀具卡片		工序号	程序编号	产品名称		零件名称		材　料	零件图号
								45	图 8-9
序号	刀具号	刀具名称	刀具规格/mm		补偿值/mm		刀补号		备注
			直径	长度	半径	长度	半径	长度	
1	T01	端铣刀	$\phi125$	实测					硬质合金
2	T02	立铣刀	$\phi20$	实测					高速钢

（6）工具量具选用　加工所需工具、量具见表 8-13。

表 8-13 工具量具清单

种类	序号	名称	规格	单位	数量
工具	1	平口钳	QH150	个	1
	2	扳手		把	1
	3	平行垫铁		副	1
	4	橡皮锤		个	1
量具	1	游标卡尺	0～150mm	把	1
	2	深度游标卡尺	0～200mm	把	1
	3	外径千分尺	75～100mm	把	1
	4	百分表及表座	0～10mm	个	1
	5	表面粗糙度样板	Ra0.08～6.3	组	1

二、参考程序编制

1. 工件坐标系的建立

以图 8-9 所示的上表面中心作为 G54 工件坐标系原点。

2. 基点坐标计算（略）

3. 参考程序

（1）上表面加工　上表面加工使用面铣刀，以法那克系统为例，其参考程序见表 8-14，西门子就程序名不一样，其他相同。

表 8-14　上表面加工程序

程　序	说　明
O6002； （GG5686. MPF）	FANUC 0i Mate 程序名 （SIEMENS 802D 系统程序名）
N10 G90 G54 G00 X120 Y0；	建立工件坐标系,快速进给至下刀位置
N20 M03 S250；	启动主轴,主轴转速 250r/min
N30 Z50 M08；	主轴到达安全高度,同时打开冷却液
N40 G00 Z5；	接近工件
N50 G01 Z0.5 F100；	下到 Z0.5 面
N60 X－120 F300；	粗加工上表面
N70 Z0 S400；	下到 Z0 面,主轴转速 400r/min
N80 X120 F160；	精加工上表面
N90 G00 Z50 M09；	Z 向抬刀至安全高度,并关闭冷却液
N100 M05；	主轴停
N110 M30；	程序结束

（2）台阶面加工　台阶面加工使用立铣刀，其法那克系统参考程序见表 8-15，西门子就程序名不一样，其他相同。

表 8-15　台阶面加工程序

程　序	说　明
O6003； （GG6688. MPF）	FANUC 0i Mate 程序名 （SIEMENS 802D 系统程序名）
N10 G90 G54 G00 X－50.5 Y－60；	建立工件坐标系,快速进给至下刀位置
N20 M03 S350；	启动主轴
N30 Z50 M08；	主轴到达安全高度,同时打开冷却液
N40 G00 Z5；	接近工件
N50 G01 Z－4.5 F100；	下刀,Z－4.5
N60 Y60；	粗铣左侧台阶
N70 G00 X50.5；	快进至右侧台阶起刀位置

续表

程　序	说　明
N80 G01 Y－60;	粗铣右侧台阶
N90 Z－5 S450;	下刀 Z－5
N100 X50;	走至右侧台阶起刀位置
N110 Y60 F80;	精铣右侧台阶
N120 G00 X－50;	快进至左侧台阶起刀位置
N130 G01 Y－60;	精铣左侧台阶
N140 G00 Z50 M09;	抬刀,并关闭冷却液
N150 M05;	主轴停
N160 M30;	程序结束

三、技能训练

1. 加工准备

(1) 阅读零件图,准备工件材料、工量刃具。

(2) 开机,复位,机床回参考点。

(3) 输入并检查程序。

(4) 模拟加工程序。

(5) 安装夹具,紧固工件。将平口钳安装在工作台上,百分表校正钳口,工件用垫块垫起,高于钳口 10mm 左右,校平工件上表面并夹紧。

(6) 安装刀具。该工件使用了 2 把刀具,注意不同类型的刀具安装到相应的刀柄中。

2. 对刀,设定工件坐标系

X、Y 向对刀通过试切法分别对工件 X、Y 向进行对刀操作,得到 X、Y 零偏值输入 G54 中。Z 向对刀利用试切法测得工件上表面的 Z 数值,输入 G54 中。

3. 自动加工

(1) "EDIT"方式下选择调用待加工程序,调至程序首句。

(2) 选择"MEM"方式,调好进给倍率、主轴倍率,检查"空运行""机床锁定"键应处于关闭状态。

(3) 按下"循环启动"按钮进行自动加工。

4. 注意事项

(1) 零件加工过程中可通过"位置""程序""图形"等界面观察加工状态。

(2) 粗加工切削时,可采用"单段加工",熟练后再采用连续加工。

(3) 加工时应关好机床防护门。

(4) 如有意外事故发生,可按暂停、复位、急停键。

▌ 检查

零件加工结束后进行检测。检测结果写在表 8-16 中。

▌ 评估

在实施过程中各组出现的问题各不相同,有些问题组内讨论解决了,有些问题没有解决,也有些问题组内成员都没有意识到,老师引导各组就一些典型和隐性的问题进行讨论,见表 8-17。

表 8-16　评分表

班级			姓名			学号		
任务			(数铣)台阶面铣削加工			零件图编号		图 8-9
基本检查		序号	检测内容			配分	学生自评	教师评分
	编程	1	切削加工工艺制订正确			10		
		2	切削用量选择合理			10		
		3	程序正确、简单、规范			20		
	操作	4	设备操作、维护保养正确			5		
		5	安全、文明生产			5		
		6	刀具选择、安装正确、规范			10		
		7	工件找正、安装正确、规范			5		
工作态度		8	行为规范、纪律表现			5		
尺寸精度		9	80 ± 0.05			8		
		10	$5_{-0.05}^{0}$			10		
		11	$30_{-0.1}^{0}$			5		
		12	其余尺寸			2		
表面粗糙度		13	$Ra\,3.2$			5		
		综合得分				100		

表 8-17　评估

序号	问题	可能原因	后果	避免措施
1	表面粗糙度差	精加工参数不合理	工件表面质量差	合理选择精加工参数
2	撞刀	对刀不正确;程序不正确	零件损坏,刀具损坏	对刀正确;程序编写要正确
3	尺寸不符合要求	测量不正确	报废	正确测量

思考与练习

1. 常用数控铣床程序指令有哪几类？各有何功能？

2. G00、G01 指令格式如何？有何区别？

3. 编写图 8-12 所示零件的上表面和台阶面的铣削程序。

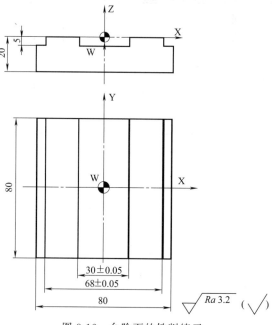

图 8-12　台阶面的铣削练习

项目九
外轮廓编程与加工

任务一 直线外轮廓的编程与加工

■ 工作任务

完成如图 9-1 所示凸模板的轮廓铣削加工，毛坯为 80mm×80mm×22mm 长方块，四周及底面已加工。材料为 45 钢。

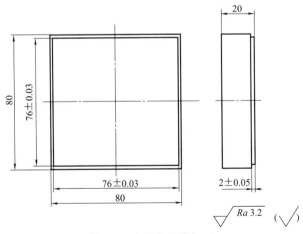

图 9-1 直线外轮廓加工

■ 资讯

一、轮廓铣削加工工艺知识

1. 顺铣与逆铣
在加工中铣削分为逆铣与顺铣，当铣刀的旋转方向和工件的进给方向相同时称为顺铣，相反时称为逆铣，如图 9-2 所示。

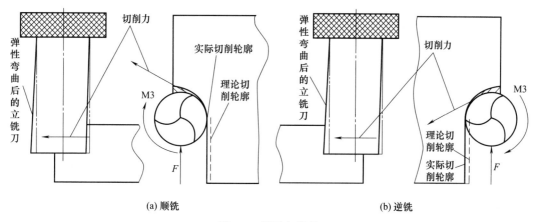

(a) 顺铣 (b) 逆铣

图 9-2 顺铣与逆铣

逆铣时刀齿开始切削工件时的切削厚度比较小，导致刀具易磨损，并影响已加工表面。顺铣时刀具的耐用度比逆铣时提高 2～3 倍，刀齿的切削路径较短，比逆铣时的平均切削厚度大，而且切削变形较小，但顺铣不宜加工带硬皮的工件。由于工件所受的切削力方向不同，粗加工时逆铣比顺铣要平稳。

对于立式数控铣床所采用的立铣刀，装在主轴上相当于悬臂梁结构，在切削加工时刀具会产生弹性弯曲变形，如图 9-2 所示。当用铣刀顺铣时，刀具在切削时会产生让刀现象，即切削时出现"欠切"，如图 9-2（a）所示；而用铣刀逆铣时，刀具在切削时会产生啃刀现象，即切削时出现"过切"现象，如图 9-2（b）所示。这种现象在刀具直径越小、刀杆伸出越长时越明显，所以在选择刀具时，从提高生产率、减小刀具弹性弯曲变形的影响这些方面考虑，应选大的直径，但不能大于零件凹圆弧的半径；在装刀时刀杆尽量伸出短些。

2. 轮廓铣削的进退刀方式

铣削平面类零件外轮廓时，刀具沿 X、Y 平面的进退刀方式通常有三种。

（1）垂直方向进、退刀　如图 9-3 所示，刀具沿 Z 向下刀后，垂直接近工件表面，这种方法进给路线短，但工件表面有接痕。

（2）直线切向进、退刀　如图 9-4 所示，刀具沿 Z 向下刀后，从工件外直线切向进刀，切削工件时不会产生接痕。

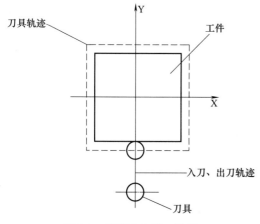

图 9-3 垂直方向进、退刀

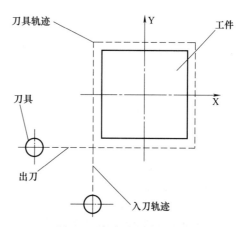

图 9-4 直线切向进、退刀

（3）圆弧切向进、退刀　如图 9-5 所示，刀具沿圆弧切向切入、切出工件，工件表面没有接刀痕迹。

3. 刀具的选择

加工平面外轮廓通常选用立铣刀见图 9-6，刀具半径 r 应小于零件内轮廓面的最小曲率半径 R，一般取 $r=(0.8\sim0.9)R$。

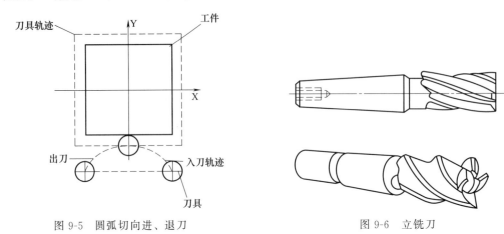

图 9-5　圆弧切向进、退刀　　　　　图 9-6　立铣刀

二、刀具半径补偿指令

1. 刀具半径补偿功能

在编制数控铣床轮廓铣削加工程序时，为了编程方便，通常将数控刀具假想成一个点（刀位点），认为刀位点与编程轨迹重合。但实际上由于刀具存在一定的直径，使刀具中心轨迹与零件轮廓不重合，如图 9-7 所示。这样，编程时就必须依据刀具半径和零件轮廓计算刀具中心轨迹，再依据刀具中心轨迹完成编程，但如果人工完成这些计算将给手工编程带来很多的不便，甚至当计算量较大时，也容易产生计算错误。为了解决这个加工与编程之间的矛盾，数控系统为我们提供了刀具半径补偿功能。

数控系统的刀具半径补偿功能就是将计算刀具中心轨迹的过程交由数控系统完成，编程员假设刀具半径为零，直接根据零件的轮廓形状进行编程，而实际的刀具半径则存放在一个刀具半径偏置寄存器中。在加工过程中，数控系统根据零件程序和刀具半径自动计算刀具中心轨迹，完成对零件的加工。

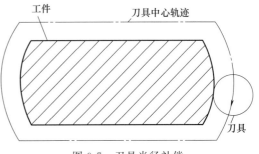

图 9-7　刀具半径补偿

2. 刀位点

刀位点是代表刀具的基准点，也是对刀时的注视点，一般是刀具上的一点。常用刀具的刀位点如图 9-8 所示。

3. 刀具半径补偿指令

G41 与 G42 的判断方法是假设工件不动，沿刀具运动方向看，刀具在零件左侧为刀具半径左补偿，用 G41 表示；刀具在工件右侧为刀具半径右补偿，用 G42 表示。

（1）刀具半径补偿指令格式

① 建立刀具半径补偿指令格式

指令格式：

$$\begin{Bmatrix} G17 \\ G18 \\ G19 \end{Bmatrix} \begin{Bmatrix} G41 \\ G42 \end{Bmatrix} \begin{Bmatrix} G00 \\ G01 \end{Bmatrix} \quad X\_\_Y\_\_Z\_\_D\_\_ ;$$

式中　G17～G19——坐标平面选择指令；

　　　　G41——左刀补，如图9-9（a）所示；

　　　　G42——右刀补，如图9-9（b）所示；

　　X、Y、Z——建立刀具半径补偿时目标点坐标；

　　　　D——刀具半径补偿号。

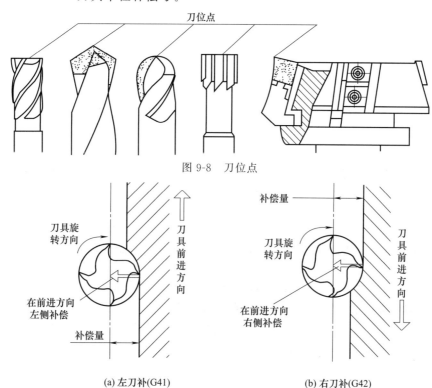

图 9-8　刀位点

（a）左刀补(G41)　　　　　　（b）右刀补(G42)

图 9-9　刀具补偿方向

② 取消刀具半径补偿指令格式

指令格式：

$$\begin{Bmatrix} G17 \\ G18 \\ G19 \end{Bmatrix} G40 \begin{Bmatrix} G00 \\ G01 \end{Bmatrix} \quad X\_\_Y\_\_Z\_\_ ;$$

式中　G17～G19——坐标平面选择指令；

　　　　G40——取消刀具半径补偿功能。

（2）刀具半径补偿的过程　如图9-10所示刀具半径补偿的过程分为三步：

① 刀补建立　刀心轨迹从与编程轨迹重合过渡到与编程轨迹偏离一个偏置量的过程。

② 刀补进行　刀具中心始终与编程轨迹相距一个偏置量直到刀补取消。

③ 刀补取消　刀具离开工件，刀心轨迹要过

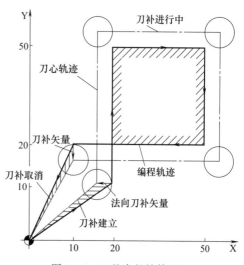

图 9-10　刀具半径补偿过程

渡到与编程轨迹重合的过程。

例：使用刀具半径补偿功能完成如图 9-10 所示轮廓加工的编程。

参考程序如下：

```
O5001;
N10 G90 G54 G00 X0 Y0 M03 S500;
N20 G00 Z50.0;                    （安全高度）
N30 Z10;                          （参考高度）
N40 G01 Z-10 F100;                （下刀）
N50 G41 X20 Y10 D01 F50;          （建立刀具半径补偿）
N60 Y50;
N70 X50;
N80 Y20;
N90 X10;
N100 G40 X0 Y0 M05;               （取消刀具半径补偿）
N110 G00 Z50;                     （抬刀到安全高度）
N120 M30;                         （程序结束）
```

（3）使用刀具补偿的注意事项　在数控铣床上使用刀具补偿时，必须特别注意其执行过程的原则，否则往往容易引起加工失误甚至报警，使系统停止运行或刀具半径补偿失效等。

① 刀具半径补偿的建立与取消只能 G01、G00 来实现，不得用 G02 和 G03。

② 建立和取消刀具半径补偿时，刀具必须在所补偿的平面内移动，且移动距离应大于刀具补偿值。

③ D00～D99 为刀具补偿号，D00 意味着取消刀具补偿（即 G41/G42 X __ Y __ D00 等价于 G40）。刀具补偿值在加工或试运行之前须设定在补偿存储器中。

④ 加工半径小于刀具半径的内圆弧时，进行半径补偿将产生刀具干涉，只有过渡圆角 $R \geq$ 刀具半径 r + 精加工余量的情况才能正常切削。

⑤ 在刀具半径补偿模式下，如果存在有连续两段以上非移动指令（如 G90、M03 等）或非指定平面轴的移动指令，则有可能产生过切现象。

例：如图 9-11 所示，起始点在（X0，Y0），高度在 50mm 处，使用刀具半径补偿时，由于接近工件及切削工件要有 Z 轴的移动，如果 N40、N50 句连续 Z 轴移动，这时容易出现过切削现象。

```
O5002
N10 G90 G54 G00 X0 Y0 M03 S500
N20 G00 Z50                       （安全高度）
N30 G41 X20 Y10 D01               （建立刀具半径补偿）
N40 Z10
N50 G01 Z-10.0 F50                （连续两句 Z 轴移动，此时会产生过切削）
N60 Y50
N70 X50
N80 Y20
N90 X10
N100 G00 Z50                      （抬刀到安全高度）
N110 G40 X0 Y0 M05               （取消刀具半径补偿）
```

N120 M30

以上程序在运行 N60 时，产生过切现象，如图 9-11 所示。其原因是当从 N30 刀具补偿建立后，进入刀具补偿进行状态后，系统只能读入 N40、N50 两段，但由于 Z 轴是非刀具补偿平面的轴，而且又读不到 N60 以后程序段，也就做不出偏移矢量，刀具确定不了前进的方向，此时刀具中心未加上刀具补偿而直接移动到了无补偿的 P1 点。当执行完 N40、N50 后，再执行 N60 段时，刀具中心从 P1 点移至交点 A，于是发生过切。

为避免过切，可将上面的程序改成下述形式来解决。

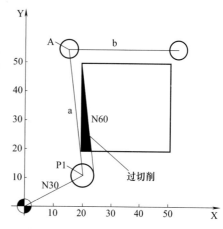

图 9-11　刀具半径补偿的过切现象

O5003

N10 G90 G54 G00 X0 Y0 M03 S500

N20 G00 Z50　　　　　　　　　　　（安全高度）

N30 Z10

N40 G41 X20 Y10 D01　　　　　　　（建立刀具半径补偿）

N50 G01 Z－10.0 F50　　　　　　　（连续两句 Z 轴移动，此时会产生过切削）

N60 Y50

...

（4）刀具半径补偿的应用　　刀具半径补偿除方便编程外，还可利用改变刀具半径补偿值的大小的方法，实现利用同一程序进行粗、精加工。即：

粗加工刀具半径补偿＝刀具半径＋精加工余量

精加工刀具半径补偿＝刀具半径＋修正量

① 因磨损、重磨或换新刀而引起刀具半径改变后，不必修改程序，只需在刀具参数设置中输入变化后的刀具半径。如图 9-12 所示，1 为未磨损刀具，2 为磨损后刀具，只需将刀具参数表中的刀具半径 r_1 改为 r_2，即可适用同一程序。

② 同一程序中，同一尺寸的刀具，利用半径补偿，可进行粗、精加工。如图 9-13 所示，刀具半径为 r，精加工余量为 Δ。粗加工时，输入刀具半径 $D＝r＋\Delta$，则加工出点画线轮廓；精加工时，用同一程序，同一刀具，但输入刀具半径 $D＝r$，加工出实线轮廓。

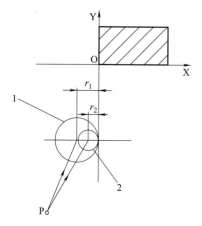

图 9-12　刀具半径变化，程序不变

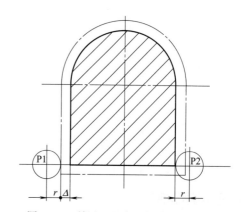

图 9-13　利用刀具半径补偿进行粗精加工

▌计划

根据加工任务，制订零件加工计划，见表9-1。

表9-1 计 划

序号	工作内容	工具	注意事项	操作人
1	加工工艺分析,确定切削路线	参考书	无	全体
2	编写加工程序	参考书	无	全体
3	输入程序、图形模拟	机床	无	AB
4	装工件	平口钳、垫块	工件底面不能悬空	CD
5	装刀具	刀柄	主轴抬高装刀	AB
6	零件加工	铣刀、千分尺、游标卡尺	关安全防护门	EF
7	零件检测	千分尺	无	CD
8	打扫机床,整理实训场地,量具摆放整齐	打扫工具	无	全体

▌决策

根据计划，由组长进行人员任务分工，见表9-2。

表9-2 决 策

序号	人员	分 工
1	全体	工艺分析,编写加工程序
2	AB	输入程序,检验程序正确性,模拟图形
3	CD	准备刀具、量具、工件
4	EF	对刀、零件加工
5	CD	零件检测

▌实施

一、加工工艺的确定

1. 分析零件图样

该零件包含了平面、外轮廓的加工，尺寸精度约为 IT10，表面粗糙度全部为 $Ra3.2\mu m$，没有形位公差项目的要求，整体加工要求不高。

2. 工艺分析

（1）加工方案的确定 根据图样加工要求，上表面的加工方案采用端铣刀粗铣→精铣完成，外轮廓用立铣刀粗铣→精铣完成。

（2）确定装夹方案 该零件六个面已进行过预加工，较平整，所以用平口虎钳装夹即可。将平口钳装夹在铣床工作台上，用百分表校正。工件装夹在平口钳上，底部用等高垫块垫起，并伸出钳口5～10mm。

（3）确定加工工艺 加工工艺见表9-3。

（4）进给路线的确定 铣上表面的走刀路线同前，铣削外轮廓的走刀路线如图9-4。

（5）刀具及切削参数的确定 刀具及切削参数见表9-4。

（6）工具量具选用 加工所需工具量具见表9-5。

二、参考程序编制

工件编程原点选在工件上表面的对称中心处，即与设计基准重合。法那克系统参考程序见表9-6，西门子就程序名不一样，其他相同。

表9-3 数控加工工序卡片

数控加工工序卡片		产品名称	零件名称		材料		零件图号	
					45钢		图9-1	
工序号	程序编号	夹具名称	夹具编号	使用设备			车 间	
		虎钳						
工步号	工步内容		刀具号	主轴转速 /(r/min)	进给速度 /(mm/min)	背吃刀量 /mm	侧吃刀量 /mm	备注
1	粗铣上表面		T01	250	300	1.5	80	
2	精铣上表面		T01	400	160	0.5	80	
3	粗铣外轮廓		T02	350	100	1.5	1.7	
4	精铣外轮廓		T02	500	80	0.5	0.3	

表9-4 数控加工刀具卡

数控加工 刀具卡片		工序号	程序编号	产品名称	零件名称	材 料		零件图号
						45钢		图9-1
序号	刀具号	刀具名称	刀具规格/mm		粗加工刀补		精加工刀补	备注
			直径	长度	半径(D01)	长度(H01)	半径(D01) 长度(H01)	
1	T01	端铣刀	φ90	实测				硬质合金
2	T02	立铣刀	φ16	实测	8.3	0.5	实测 实测	高速钢

表9-5 工具量具清单

种类	序号	名称	规格	单位	数量
工具	1	平口钳	QH150	个	1
	2	扳手		把	1
	3	平行垫铁		副	1
	4	橡皮锤		个	1
量具	1	游标卡尺	0～150mm	把	1
	2	深度游标卡尺	0～200mm	把	1
	3	外径千分尺	70～100mm	把	1
	4	百分表及表座	0～10mm	个	1
	5	表面粗糙度样板	Ra0.08～6.3	套组	1

表9-6 参考程序

FANUC 0i Mate	SIEMENS 802D	程序说明
O2222;	WY568.MPF	程序名
G17 G21 G40 G54 G90;	G17 G71 G40 G54 G90 T1	设置初始状态
M03 S500;	M03 S500	启动主轴,精加工时设为600r/min
Z100.0;	Z100.0	安全高度
G00 X−38.0 Y−60.0;	G00 X−38.0 Y−60.0 D1	移动至下刀点上方
G01 Z10.0 F500	G01 Z10.0 F500	
G01 Z−2.0 F80 M08;	G01 Z−2.0 F80 M08	下刀,冷却液开
G41 X−38.0 Y−50.0 D01;	G41 X−38.0 Y−50.0	建立刀具半径补偿
Y38;	Y38	直线加工到Y38点
X38;	X38	直线加工到X38点
Y−38;	Y−38	直线加工到Y−38点
X−42;	X−42	直线加工到X−42点
G40 X−50.0 F200;	G40 X−50.0 F200	取消刀具半径补偿
Z10.0;	Z10.0	取消刀具长度补偿
G00 Z100.0;	G00 Z100.0	抬刀
M30;	M30	程序结束

三、技能训练

1. 加工准备

(1) 阅读零件图，准备工件材料、工量刃具。

(2) 开机，复位，机床回零。

(3) 输入并检查程序。

(4) 模拟加工程序。

(5) 安装夹具，紧固工件。将平口钳安装在工作台上，百分表校正钳口，工件用垫块垫起，高于钳口 5mm 左右，校平工件上表面并夹紧。

(6) 安装刀具。该工件使用了 2 把刀具，注意不同类型的刀具安装到相应的刀柄中。

2. 对刀，设定工件坐标系及刀具补偿

X、Y 向对刀通过试切法分别对工件 X、Y 向进行对刀操作，得到 X、Y 零偏值输入 G54 中。Z 向对刀利用试切法测得工件上表面的 Z 数值，输入 G54 中。刀具半径补偿应分别在粗、精加工时设置到相应的刀补形状及磨耗中。见表 9-7。

表 9-7 刀具半径、长度补偿参数设定示例

项目	D01	H01
粗加工	8.3	0.5
精加工	实测（如测量尺寸为 76.7，输入 -0.35 按"+输入"即可）	实测（如测量尺寸为 -1.55，输入 -0.45，按"+输入"即可）

3. 自动加工

(1) "EDIT"方式下选择调用待加工程序，调至程序首句。

(2) 选择"MEM"方式，调好进给倍率、主轴倍率，检查"空运行""机床锁定"键应处于关闭状态。

(3) 按下"循环启动"按钮进行自动加工。

4. 注意事项

(1) 由于工件没有重新装卸，因此在精加工换刀后只需要对刀具进行 Z 轴对刀即可。

(2) 粗加工切削时，仍可采用"单段加工"，精加工再采用连续加工。

(3) 实际操作加工可先将进给倍率修调为 0%，再慢慢调大，避免撞刀。

(4) 加工前如使用机床锁定功能（没有重新"回零"），应在加工前再进行"回零"操作。

▌ 决策

零件加工结束后进行检测。检测结果写在表 9-8 中。

▌ 评估

在实施过程中各组出现的问题各不相同，有些问题组内讨论解决了，有些问题没有解决，也有些问题组内成员都没有意识到，老师引导各组就一些典型和隐性的问题进行讨论，见表 9-9。

▌ 知识链接

轮廓加工中应避免进给停顿，否则会在轮廓表面留下刀痕；若在被加工表面范围内垂直下刀和抬刀，也会划伤表面。

为提高工件表面的精度和减小粗糙度，可以采用多次走刀的方法，精加工余量一般以 0.2～0.5mm 为宜。

表 9-8 评分表

班级			姓名		学号		
任务			直线外轮廓编程与加工		零件图编号		图 9-1
基本检查		序号	检测内容		配分	学生自评	教师评分
	编程	1	切削加工工艺制订正确		10		
		2	切削用量选择合理		10		
		3	程序正确、简单、规范		20		
	操作	4	设备操作、维护保养正确		5		
		5	安全、文明生产		5		
		6	刀具选择、安装正确、规范		10		
		7	工件找正、安装正确、规范		5		
工作态度		8	行为规范、纪律表现		5		
尺寸精度		9	76 ± 0.05		15		
		10	2 ± 0.05		8		
		11	其余尺寸		2		
表面粗糙度		12	$Ra3.2$		5		
综合得分					100		

表 9-9 评估

序号	问题	可能原因	后果	避免措施
1	表面粗糙度差	精加工参数不合理	工件表面质量差	合理选择精加工参数
2	撞刀	对刀不正确；程序不正确；对刀前没回参考点	零件损坏，刀具损坏	对刀正确；程序编写要正确；对刀前要回参考点
3	尺寸不符合要求	测量不正确	报废	正确测量

　　选择工件在加工后变形小的走刀路线。对横截面积小的细长零件或薄板零件，应采用多次走刀加工达到最后尺寸；或采用对称去余量法安排走刀路线。

思考与练习

1. 数控铣床刀具半径补偿的作用有哪些？
2. 数控铣床刀具半径补偿的指令有哪些，格式如何书写？
3. 以直径为 $\phi16$ 立铣刀为例，粗、精加工刀具半径补偿分别如何设置。
4. 完成图 9-14 所示零件的上表面及外轮廓的编程。

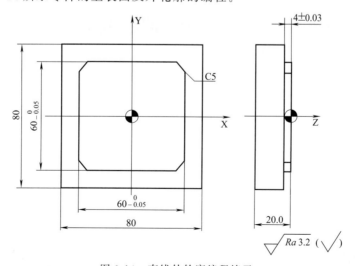

图 9-14 直线外轮廓编程练习

任务二 圆弧外轮廓的编程与加工

▌ 学习目标

1. 知识目标

(1) 掌握圆弧指令的格式及应用。

(2) 正确编写零件加工程序。

2. 技能目标

(1) 会装夹工件、刀具。

(2) 完成零件加工。

▌ 工作任务

完成如图 9-15 所示零件的加工。毛坯为 80mm×80mm×22mm 长方块，材料为 45 钢。

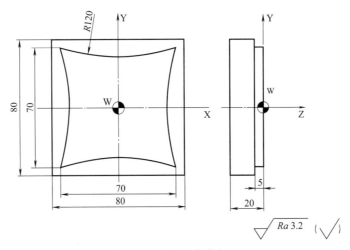

图 9-15 圆弧外轮廓加工

▌ 资讯

圆弧轮廓铣削常用编程指令

1. 坐标平面选择指令 (图 9-16)

G17——代表 XY 平面 (立式数控铣床默认的平面)；

G18——代表 ZX 平面 (卧式数控车床默认的平面)；

G19——代表 YZ 平面。

2. 圆弧插补指令 G02/G03

(1) 终点半径方式

格式：

$$\begin{Bmatrix} G17 \\ G18 \\ G19 \end{Bmatrix} \begin{Bmatrix} G02 \\ G03 \end{Bmatrix} \begin{Bmatrix} X\_\_ \ Y\_\_ \\ X\_\_ \ Z\_\_ \\ Y\_\_ \ Z\_\_ \end{Bmatrix} \ R\_\_ \ F\_\_;$$

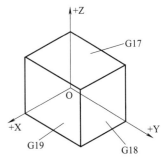

图 9-16 坐标平面选择

说明：

① G02 为顺时针圆弧插补指令，G03 为逆时针圆弧插补指令。圆弧顺、逆方向的判别方法为：向垂直于运动平面图的坐标轴的负方向看，圆弧的起点到终点的走向为顺时针用 G02，反之用 G03。如图 9-17 所示。

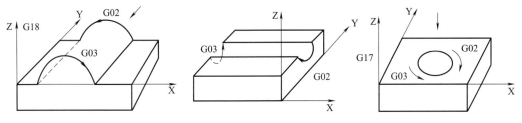

图 9-17 圆弧的方向判别

② X、Y、Z 为圆弧终点坐标。

③ 圆弧半径，当圆弧圆心角小于 180°时 R 为正值，否则 R 为负值。当 R 等于 180°时，R 可取正也可取负。

④ 当圆心角＝360°时，不能用 R 编程一次性走出。可以分段走出整个圆弧。

（2）终点圆心方式

格式：

$$\begin{Bmatrix} G17 \\ G18 \\ G19 \end{Bmatrix} \begin{Bmatrix} G02 \\ G03 \end{Bmatrix} \begin{Bmatrix} X\underline{\ \ }Y\underline{\ \ } \\ X\underline{\ \ }Z\underline{\ \ } \\ Y\underline{\ \ }Z\underline{\ \ } \end{Bmatrix} \begin{Bmatrix} I\underline{\ \ }J\underline{\ \ } \\ I\underline{\ \ }K\underline{\ \ } \\ J\underline{\ \ }K\underline{\ \ } \end{Bmatrix} \quad F\underline{\ \ };$$

说明：

① X、Y、Z 为圆弧终点坐标。

② 圆心相对于圆弧起点的偏移值（等于圆心的坐标减去圆弧起点的坐标，如图 9-18 所示），在 G90/G91 时都是以增量方式指定。

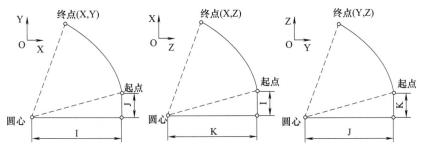

图 9-18 圆心相对圆弧起点偏移

③ 若 I、J、K 为零，则可省略。

④ 若 R 与 I、J、K 同时出现，则 R 优先。

例：写出图 9-19 中圆弧插补程序段。

图 9-19（a）中 A→B：G17 G90 G02 X60.Y40.R20.F80；或 G17 G90 G02 X60.Y40.I0 J－20.F80；（I0 可略）或 G17 G91 G02 X20.Y－20.R20.F80；或 G17 G91 G02 X20.Y－20.I0 J－20.F80；（I0 可省略）

B→A：G17 G90 G03 X40.Y60.R20.F80；或 G17 G90 G03 X40.Y60.I－20.J0 F80；（J0 可省略）或 G17 G91 G03 X－20.Y20.R20.F80；或 G17 G91 G03 X－20.Y20.I－20 J0 F80；（J0 可省略）

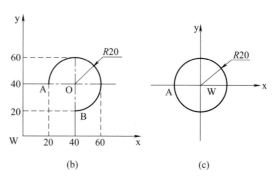

图 9-19 圆弧插补指令

图 9-19 （b）中 A → B：G17 G90 G02 X40. Y20. R－20. F80；或 G17 G90 G02 X40. Y20. I20. J0 F80；（J0 可省略）或 G17 G91 G02 X20. Y－20. R－20. F80；或 G17 G91 G02 X20. Y－20. I20. J0 F80；（J0 可省略）

B→A：G17 G90 G03 X20. Y40. R－20. F80；或 G17 G90 G03 X20. Y40. I0 J20. F80；（I0 可省略）或 G17 G91 G03 X－20. Y20. R－20. F80；或 G17 G91 G03 X－20. Y20. I0 J20. F80；（I0 可省略）

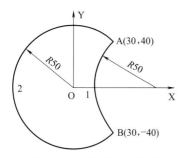

图 9-20 R 值的正负判别

图 9-19（c）中以 A 为起点顺时针回到 A 点加工整圆：G17 G90 G02（X－20. Y0）I20. J0 F80 或 G17 G91 G02（X0 Y0）I20. J0 F80。以 A 为起点逆时针回到 A 点加工整圆：G17 G90 G03（X－20. Y0）I20. J0 F80 或 G17 G91 G03（X0 Y0）I20. J0 F80。

例：如图 9-20 所示，使用圆弧插补指令编写 A 点到 B 点程序。

圆弧 1：G17 G90 G03 X30 Y－40 R50 F60；

圆弧 2：G17 G90 G03 X30 Y－40 R－50 F60。

▌计划

根据加工任务，制订零件加工计划，见表 9-10。

表 9-10 计 划

序号	工作内容	工具	注意事项	操作人
1	加工工艺分析,确定切削路线	参考书	无	全体
2	编写加工程序	参考书	无	全体
3	输入程序,图形模拟	机床	无	AB
4	装工件	平口钳、垫块	工件底面不能悬空	CD
5	装刀具	刀柄	主轴抬高装刀	AB
6	零件加工	铣刀、千分尺、游标卡尺	关安全防护门	EF
7	零件检测	深度游标卡尺、R120 半径规	无	CD
8	打扫机床,整理实训场地,量具摆放整齐	打扫工具	无	全体

▌决策

根据计划，由组长进行人员任务分工，见表 9-11。

表 9-11 决策

序号	人员	分 工
1	全体	工艺分析,编写加工程序
2	AB	输入程序,检验程序正确性,模拟图形
3	CD	准备刀具、量具、工件
4	EF	对刀、零件加工
5	CD	零件检测

■ 实施

一、加工工艺的确定

1. 分析零件图样

该零件包含了平面、圆弧外轮廓的加工，尺寸为自由公差，表面粗糙度全部为 $Ra3.2\mu m$，没有形位公差项目的要求，整体加工要求一般。

2. 工艺分析

（1）加工方案的确定　根据图样加工要求，上表面的加工方案采用端铣刀粗铣→精铣完成，外轮廓用立铣刀粗铣→精铣完成。

（2）确定装夹方案　该零件五个面已进行过预加工，较平整，所以用平口虎钳装夹即可。将平口钳装夹在铣床工作台上，用百分表校正。工件装夹在平口钳上，底部用等高垫块垫起，并伸出钳口 5～10mm。

（3）确定加工工艺　加工工艺见表 9-12。

表 9-12 数控加工工序卡片

数控加工工序卡片			产品名称	零件名称		材料		零件图号
						45 钢		图 9-15
工序号	程序编号	夹具名称	夹具编号	使用设备			车 间	
		虎钳						
工步号	工步内容		刀具号	主轴转速 /(r/min)	进给速度 /(mm/min)	背吃刀量 /mm	侧吃刀量 /mm	备注
1	粗铣上表面		T01	250	300	1.5	80	
2	精铣上表面		T01	400	160	0.5	80	
3	粗铣外轮廓		T02	350	100	4.5		
4	精铣外轮廓		T02	500	80	0.5		

（4）进给路线的确定　铣上表面的走刀路线同前，外轮廓如图 9-21 所示。

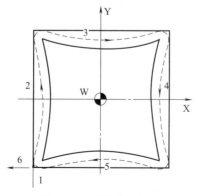

图 9-21 刀具进给路线

（5）刀具及切削参数的确定　刀具及切削参数见表9-13。

表 9-13　数控加工刀具卡

数控加工刀具卡片	工序号	程序编号	产品名称	零件名称	材　料	零件图号
					45钢	图9-15

序号	刀具号	刀具名称	刀具规格/mm 直径	刀具规格/mm 长度	粗加工刀补 半径	粗加工刀补 长度	精加工刀补 半径	精加工刀补 长度	备注
1	T01	端铣刀	φ125	实测					硬质合金
2	T02	立铣刀	φ16	实测	8.3	0.5	实测	实测	高速钢

（6）工具量具选用　加工所需工具、量具见表9-14。

表 9-14　工具量具清单

种类	序号	名称	规格	单位	数量
工具	1	平口钳	QH150	个	1
	2	扳手		把	1
	3	平行垫铁		副	1
	4	橡皮锤		个	1
量具	1	游标卡尺	0～150mm	把	1
	2	深度游标卡尺	0～200mm	把	1
	3	半径规	R120	把	1
	4	表面粗糙度样板	Ra0.8～6.3	组	1

二、参考程序编制

工件编程原点选在工件上表面的对称中心处，即与设计基准重合。参考程序见表9-15。

表 9-15　参考程序

FANUC-0i 系统	SIEMENS 802D 系统	程序说明
O0040;	AA1. MPF	程序名
G17 G21 G40 G54 G90;	G17 G71 G40 G54 G90 T1	设置初始状态
G00 Z100.0;	G00 Z100.0	安全高度
M03 S500;	M03 S500	启动主轴
G00 X−35.0 Y−60.0;	G00 X−35.0 Y−60.0 D1	快速移动至下刀点上方
Z10.0;	Z10.0	
G01 Z−5.0 F70 M08;	G01 Z−5.0 F70 M08	下刀,液却液开
G0 G41 X−35 Y−50 D01;	G0 G41 X−35 Y−50	建立刀具半径补偿
G01 Y−35 F80;	G01 Y−35 F80	直线加工到圆弧起点
G03 Y35 R120;	G03 Y35 CR=120	加工第一段圆弧
G03 X35 R120;	G03 X35 CR=120	加工第二段圆弧
G03 Y−35 R120;	G03 Y−35 CR=120	加工第三段圆弧
G03 X−35 R120;	G03 X−35 CR=120	加工第四段圆弧
G01 X−40;	G01 X−40	直线切出工件
G40 G01 X−50;	G40 G01 X−50	取消刀具半径补偿
Z10;	Z10	抬刀
G00 Z100;	G00 Z100	快速抬刀
M30;	M30	程序结束

三、技能训练

1. 加工准备

（1）阅读零件图，准备工件材料、工量刃具。

（2）开机，复位，机床回零。

（3）输入并检查程序。

（4）模拟加工程序。

（5）安装夹具，紧固工件。将平口钳安装在工作台上，百分表校正钳口，工件用垫块垫起，高于钳口 10mm 左右，校平工件上表面并夹紧。

（6）安装刀具。该工件使用了 2 把刀具，注意不同类型的刀具安装到相应的刀柄中。

2. 对刀，设定工件坐标系及刀具补偿

X、Y 向对刀通过试切法分别对工件 X、Y 向进行对刀操作，得到 X、Y 零偏值输入 G54 中。Z 向对刀利用试切法测得工件上表面的 Z 数值，输入 G54 中。刀具半径补偿应分别在粗、精加工时设置到相应的刀补形状及磨耗中。

3. 自动加工

（1）"EDIT" 方式下选择调用待加工程序，调至程序首句。

（2）选择 "MEM" 方式，调好进给倍率、主轴倍率，检查 "空运行" "机床锁定" 键应处于关闭状态。

（3）按下 "循环启动" 按钮进行自动加工。

四、零件检测与评分

零件加工结束后进行检测。检测结果写在表 9-16 中。

表 9-16 评分表

班级			姓名		学号	
任务		直线外轮廓编程与加工			零件图编号	图 9-15
基本检查		序号	检测内容	配分	学生自评	教师评分
基本检查	编程	1	切削加工工艺制定正确	10		
基本检查	编程	2	切削用量选择合理	10		
基本检查	编程	3	程序正确、简单、规范	20		
基本检查	操作	4	设备操作、维护保养正确	5		
基本检查	操作	5	安全、文明生产	5		
基本检查	操作	6	刀具选择、安装正确、规范	10		
基本检查	操作	7	工件找正、安装正确、规范	5		
工作态度		8	行为规范、纪律表现	5		
尺寸精度		9	R120	20		
表面粗糙度		10	Ra3.2	10		
综合得分				100		

评估

在实施过程中各组出现的问题各不相同，有些问题组内讨论解决了，有些问题没有解决，也有些问题组内成员都没有意识到，老师引导各组就一些典型和隐性的问题进行讨论，见表 9-17。

表 9-17 评估

序号	问题	可能原因	后果	避免措施
1	表面粗糙度差	精加工参数不合理	工件表面质量差	合理选择精加工参数
2	撞刀	对刀不正确；程序不正确	零件损坏，刀具损坏	对刀正确；程序编写要正确
3	尺寸不符合要求	测量不正确	报废	正确测量

思考与练习

1. 圆弧切削指令有哪两种格式？

2. 为什么用半径法书写圆弧指令不能描述整圆？

3. 编写图 9-22 所示零件的上表面及外轮廓的加工程序。

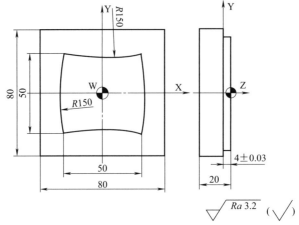

图 9-22　圆弧外轮廓编程练习

任务三　外轮廓综合编程与加工

学习目标

外轮廓综合
编程与加工

1. 知识目标

（1）掌握倒角、圆弧指令的编写方法。

（2）掌握外轮廓切向切入、切出方式。

（3）正确编写零件加工程序。

2. 技能目标

（1）会制订外轮廓综合零件加工工艺方案。

（2）完成零件加工。

工作任务

完成如图 9-23 所示零件的加工。毛坯为 80mm×80mm×22mm 长方块，材料为 45 钢。

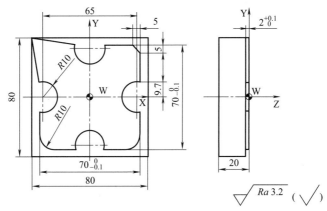

图 9-23　外轮廓综合编程与加工

资讯

一、走刀路线的确定原则

走刀路线是数控加工过程中刀具相对于工件的运动轨迹和方向。走刀路线的确定非常重要，因为它与零件的加工精度和表面质量密切相关。

切入点是指在曲面的初始切削位置上，刀具与曲面的接触点。切出点是指在曲面切削完毕后，刀具与曲面的接触点。切入点或切出点一般选取在零件轮廓两几何元素的交点处。引入线、引出线由与零件轮廓曲线相切的直线组成，这样可以保证零件轮廓曲线的加工形状平滑。

1．确定加工路线时应考虑的问题

（1）应尽量减少进、退刀时间和其他辅助时间；

（2）在铣削零件轮廓时，要尽量采用顺铣加工方式，以减小机床的颤振，降低零件的表面粗糙度，提高加工精度；

（3）选择合理的进、退刀位置，尽量避免沿零件轮廓法向切入和进给中途停顿，进、退刀位置应选在不重要的位置；

（4）加工路线一般是先加工外轮廓，再加工内轮廓。

2．铣削外轮廓的进给路线方法

（1）铣削平面零件外轮廓时，一般采用立铣刀侧刃切削。刀具切入工件时，应避免沿零件外轮廓的法向切入，而应沿切削起始点的延伸线逐渐切入工件，保证零件曲线的平滑过渡。同理，在切离工件时，也应避免在切削终点处直接抬刀，要沿着切削终点延伸线逐渐切离工件，如图 9-24 所示。

（2）当用圆弧插补方式铣削外整圆时（图 9-25），要安排刀具从切向进入圆周铣削加工，当整圆加工完毕后，不要在切点处直接退刀，而应让刀具沿切线方向多运动一段距离，以免取消刀补时，刀具与工件表面相碰，造成工件报废。

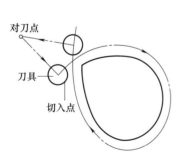

图 9-24　切线切入、切线切出

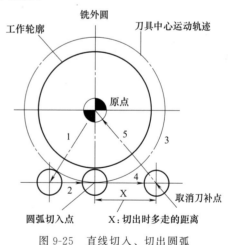

图 9-25　直线切入、切出圆弧

二、倒角和倒圆角指令

1．功能

在零件轮廓拐角处如倒角或倒圆，可以插入倒角或倒圆指令，C 或者 R，与加工拐角的轴运动指令一起写入程序段中。直线轮廓之间、圆弧轮廓之间，以及直线轮廓和圆弧轮廓之间都可以用倒角或倒圆指令进行倒角或倒圆。如图 9-26 所示。

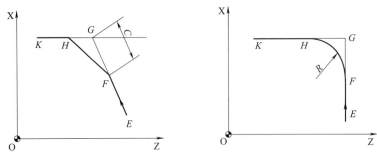

图 9-26　倒角和倒圆指令示意图

2. 格式

（1）FANUC 0i-Mate 系统：

G01 X（U）Y（V），C ＿＿（倒角，编程数值为倒角边长度 GF）

G01 X（U）Y（V），R ＿＿（倒圆，编程数值为倒圆半径）

（2）西门子 802D 系统：

G01 X（U）Y（V）CHF＝（倒角，编程数值为倒角长度 HF）

G01 X（U）Y（V）RND＝（倒圆，编程数值为倒圆半径）

式中，X、Y 值为在绝对指令时，是两相邻直线的交点，即假想拐角交点（G 点）的坐标值；U、V 值为在增量指令时，是假想拐角交点相对于起始直线轨迹的始点 E 的移动距离；C 值是假想拐角交点相对于倒角始点的距离；R 值是倒圆弧的半径值。

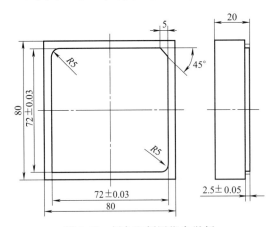

图 9-27　倒角和倒圆指令举例

3. 说明

无论是倒角还是倒圆都是对称进行的，如果其中一个程序段轮廓长度不够，则在倒圆或倒角时会自动削减编程值，如果几个连续编程的程序段中有不含坐轴移动指令的程序段，则不可以进行倒角/倒圆。

4. 举例

使用倒圆和倒角指令完成图 9-27 所示轮廓加工的编程。

FANUC 系统和西门子系统参考程序见表 9-18。

表 9-18　数控参考程序

FANUC 0i 系统	SIEMENS 802D 系统	程序说明
O3205	GSQ266. MPF	程序名
G17 G21 G40 G54 G90；	G17 G71 G40 G54 G90 T1	设置初始状态
M03 S600；	M03 S600	启动主轴，精加工时设为 600r/min
G00 X－36 Y－50；	G00 X－36 Y－50 D1	快速移动至起刀点
Z10；	Z10	快速移动至下刀点上方
G01 Z－2.5 F80；	G01 Z－2.5 F80	下刀
G41 Y－40 D01；	G41 Y－40	建立刀具半径补偿
G01 X－36 Y36，R5；	G01 X－36 Y36 RND＝5	轮廓程序
G01 X36 Y36，C5；	G01 X36 Y36 CHF＝7.07	
G01 X36 Y－36，R5；	G01 X36 Y－36 RND＝5	
X－40；	X－40	

FANUC 0i 系统	SIEMENS 802D 系统	程序说明
G40 G01 X−50；	G40 G01 X−50；	取消刀具半径补偿
Z5；	Z5；	抬刀
G00 Z100；	G00 Z100；	快速抬刀
M02；	M02；	程序结束

三、刀具长度补偿

刀具长度补偿指令是用来补偿假定的刀具长度与实际的刀具长度之间差值的指令。系统规定所有轴都可采用刀具长度补偿，但同时规定刀具长度补偿只能加在一个轴上，若要对补偿轴进行切换，必须先取消前面轴的刀具长度补偿。

（一）刀具长度补偿指令

1. FANUC 0i Mate 系统刀具长度补偿指令

（1）指令格式

G43 H；　　　　　　　　　（刀具长度补偿"＋"）

G44 H；　　　　　　　　　（刀具长度补偿"－"）

G49；或 H00；　　　　　　（取消刀具长度补偿）

H 用于指令偏置存储器的偏置号。在地址 H 所对应的偏置存储器中存入相应的偏置值。执行刀具长度补偿指令时，系统首先根据偏移方向指令要求的移动量与偏置存储器中的偏置值做相应的"＋"（G43）或"－"（G44）运算，计算出刀具的实际移动值，然后指令刀具做相应的运动。

（2）指令说明　G43、G44 为模态指令，可以在程序中保持连续有效。G43、G44 的撤销可以使用 G49 指令或选择 H00（刀具偏置值 H00 规定为 0）。

在实际编程中，为避免产生混淆，通常采用 G43 而非 G44 的指令格式进行刀具长度补偿的编程。

2. SIEMENS 802D 系统刀具长度补偿指令

在西门子系统中，刀具长度补偿值与刀具补偿号 D 有关。刀具调用后，刀具长度补偿值立即有效，而无需额外 G 代码。如 D1 为取 1 号刀具的数据分别作为长度补偿值和半径补偿值。

（二）刀具长度补偿的应用

1. FANUC 系统刀具长度补偿参数设定

对于立式加工中心，刀具长度补偿常被辅助用于工件坐标系零点偏置的设定。即用 G54 设定工件坐标系时，仅在 X、Y 方向偏移坐标原点的位置，而 Z 方向不偏移，Z 方向刀位点与工件坐标系 Z_0 平面之间的差值全部通过刀具长度补偿值来解决。

如图 9-28 所示，假设用一标准刀具进行对刀，该刀具的长度等于机床坐标系原点与工件坐标系原点之间的距离值。对刀后采用 G54 设定工件坐标系，则 Z 向偏置值设定为"0"[图 9-29（a）]。

1 号刀具对刀时，将刀具的刀位点移动到工件坐标系的 Z_0 处，则刀具 Z 向移动量为−120，坐标系中显示的 Z 坐标值也为−120，将此时机床坐标系中的 Z 坐标值直接输入相对应的刀具长度偏置存储器 [图 9-29（b）]。这样，1 号刀具相对应的偏置存储器 H01 中的值为−120.0。采用这样的方法，设定在 H02 中的值应为−80.0，设定在 H03 中的值应为−100.0。

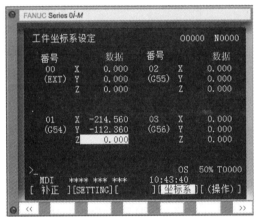

图 9-28 利用刀具长度补偿进行对刀

采用这种方法对刀的刀具移动编程指令如下：

G90 G54 G49 G94

G0 X0 Y0 M03 S800

G43 G00 Z H F100

......

G49 G91 G28 Z0

......

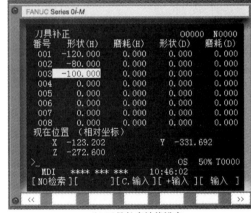

(a) 工件坐标系Z设定　　　(b) 刀具长度补偿设定

图 9-29 FANUC 系统 Z 向对刀值设置

2. SIEMENS 802D 系统刀具长度补偿参数设定

西门子系统长度补偿参数设定方法与 FANUC 系统相同，如图 9-30 所示。

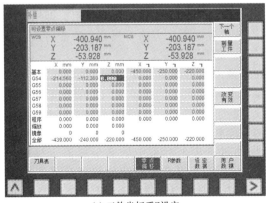

(a) 工件坐标系Z设定　　　(b) 刀具长度补偿设定

图 9-30 SIEMENS 802DZ 向对刀值设置

采用这种方法对刀的刀具移动编程指令如下：

G90 G54 G40 G94

G0 X0 Y0 M3 S800

T1D1　　　　　　　　　　（选择刀具，建立刀具长度补偿）

G1 Z F100

G1 G41 X ＿ Y ＿ F100　　（建立刀具半径左补偿）

……

▊ 计划

根据加工任务，制订零件加工计划，见表9-19。

表9-19　计划

序号	工作内容	工具	注意事项	操作人
1	加工工艺分析,确定切削路线	参考书	无	全体
2	编写加工程序	参考书	无	全体
3	输入程序、图形模拟	机床	无	AB
4	装工件	平口钳、垫块	工件底面不能悬空	CD
5	装刀具	刀柄	主轴抬高装刀	AB
6	零件加工	铣刀、千分尺、游标卡尺、游标卡尺	关安全防护门	EF
7	零件检测	千分尺	无	CD
8	打扫机床,整理实训场地,量具摆放整齐	打扫工具	无	全体

▊ 决策

根据计划，由组长进行人员任务分工，见表9-20。

表9-20　决策

序号	人员	分工
1	全体	工艺分析,编写加工程序
2	AB	输入程序,检验程序正确性,模拟图形
3	CD	准备刀具、量具、工件
4	EF	对刀、零件加工
5	CD	零件检测

▊ 实施

一、加工工艺的确定

1. 分析零件图样

该零件包含了平面、直线、圆弧外轮廓的加工，工件轮廓图形较复杂，尺寸精度约为IT9，台阶面及轮廓表面粗糙度值要达到 $Ra3.2$。

2. 工艺分析

（1）加工方案的确定　根据图样加工要求，上表面的加工方案采用端铣刀粗铣→精铣完成，外轮廓用立铣刀粗铣→精铣完成。

（2）确定装夹方案　该零件六个面已进行过预加工，较平整，所以用平口钳装夹即可。

将平口钳装夹在铣床工作台上，用百分表校正。工件装夹在平口钳上，底部用等高垫块垫起，并伸出钳口 5～10mm。

（3）确定加工工艺　加工工艺见表 9-21。

表 9-21　数控加工工序卡片

数控加工工序卡片			产品名称	零件名称	材料	零件图号
					45 钢	图 9-23
工序号	程序编号	夹具名称	夹具编号	使用设备	车　　间	
		虎钳				
工步号	工步内容	刀具号	主轴转速 /(r/min)	进给速度 /(mm/min)	背吃刀量 /mm	侧吃刀量 /mm	备注
1	粗铣上表面	T01	250	300	1.5	80	
2	精铣上表面	T01	400	160	0.5	80	
3	粗铣外轮廓	T02	350	100	1.5		
4	精铣外轮廓	T02	500	80	0.5		

（4）进给路线的确定　铣上表面的走刀路线同前，外轮廓铣削路线见图 9-31。刀具由 1 点运行至 2 点（轨迹的延长线上）建立刀具半径补偿，然后按 3、4、…、17 的顺序铣削加工。由 17 点到 18 点的四分之一圆弧切向切出，最后通过直线移动取消刀具半径补偿。

（5）刀具及切削参数的确定　刀具及切削参数见表 9-22。

（6）工具量具选用　加工所需工具、量具见表 9-23。

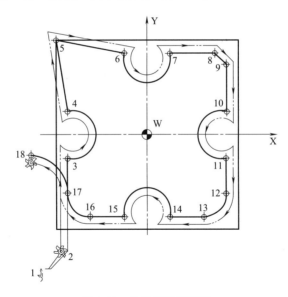

图 9-31　外轮廓铣削路线

表 9-22　数控加工刀具卡

数控加工 刀具卡片		工序号	程序编号	产品名称	零件名称	材料	零件图号
						45 钢	图 9-23
序号	刀具号	刀具名称	刀具规格/mm		粗加工刀补		精加工刀补		备注
			直径	长度	半径	长度	半径	长度	
1	T01	端铣刀	φ90	实测					硬质合金
2	T02	立铣刀	φ16	实测	8.3	0.5	实测	实测	高速钢

表 9-23　工具量具清单

种类	序号	名称	规格	单位	数量
工具	1	平口钳	QH150	个	1
	2	扳手		把	1
	3	平行垫铁		副	1
	4	橡皮锤		个	1
量具	1	游标卡尺	0～150mm	把	1
	2	深度游标卡尺	0～200mm	把	1
	3	外测千分尺	50～75 mm	把	1
	4	半径规	$R10$	个	1
	5	万能角度尺	0°～360°	把	1
	6	表面粗糙度样板	$Ra0.8～6.3$	组	1

二、参考程序编制

工件编程原点选在工件上表面的对称中心处，即与设计基准重合。参考程序见表 9-24。

表 9-24　参考程序

FANUC 0i 系统	SIEMENS 802D 系统	程序说明
O0040;	AA40. MPF	程序名
G17 G21 G40 G54 G90;	G17 G71 G40 G54 G90 T1	设置初始状态
G00 Z100.0;	G00 Z100.0	安全高度
M03 S500;	M03 S500	启动主轴
G00 X−45.0 Y−60.0	G00 X−45.0 Y−60.0 D1	快速移动至 1 点上方
Z10.0	Z10.0	
G43 G01 Z−2.0 H01 F70 M08;	G01 Z−2.0 F70 M08	下刀，液却液开
G00 G41 X−35.0 Y−50.0 D01;	G00 G41 X−35.0 Y−50.0	建立刀具半径补偿
G01 Y−9.7 F80;	G01 Y−9.7 F80	直线加工到 3 点
G03 Y9.7 R−10.0;	G03 Y9.7 CR＝−10.0	圆弧加工到 4 点
G01 X−40.0 Y40.0;	G01 X−40.0 Y40.0	直线加工到 5 点
X−9.7 Y35.0;	X−9.7 Y35.0	直线加工到 6 点
G03 X9.7 R−10.0;	G03 X9.7 CR＝−10.0	圆弧加工到 7 点
G01 X35.0,C5.0;	G01 X35.0 CHF＝7.07	直线加工经 8 点到 9 点
Y9.7;	Y9.7	直线加工到 10 点
G03 Y−9.7 R−10.0;	G03 Y−9.7 CR＝−10.0	圆弧加工到 11 点
G01 Y−35.0,R10.0;	G01 Y−35.0 RND＝10.0	直线加工到 12 点圆弧过渡到 13 点
G01 X9.7;	G01 X9.7	直线加工到 14 点
G03 X−9.7 R−10.0;	G03 X−9.7 CR＝−10.0	圆弧加工到 15 点
G01 X−35.0,R10.0;	G01 X−35.0 RND＝10.0	直线加工到 16 点圆弧过渡到 17 点
G03 X−45.0 Y−15.0 R10.0;	G03 X−45.0 Y−15.0 CR＝10.0	圆弧切出到 18 点
G40 G00 X−60.0 Y−45.0;	G40 G00 X−60.0 Y−45.0	取消刀具半径补偿
G49 G00 Z100.0;	G00 Z100.0	抬刀
M30;	M30	程序结束

三、技能训练

1. 加工准备

（1）阅读零件图，准备工件材料、工量刃具。

（2）开机，复位，机床回零。

（3）输入并检查程序。

（4）模拟加工程序。

（5）安装夹具，紧固工件。将平口钳安装在工作台上，百分表校正钳口，工件用垫块垫起，高于钳口 5mm 左右，校平工件上表面并夹紧。

（6）安装刀具。该工件使用了 2 把刀具，注意不同类型的刀具安装到相应的刀柄中。

2．对刀，设定工件坐标系及刀具补偿

X、Y 向对刀通过试切法分别对工件 X、Y 向进行对刀操作，得到 X、Y 零偏值输入 G54 中。Z 向对刀利用试切法测得工件上表面的 Z 数值，输入 G54 中。刀具半径补偿应分别在粗、精加工时设置到相应的刀补形状及磨耗中。

3．自动加工

（1）"EDIT" 方式下选择调用待加工程序，调至程序首句。

（2）选择 "MEM" 方式，调好进给倍率、主轴倍率，检查 "空运行"" 机床锁定" 键应处于关闭状态。

（3）按下 "循环启动" 按钮进行自动加工。

检查

零件加工结束后进行检测。检测结果写在表 9-25 中。

表 9-25　评分表

班级			姓名		学号	
任务		外轮廓综合编程与加工			零件图编号	图 9-23
基本检查	编程	序号	检测内容	配分	学生自评	教师评分
		1	切削加工工艺制定正确	10		
		2	切削用量选择合理	10		
		3	程序正确、简单、规范	20		
	操作	4	设备操作、维护保养正确	5		
		5	安全、文明生产	5		
		6	刀具选择、安装正确、规范	10		
		7	工件找正、安装正确、规范	5		
工作态度		8	行为规范、纪律表现	5		
尺寸精度		9	$2^{+0.1}_{\ 0}$	6		
		10	$70^{\ 0}_{-0.1}$（2 处）	12		
		11	其余尺寸	9		
表面粗糙度		12	$Ra3.2$	5		
综合得分				100		

评估

在实施过程中各组出现的问题各不相同，有些问题组内讨论解决了，有些问题没有解决，也有些问题组内成员都没有意识到，老师引导各组就一些典型和隐性的问题进行讨论，见表 9-26。

表 9-26　评估

序号	问题	可能原因	后果	避免措施
1	表面粗糙度差	精加工参数不合理	工件表面质量差	合理选择精加工参数
2	撞刀	对刀不正确；程序不正确	零件损坏，刀具损坏	对刀正确；程序编写要正确
3	尺寸不符合要求	测量不正确	报废	正确测量
4	半径补偿干涉	刀具补偿参数设置过大，超过凹圆弧半径	报警	刀具补偿参数不能超过凹圆弧半径

思考与练习

1. 外轮廓切入、切出时应考虑哪些因素？
2. G01 指令进行倒角、圆弧格式及含义如何？
3. 编写如图 9-32 所示零件的加工程序。

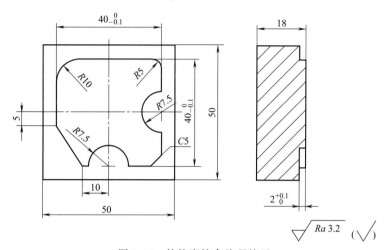

图 9-32　外轮廓综合编程练习

项目十
孔系编程与加工

任务一　钻、铰、扩孔编程与加工

▊ 学习目标

1. 知识目标
(1) 了解孔的类型及加工方法。
(2) 掌握钻、铰、扩孔加工循环指令及程序编写。
2. 技能目标
(1) 了解钻、铰、扩孔加工刀具的类型及工艺参数。
(2) 会制订钻、铰、扩孔加工的工艺方案。

▊ 工作任务

完成端盖零件如图 10-1 所示，底平面、两侧面和 $\phi40H8$ 型腔已在前面工序加工完成。本工序加工端盖的 4 个沉头螺钉孔和 2 个销孔，材料为 45 钢。

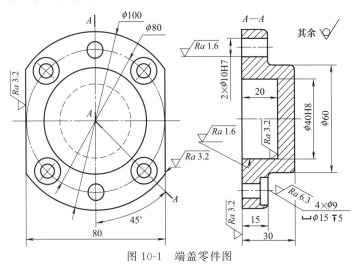

图 10-1　端盖零件图

▊ 资讯

一、孔加工的工艺知识

1. 孔加工的方法

孔加工在金属切削中占有很大的比重，应用广泛。在数控铣床上加工孔的方法很多，根据孔的尺寸精度、位置精度及表面粗糙度等要求，一般有点孔、钻孔、扩孔、锪孔、铰孔、镗孔及铣孔等方法。

2. 孔加工的刀具

（1）钻孔刀具及其选择　钻孔刀具较多，有普通麻花钻、可转位浅孔钻、喷吸钻及扁钻等。应根据工件材料、加工尺寸及加工质量要求等合理选用。

在数控镗铣床上钻孔，普通麻花钻应用最广泛，尤其是加工 $\phi30mm$ 以下的孔时，以麻花钻为主，如图 10-2 所示。

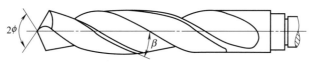

图 10-2　普通麻花钻

在数控镗铣床上钻孔，因无钻模导向，受两种切削刃上切削力不对称的影响，容易引起钻孔偏斜。为保证孔的位置精度，在钻孔前最好先用中心钻钻一中心孔，或用一刚性较好的短钻头钻一窝。

中心钻主要用于孔的定位，由于切削部分的直径较小，所以中心钻钻孔时，应选取较高的转速，至少 1000r/min 以上。

对深径比大于 5 而小于 100 的深孔由于加工中散热差，排屑困难，钻杆刚性差，易使刀具损坏和引起孔的轴线偏斜，影响加工精度和生产率，故应选用深孔刀具加工。

（2）扩孔刀具及其选择　扩孔多采用扩孔钻，也有用立铣刀或镗刀扩孔。扩孔钻可用来扩大孔径，提高孔加工精度。用扩孔钻扩孔精度可达 IT11～IT10，表面粗糙度值可达 $Ra6.3～3.2\mu m$。扩孔钻与麻花钻相似，但齿数较多，一般为 3～4 个齿。扩孔钻加工余量小，主切削刃较短，无需延伸到中心，无横刃，加之齿数较多，可选择较大的切削用量。图 10-3 所示为整体式扩孔钻和套式扩孔钻。

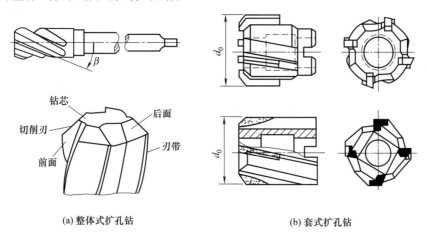

| 钻芯 | 后面 |
| 切削刃 | 刃带 |
| 前面 |

(a) 整体式扩孔钻　　　　(b) 套式扩孔钻

图 10-3　扩孔钻

（3）铰孔刀具及其选择　铰孔加工精度一般可达 IT8～IT6 级，孔的表面粗糙度值可达 $Ra1.6～0.8\mu m$，可用于孔的精加工，也可用于磨孔或研孔前的预加工。铰孔只能提高孔的尺寸精度、形状精度和减小表面粗糙度值，而不能提高孔的位置精度。因此，对于精度要求高的孔，在铰削前应先进行减少和消除位置误差的预加工，才能保证铰孔质量。图 10-4 所示为直柄和套式机用铰刀。

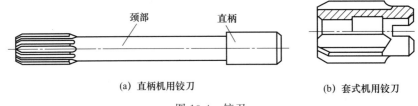

(a) 直柄机用铰刀　　　　　　　　　　(b) 套式机用铰刀

图 10-4　铰刀

3. 孔加工路线安排

（1）孔加工导入量与超越量　孔加工导入量（图 10-5 中 ΔZ）是指在孔加工过程中，刀具自快进转为工进时，刀尖点位置与孔上表面间的距离。孔加工导入量可参照表 10-1 选取。

孔加工超越量（图 10-5 中的 $\Delta Z'$），当钻通孔时，超越量通常取 $Z_P + (1\sim3)$mm，Z_P 为钻尖高度（通常取 0.3 倍钻头直径）；铰通孔时，超越量通常取 $3\sim5$mm；镗通孔时，超越量通常取 $1\sim3$mm；攻螺纹时，超越量通常取 $5\sim8$mm。

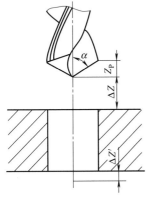

图 10-5　孔加工导入量与超越量

表 10-1　孔加工导入量

表面状态 加工方法	已加工表面	毛坯表面
钻孔	2~3	5~8
扩孔	3~5	5~8
镗孔	3~5	5~8
铰孔	3~5	5~8
铣削	3~5	5~8
攻螺纹	5~10	5~10

（2）相互位置精度高的孔系的加工路线

对于位置精度要求较高的孔系加工，特别要注意孔的加工顺序的安排，避免将坐标轴的反向间隙带入，影响位置精度。

例：镗削图 10-6（a）所示零件上的 4 个孔。

若按图 10-6（b）所示进给路线加工，由于孔 4 与孔 1、孔 2、孔 3 的定位方向相反，Y 向反向间隙会使定位误差增加，从而影响孔 4 与其他孔的位置精度。按图 10-6（c）所示进

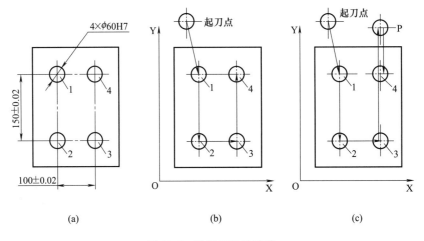

(a)　　　　　　　　　　(b)　　　　　　　　　　(c)

图 10-6　孔加工进给路线

给路线，加工完孔 3 后往上移动一段距离至 P 点，然后再折回来在孔 4 处进行定位加工，这样方向一致，就可避免反向间隙的引入，提高了孔 4 的定位精度。

二、FANUC 系统的钻孔、锪孔及铰孔固定循环指令

1. 孔加工固定循环

（1）孔加工固定循环动作　如图 10-7 所示，固定循环通常由 6 个动作顺序组成：

动作 1（AB 段）：XY 平面快速定位；

动作 2（BR 段）：Z 向快速进给到 R 点；

动作 3（RZ 段）：Z 轴切削进给，进行孔加工；

动作 4（Z 点）：孔底部的动作；

动作 5（ZR 段）：Z 轴退刀；

动作 6（RB 段）：Z 轴快速回到起始位置。

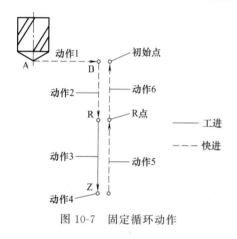

图 10-7　固定循环动作

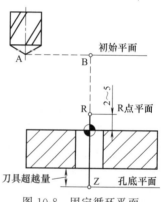

图 10-8　固定循环平面

（2）固定循环的平面

① 初始平面　初始平面是为安全下刀而规定的一个平面，如图 10-8 所示。初始平面可以设定在任意一个安全高度上。当使用同一把刀具加工多个孔时，刀具在初始平面内的任意移动将不会与夹具、工件凸台等发生干涉。

② R 点平面　R 点平面又叫 R 参考平面。这个平面是刀具下刀时，自快进转为工进的高度平面，距工件表面的距离主要考虑工件表面的尺寸变化，一般情况下取 2～5mm（图 10-8）。

③ 孔底平面　加工不通孔时，孔底平面就是孔底的 Z 轴高度。而加工通孔时，除要考虑孔底平面的位置外，还要考虑刀具的超越量（图 10-5），以保证所有孔深都加工到尺寸。

（3）固定循环编程格式　孔加工循环的通用编程格式如下：

G73～G89 X＿ Y＿ Z＿ R＿ Q＿ P＿ F＿ K＿ ；

X，Y：孔在 XY 平面内的位置；

Z：孔底平面的位置；

R：R 点平面所在位置；

Q：G73 和 G83 深孔加工指令中刀具每次加工深度或 G76 和 G87 精镗孔指令中主轴准停后刀具沿准停反方向的让刀量；

P：指定刀具在孔底的暂停时间，数字不加小数点，ms；

F：孔加工切削进给时的进给速度；

K：指定孔加工循环的次数，该参数仅在增量编程中使用。

在实际编程时，并不是每一种孔加工循环的编程都要用到以上格式的所有代码。如下例的钻孔固定循环指令格式：

例：G81 X50.0 Y30.0 Z−25.0 R5.0 F100；

以上格式中，除 K 代码外，其他所有代码都是模态代码，只有在循环取消时才被清除，因此这些指令一经指定，在后面的重复加工中不必重新指定。如下例所示：

例：G82 X50.0 Y30.0 Z−25.0 R5.0 P1000 F100；

X80.0；

G80；

执行以上指令时，将在（50.0，30.0）和（80.0，30.0）处加工出相同深度的孔。

孔加工循环由指令 G80 取消。另外，遇到 01 组的 G 代码（如 G00、G01、G02、G03），则孔加工循环方式也会自动取消。

（4）G98 与 G99 方式　当刀具加工到孔底平面后，刀具从孔底平面以两种方式返回，即返回到 R 点平面和返回到初始平面，分别用指令 G98 与 G99 来决定。

① G98 方式　G98 为系统默认返回方式，表示返回初始平面。当采用固定循环进行孔系加工时，通常不必返回到初始平面。当全部孔加工完成后或孔之间存在凸台或夹具等干涉件时，则需返回初始平面。G98 指令格式如下：

G98 G81 X ＿ Y ＿ Z ＿ R ＿ F ＿；

② G99 方式　G99 表示返回 R 点平面。在没有凸台等干涉情况下，加工孔系时，为了节省加工时间，刀具一般返回到 R 点平面。G99 指令格式如下：

G99 G81 X ＿ Y ＿ Z ＿ R ＿ F ＿；

（5）G90 与 G91 方式　固定循环中 R 值与 Z 值数据的指定与 G90 与 G91 的方式选择有关（Q 值与 G90 与 G91 方式无关）。

① G90 方式　G90 方式中，X、Y、Z 和 R 的取值均指工件坐标系中绝对坐标值。

② G91 方式　G91 方式中，R 值是指 R 点平面相对初始平面的 Z 坐标值，而 Z 值是指孔底平面相对 R 点平面的 Z 坐标值。X、Y 数据值也是相对前一个孔的 X、Y 方向的增量距离。

例：如图 10-9 所示，在一条直线上加工 4 个孔，其坐标分别为（50.0，20.0）、（100.0，20.0）、（150.0，20.0）、（200.0，20.0），孔深都为 40mm，如编程序为：

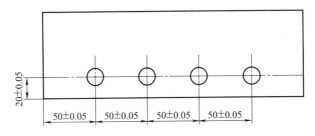

图 10-9　直线连续孔加工

…

N30 G90 G99…；

N40 G81 X50.0 Y20.0 R3.0 Z−40 F200；

N50 G91 X50 K3；

N60 G90 G80 G00…；

由于相邻孔 X 值的增量为 50，在程序段 N40 中采用 G91 方式，并利用重复次数 K 的功能，便可显著缩短 CNC 程序，提高编程效率。

2. 钻（扩）孔循环 G81 与锪孔循环 G82

（1）指令格式　G81 X ＿ Y ＿ Z ＿ R ＿ F ＿；

G82 X ＿ Y ＿ Z ＿ R ＿ P ＿ F ＿；

其中，参数 P 的单位为 ms。

（2）指令动作　G81 指令常用于普通钻孔，其加工动作如图 10-10 所示，刀具在初始平面快速（G00 方式）定位到指令中指定的 X、Y 坐标位置，再 Z 向快速定位到 R 点平面，然后执行切削进给到孔底平面，刀具从孔底平面快速 Z 向退回到 R 点平面（G99 方式）或初始平面（G98 方式）。

G82 指令在孔底增加了进给后的暂停动作，以提高孔底表面粗糙度精度，如果指令中不指定暂停参数 P，则该指令和 G81 指令完全相同。该指令常用于锪孔或台阶孔的加工。

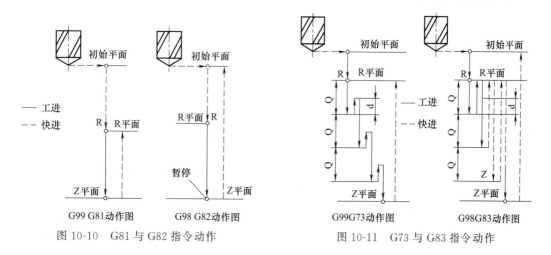

图 10-10　G81 与 G82 指令动作　　　　图 10-11　G73 与 G83 指令动作

3. 高速深孔钻循环 G73 与钻深孔循环 G83

所谓深孔，是指孔深与孔直径之比大于 5 的孔。加工深孔时，加工中散热差，排屑困难，钻杆刚性差，易使刀具损坏和引起孔的轴线偏斜，从而影响加工精度和生产率。

（1）指令格式　G73 X ＿ Y ＿ Z ＿ R ＿ Q ＿ F ＿；

G83 X ＿ Y ＿ Z ＿ R ＿ Q ＿ F ＿；

（2）指令动作　如图 10-11 所示，G73 指令通过刀具 Z 轴方向的间歇进给实现断屑动作。指令中的 Q 值是指每一次的加工深度（均为正值且为带小数点的值）。图中的 d 值由系统指定，通常不需要用户修改。

G83 指令通过 Z 轴方向的间歇进给实现断屑与排屑的动作。该指令与 G73 指令的不同之处在于：刀具间歇进给后快速回退到 R 点，再快速进给到 Z 向距上次切削孔底平面 d 处，从该点处，快进变成工进，工进距离为 Q＋d。

G73 指令与 G83 指令多用于深孔加工的编程。

4. 铰、扩、镗孔循环 G85

（1）指令格式　G85 X ＿ Y ＿ Z ＿ R ＿ F ＿；

（2）指令动作　如图 10-12 所示，执行 G85 固定循环时，刀具以切削进给方式加工到孔底，然后以切削进给方式返回到 R 平面或初始平面。该指令常用于铰孔和扩孔加工，也可用于粗镗孔加工。

孔加工固定循环指令代码较多，具体见表 10-2。

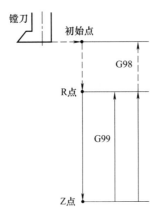
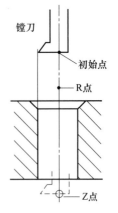

孔底延时P秒(工进、主轴不停、工退)

图 10-12　G85 指令动作

表 10-2　孔加工固定循环指令

G 指令	加工动作-Z 向	在孔底部的动作	回退动作-Z 向	用途
G73	间歇进给		快速进给	高速钻深孔
G74	切削进给	主轴正转	切削进给	反转攻螺纹
G76	切削进给	主轴定向停止	快速进给	精镗循环
G80				取消固定循环
G81	切削进给		快速进给	定点钻循环
G82	切削进给	暂停	快速进给	忽孔
G83	间歇进给		快速进给	深孔钻
G84	切削进给	主轴反转	切削进给	攻螺纹
G85	切削进给		切削进给	镗循环
G86	切削进给	主轴停止	切削进给	镗循环
G87	切削进给	主轴停止	手动或快速	反镗循环
G88	切削进给	暂停、主轴停止	手动或快速	镗循环
G89	切削进给	暂停	切削进给	镗循环

三、SIEMENS 802D 钻孔、锪孔及铰孔固定循环指令

1. 孔加工固定循环概述

（1）孔加工动作　SIEMENS 系统孔加工固定循环的动作与 FANUC 0i 系统的孔加工固定循环工作基本相同，不同的是 SIEMENS 系统在孔加工固定循环编程时没有参数来指定孔的中心位置，因此，在固定循环开始前刀具要移动到所要加工孔的中心位置，否则刀具将在当前位置执行孔加工固定循环。

（2）固定循环的调用

① 非模态调用　孔加工固定循环的非模态调用格式如下：

CYCLE81～CYCLE89（RTP、RFP、SDIS、DP、DPR…）

② 模态调用　孔加工固定循环的模态调用格式如下：

MCALL　CYCLE81～CYCLE89（RTP、RFP、SDIS、DP、DPR…）

MCALL　（取消模态）

（3）固定循环的平面（图 10-13）

① 退回平面（RTP）　返回平面是为安全下刀而规定的一个平面。

② 加工开始平面（RFP+SDIS）　该平面类似于 FANUC 系统中的 R 参考平面。

③ 参考平面（RFP） 参考平面是指 Z 轴方向工件表面的起始测量位置平面，该平面一般设在工件的上表面。

④ 孔底平面（DP 或 DPR） 加工不通孔时，孔底平面是孔底的 Z 轴高度。而加工通孔时，除要考虑孔底平面的位置外，还要考虑刀具的超越量。

2. 孔加工固定循环指令

（1）钻孔循环 CYCLE81 与锪孔循环 CYCLE82

① 指令格式

CYCLE81（RTP，RFP，SDIS，DP，DPR）

CYCLE82（RTP，RFP，SDIS，DP，DPR，DTB）

图 10-13 固定循环平面

RTP：返回平面，用绝对值进行编程；

RFP：参考平面，用绝对值进行编程；

SDIS：安全距离，无符号编程，其值为参考平面到加工开始平面的距离；

DP：最终的孔加工深度，用绝对值进行编程；

DPR：孔的相对深度，无符号编程，其值为最终孔加工深度与参考平面的距离；

DTB：刀具在孔底的暂停时间，单位为 s。

② 动作说明 CYCLE81 孔加工动作如图 10-14 所示，执行该循环，刀具从加工开始平面切削进给执行到孔底，然后刀具从孔底快速退回至返回平面。

CYCLE82 动作类似于 CYCLE81，只是在孔底增加了进给后的暂停动作，如图 10-14 所示，因此，在盲孔加工中，提高了孔底的精度。该指令常用于锪孔或阶台孔的加工。

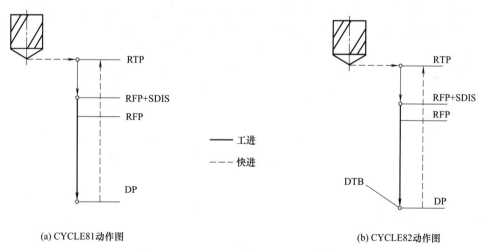

(a) CYCLE81动作图　　　　　　　　　　　(b) CYCLE82动作图

图 10-14 CYCLE81 与 CYCLE82 动作图

③ 加工实例 加工如图 10-15 所示孔，试用 CYCLE81 或 CYCLE82 指令进行编程。

N10 G90 G94 G40 G71 G54 F100;

N20 M3 S600;

N30 G00 X−25 Y0;

N40 Z30;

N50 CYCLE81（10，0，3，−22.887）;

N60 G00 X0 Y0;

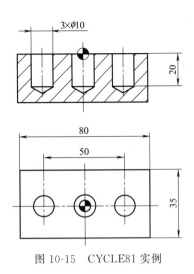

图 10-15　CYCLE81 实例

N70 CYCLE81 (10, 0, 3, −22.887);

N80 G00 X25 Y0;

N90 CYCLE81 (10, 0, 3, −22.887);

N100 G74 Z1＝0;

N110 M5;

N120 M30;

（2）深孔往复排屑钻孔循环 CYCLE83

① 指令格式

CYCLE83 (RTP, RFP, SDIS, DP, DPR, FDEP, FDPR, DAM, DTB, DTS, FRF, VARI)

FDEP：起始钻孔深度，用绝对值表示；

FDPR：相对于加工开始平面的起始孔深度，无符号；

DAM：相对于上次钻孔深度的 Z 向退回量，无符号；

DTS：起始点处用于排屑的停顿时间（VARI＝1 时有效）；

FRF：钻孔深度上的进给率系数（系数不大于 1，由于在固定循环中没有指定进给速度，所以将前面程序中的进给速度用于固定循环，并通过该系数来调整进给速度的大小）；

VARI：排屑与断屑类型的选择（VARI＝0 为断屑，表示钻头在每次到达钻孔深度后返回 DAM 进行断屑；VARI＝1 为排屑，表示钻头在每次到达钻孔深度后返回加工开始平面进行排屑）。

② 动作说明　CYCLE83 孔加工动作如图 10-16 所示，该循环指令通过 Z 轴方向的间歇进给来实现断屑与排屑的目的。刀具从加工开始平面 Z 向进给 FDPR 后暂停断屑，然后快速回退到加工开始平面；暂停排屑后再次快速进给到 Z 向距上次切削孔底平面 DAM 处，从该点处，快速变成工进，工进距离为 FDPR＋DAM。如此循环直到加工至要求的孔深，刀具回退到返回平面完成孔的加工。此类孔加工方式多用于深孔加工。

③ 加工实例　试用 CYCLE83 指令编写如图 10-17 所示孔的加工程序。

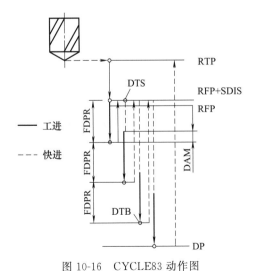

图 10-16　CYCLE83 动作图

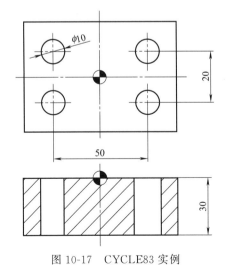

图 10-17　CYCLE83 实例

N10 G90 G94 G40 G71 G54 F100;

N20 M3 S600;

N30 G00 X0 Y0；

N40 Z30；

N50 MCALL CYCLE83 (10, 0, 3, -35,, -5, 5, 2, 1, 1, 1, 0)；

N60 G00 X-25 Y-10；

N70 X25；

N80 Y10；

N90 X-25；

N100 MCALL；

N110 G74 Z1=0；

N120 M5；

N130 M30；

（3）镗孔循环（CYCLE85、CYCLE89）

① 指令格式

CYCLE85 (RTP, RFP, SDIS, DP, DPR, DTB, FFR, RFF)

CYCLE89 (RTP, RFP, SDIS, DP, DPR, DTB)

FFR：刀具切削进给时的进给速率；

RFF：刀具从最后加工深度退回加工开始平面时的进给速率。

② 动作说明　该循环的孔加工动作如图 10-18 所示。当执行 CYCLE85 循环时，刀具以切削进给方式加工到孔底，然后以切削进给方式返回到加工开始平面，再以快速进给方式回到返回平面。因此该指令除可用于较精密的镗孔外，还可用于铰孔、扩孔加工。

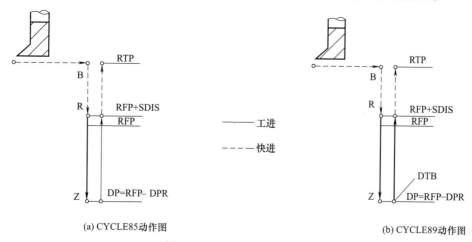

(a) CYCLE85 动作图　　　　　　　　(b) CYCLE89 动作图

图 10-18　镗孔循环 1 动作图

CYCLE89 动作与 CYCLE85 动作基本类似，不同的是 CYCLE89 动作在孔底增加了暂停，因此该指令常用于阶梯孔的加工。

▌ 计划

根据加工任务，制订零件加工计划，见表 10-3。

表 10-3　计划

序号	工作内容	工具	注意事项	操作人
1	加工工艺分析,确定切削路线	参考书	无	全体
2	编写加工程序	参考书	无	全体

续表

序号	工作内容	工具	注意事项	操作人
3	输入程序、图形模拟	机床	无	AB
4	装工件并校正	平口钳、垫块	工件底面不能悬空	CD
5	装刀具	刀柄及刀具	主轴抬高装刀	AB
6	零件加工	钻头、铰刀、深度游标卡尺、塞规等	关安全防护门	EF
7	零件检测	深度游标卡尺、塞规	无	CD
8	打扫机床,整理实训场地,量具摆放整齐	打扫工具	无	全体

决策

根据计划,由组长进行人员任务分工,见表 10-4。

表 10-4 决策

序号	人员	分工
1	全体	工艺分析,编写加工程序
2	AB	输入程序,检验程序正确性,模拟图形,装刀具
3	CD	准备刀具、量具、工件、装工件、零件检测
4	EF	对刀、零件加工

实施

一、加工工艺的确定

1. 分析零件图样

根据图样需加工 $2 \times \phi 10H7$ 孔,尺寸精度为 7 级,表面粗糙度 $Ra1.6\mu m$;$4 \times \phi 9$ 通孔和 $4 \times \phi 15$ 沉孔,沉孔深 5mm。$2 \times \phi 10H7$ 孔尺寸精度和表面质量要求较高,可采用钻孔、扩孔、铰孔方式完成;$4 \times \phi 9$ 通孔用 $\phi 9$ 钻头直接钻出即可;$4 \times \phi 15$ 沉孔钻孔后再锪孔。

2. 工艺分析

(1) 加工方案的确定

① 钻中心孔 所有孔先打中心孔,以保证钻孔时,不会产生斜歪现象。

② 钻孔 用 $\phi 9$ 钻头钻出 $4 \times \phi 9$ 孔和 $2 \times \phi 10H7$ 孔的底孔。

③ 扩孔 用 $\phi 9.8$ 钻头扩 $2 \times \phi 10H7$ 孔。

④ 锪孔 用 $\phi 15$ 锪钻锪出 $4 \times \phi 15$ 沉孔。

⑤ 铰孔 用 $\phi 10H7$ 机用铰刀加工出 $2 \times \phi 10H7$ 孔。

(2) 确定装夹方案 该零件可利用专用夹具或三爪卡盘反爪进行装夹。由于底面和 $\phi 40H8$ 内腔已在前面工序加工完毕,本工序可以 $\phi 40H8$ 内腔和底面为定位面,侧面加防转销限制六个自由度,用压板夹紧,或直接用三爪卡盘反爪以 $\phi 40H8$ 内腔为基准进行定位。

(3) 确定加工工艺 加工工艺见表 10-5。

(4) 进给路线的确定 钻孔及扩、铰孔走刀路线同加工方案。

(5) 刀具及切削参数的确定 刀具及切削参数见表 10-6。

表 10-5 数控加工工序卡

数控加工工序卡片			产品名称	零件名称	材料		零件图号	
					45 钢		图 10-1	
工序号	程序编号	夹具名称	夹具编号	使用设备			车 间	
		虎钳						
工步号	工步内容		刀具号	主轴转速 /(r/min)	进给速度 /(mm/min)	背吃刀量 /mm	侧吃刀量 /mm	备注
1	钻所有孔的中心孔		T01	2000	80			
2	钻 $4 \times \phi 9$ 孔和 $2 \times \phi 10H7$ 孔的底孔		T02	600	100			
3	扩 $2 \times \phi 10H7$ 孔		T03	800	100			
4	锪 $4 \times \phi 15$ 沉孔		T04	500	100			
5	铰 $2 \times \phi 10H7$ 孔		T05	200	50			

表 10-6 数控加工刀具卡

数控加工 刀具卡片			工序号	程序编号	产品名称		零件名称		材料	零件图号
									45 钢	图 10-1
序号	刀具号	刀具名称	刀具规格/mm		粗加工刀补/mm		精加工刀补/mm			备注
			直径	长度	半径	长度	半径	长度		
1	T01	中心钻	$\phi 3$			H01				硬质合金
2	T02	麻花钻	$\phi 9$			H02				高速钢
3	T03	麻花钻	$\phi 9.8$			H03				高速钢
4	T04	锪钻	$\phi 15$			H04				高速钢
5	T05	铰刀	$\phi 10$			H05				高速钢

（6）工具量具选用 加工所需工具量具见表 10-7。

表 10-7 工具量具清单

种类	序号	名称	规格	单位	数量
工具	1	三爪卡盘	K11320	个	1
	2	卡盘扳手		把	1
	3	扳手		把	1
	4	橡皮锤		个	1
量具	1	游标卡尺	0~150mm	把	1
	2	深度游标卡尺	0~200mm	把	1
	3	塞规	$\phi 10H7$	个	1
	4	塞规	$\phi 15$	个	1
	5	表面粗糙度样板	$Ra 0.8 \sim 6.3$	组	1

二、参考程序编制

在 $\phi 40H7$ 内孔中心建立工件坐标系，Z 轴原点设在端盖底面上。利用偏心式寻边器找正 X、Y 轴零点，装上中心钻头，完成 Z 轴的对刀。孔加工的安全平面设置在端盖顶面以上 50mm 处（Z 坐标为 80mm）；R 点平面设置在沉孔上表面 5mm 处（Z 坐标为 20mm）。程序见表 10-8～表 10-12。

表 10-8 钻中心孔参考程序

程序 段号	加工程序		说明
	O0001；	AA1. MPF	
N10	G17 G21 G40 G54 G80 G90 G94；	G90 G94 G40 G71 G54 F80 T1	程序初始化
N20	M03 S2000；	M03 S2000	设定钻中心孔转速

程序段号	加工程序		说明
	O0001；	AA1. MPF	
N30	G00 G43 Z80.0 H01 M08；	G00 Z80.0 D1 M08	下刀,执行长度补偿
N40	G98 G81 X28.28 Y28.28 R18.0	MCALL CYCLE81(40,30,3,12)	钻第一个中心孔
N45	Z12.0 F80；	G00 X28.28 Y28.28	
N50	X0 Y40.0；	X0 Y40.0	钻第二个中心孔
N60	X−28.28 Y28.28；	X−28.28 Y28.28	钻第三个中心孔
N70	Y−28.28；	Y−28.28	钻第四个中心孔
N80	X0 Y−40.0；	X0 Y−40.0	钻第五个中心孔
N90	X28.28 Y−28.28；	X28.28 Y−28.28	钻第六个中心孔
N100	G80；	MCALL	取消循环和模态
N105	G00 G49 Z180.0 M09；	G00 Z180.0 M09	抬刀
N110	M30；	M30	程序结束

表 10-9　钻 ϕ9mm 孔参考程序

程序段号	加工程序		说明
	O0002；	AA2. MPF	
N10	G17 G21 G40 G54 G80 G90 G94；	G90 G94 G40 G71 G54 F80 T2	程序初始化
N20	M03 S600；	M03 S600	启动主轴
N30	G00 G43 Z80.0 H02 M08；	G00 Z80.0 D1 M08	下刀,执行长度补偿
N40	G98 G81 X28.28 Y28.28 R18.0 Z−	MCALL CYCLE81(40,30,3,−5.0)	钻第一个中心孔
N45	5.0 F80；	G00 X28.28 Y28.28	
N50	X0 Y40.0；	X0 Y40.0	钻第二个中心孔
N60	X−28.28 Y28.28；	X−28.28 Y28.28	钻第三个中心孔
N70	Y−28.28；	Y−28.28	钻第四个中心孔
N80	X0 Y−40.0；	X0 Y−40.0	钻第五个中心孔
N90	X28.28 Y−28.28；	X28.28 Y−28.28	钻第六个中心孔
N100	G80；	MCALL	取消循环和模态
N110	G00 G49 Z180.0 M09；	G00 Z180.0 M09	抬刀
N120	M30；	M30	程序结束

表 10-10　扩 2×ϕ9.8mm 孔参考程序

程序段号	加工程序		说明
	O0003；	AA3. MPF	
N10	G21 G40 G54 G80 G90 G94 ；	G90 G94 G40 G71 G54 F80 T3	程序初始化
N20	M03 S800；	M03 S800 D1	设定扩孔转速
N30	G00 G43 Z80.0 H03 M08；	G00 Z80.0 M08	下刀,执行长度补偿
N40	G98 G81 X0 Y40.0 R18.0 Z−	G00 X0 Y40.0	扩 2×ϕ10H7mm 孔
N45	5.0 F100；	CYCLE81(40,30,3,−5.0)	至 ϕ9.8mm
N50	Y−40.0；	G00 Y−40.0	扩第二孔
N55		CYCLE81(40,30,3,−5.0)	
N60	G80 G00 G49 Z180 M09；	G00 Z180 M09	抬刀
N70	M30；	M30	程序结束

表 10-11　锪出 4Xϕ15mm 沉头孔参考程序

程序段号	加工程序		说明
	O0004；	AA4. MPF	
N10	G21 G40 G54 G80 G90 G94；	G90 G94 G40 G71 G54 F80 T4	程序初始化
N20	M03 S500；	M03 S500	设定锪孔转速
N30	G00 G43 Z80.0 H04 M08；	G00 Z80.0 D1M08	下刀,执行长度补偿
N40	G98 G82 X28.28 Y28.28 R18.0 Z10.0 P2000 F80；	MCALL CYCLE82(40,30,3,10.0,,2)	锪出四个 ϕ15mm 沉头孔
		G00 X28.28 Y28.28	

续表

程序段号	加工程序		说明
	O0004；	AA4. MPF	
N50	X－28.28；	X－28.28	镗第二孔
N60	Y－28.28；	Y－28.28	镗第三孔
N70	X28.28；	X28.28	镗第四孔
N80	G80；	MCALL	取消循环和模态
N85	G00 G49 Z180 M09；	G00 Z180 M09	抬刀
N90	M30；	M30	程序结束

表 10-12 铰 2×φ10H7mm 孔参考程序

程序段号	加工程序		说明
	O0005；	AA5. MPF	
N10	G21 G40 G54 G80 G90 G94 ；	G90 G94 G40 G71 G54 T5	程序初始化
N20	M03 S200；	M03 S200	设定铰孔转速
N30	G00 G43 Z80.0 H05 M08；	G00 Z80.0 D1 M08	下刀，执行长度补偿
N40	G98 G85 X0 Y40.0 R20.0 Z－5.0 F100；	G00 X0 Y40.0	铰 2×φ10H7mm 孔
N45		CYCLE85（40，30，3，－5.0，，100，200）	
N50	Y－40.0；	G00 Y－40.0	铰第二孔
N60	G80；	CYCLE85（40，30，3，－5.0，，100，200）	
N70	G00 G49 Z200 M09；	G00 Z200 M09	抬刀
N80	M30；	M30	程序结束

三、技能训练

1. 加工准备

（1）阅读零件图，准备工件材料、工量刃具。

（2）开机，复位，机床回机床参考点。

（3）输入并检查程序。

（4）模拟加工程序。

（5）安装夹具，紧固工件。将三爪卡盘安装在工作台上，反爪以 φ40H8 内腔为基准定位，百分表校正工件上表面并夹紧。

（6）安装刀具。该工件使用了 5 把刀具，注意不同类型的刀具安装到相应的刀柄中。

2. 对刀，设定工件坐标系及刀具补偿

第 1 把刀对刀时：X、Y 向对刀，通过试切法分别对工件 X、Y 向进行对刀操作，得到 X、Y 零偏值输入 G54 中；Z 向对刀，利用试切法测得工件上表面的 Z 数值，输入 G54 中。刀具半径补偿应分别在粗、精加工时设置到相应的刀补形状及磨耗中。第 2、3、4、5 把刀具只需进行 Z 向对刀，步骤同上。

3. 自动加工

（1）"EDIT"方式下选择调用待加工程序，调至程序首句。

（2）选择"MEM"方式，调好进给倍率、主轴倍率，检查"空运行""机床锁定"键应处于关闭状态。

（3）按下"循环启动"按钮进行自动加工。

检查

零件加工结束后进行检测。检测结果写在表 10-13 中。

表 10-13 评分表

班级			姓名		学号	
任务		钻、铰、扩孔编程与加工			零件图编号	图 10-1
基本检查		序号	检测内容	配分	学生自评	教师评分
	编程	1	切削加工工艺制订正确	10		
		2	切削用量选择合理	10		
		3	程序正确、简单、规范	20		
	操作	4	设备操作、维护保养正确	5		
		5	安全、文明生产	5		
		6	刀具选择、安装正确、规范	10		
		7	工件找正、安装正确、规范	5		
工作态度		8	行为规范、纪律表现	5		
尺寸精度		9	$2 \times \phi 10$ H 7	16		
		10	$4 \times \phi 9$	5		
		11	$4 \times \phi 15$	4		
表面粗糙度		12	$Ra 3.2$	5		
综合得分				100		

评估

在实施过程中各组出现的问题各不相同，有些问题组内讨论解决了，有些问题没有解决，也有些问题组内成员都没有意识到，老师引导各组就一些典型和隐性的问题进行讨论，见表 10-14。

表 10-14 评估

序号	问题	可能原因	后果	避免措施
1	表面粗糙度差	精加工参数不合理	工件表面质量差	合理选择精加工参数
2	撞刀	对刀不正确；程序不正确	零件损坏，刀具损坏	对刀正确；程序编写要正确
3	孔精度超差	铰孔参数设置不合理	孔不符合要求	合理设置铰孔参数，选择精度较高的铰刀
4	麻花钻加工时偏心	没先钻中心孔	孔偏心	先钻中心孔
5	$\phi 9$、$\phi 10$ 孔深度没到	钻头顶头深度没考虑	深度不够	有效深度加钻头顶头深度

思考与练习

1. 数控铣床孔加工固定循环指令有哪些?

2. 孔加工时若按了急停键，其后的加工应注意哪些事项?

3. 编写如图 10-19 所示零件上定位销孔、螺栓孔的加工程序，并完成工序卡片的填写。零件上下表面、$\phi 80$ 外轮廓等部位已在前面工序（步）完成，零件材料为 45 钢。

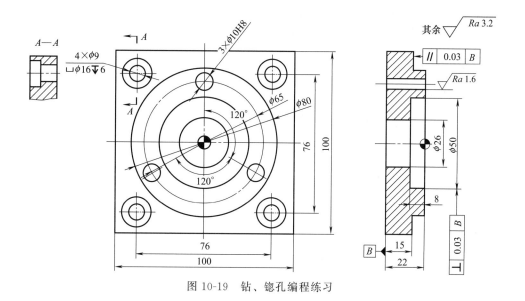

图 10-19　钻、锪孔编程练习

任务二　攻螺纹编程与加工

▌ 学习目标

1. 知识目标

（1）了解丝锥种类及选用方法。

（2）掌握攻螺纹前孔底直径的确定方法。

（3）掌握攻螺纹加工循环指令。

2. 技能目标

掌握攻螺纹加工方法。

▌ 工作任务

完成攻螺纹零件如图 10-20 所示，底平面、侧面和在前面工序加工完成。本工序加工 4 个螺纹孔，材料为 45 钢。

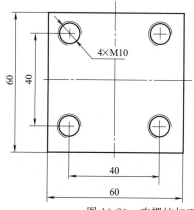
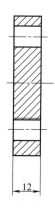

图 10-20　攻螺纹加工

■ 资讯

一、攻螺纹的加工工艺

1. 底孔直径的确定

攻螺纹之前要先打底孔，底孔直径的确定方法如下：

对钢和塑性大的材料

$$D_孔 = D - P$$

对铸铁和塑性小的材料

$$D_孔 = D - (1.05 \sim 1.1)P$$

式中　$D_孔$——螺纹底孔直径，mm；

　　　D——螺纹大径，mm；

　　　P——螺距，mm。

2. 盲孔螺纹底孔深度

盲孔螺纹底孔深度的计算方法如下：

$$盲孔螺纹底孔深度 = 螺纹孔深度 + 0.7d$$

式中　d——钻头的直径，mm。

3. 攻螺纹刀具

丝锥是数控机床加工内螺纹的一种常用刀具，其基本结构是一个轴向开槽的外螺纹。一般丝锥的容屑槽制成直的，也有的制成螺旋形的，螺旋形容易排屑。加工右旋通孔螺纹时，选用左旋丝锥；加工右旋不通孔螺纹时，选用右旋丝锥，如图 10-21 所示。

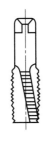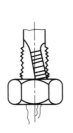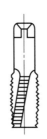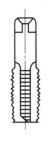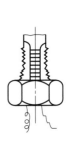

图 10-21　丝锥

图 10-22　左旋螺纹循环

二、FANUC 系统攻内螺纹固定循环指令

1. 攻反螺纹指令（左旋螺纹）

G74　X＿ Y＿ Z＿ R＿ P＿ F＿ K＿

G74 攻反螺纹时主轴反转，到孔底时主轴正转，然后退回。

G74 指令动作循环见图 10-22。

注意：

① 攻螺纹时速度倍率、进给保持均不起作用；

② R 应选在距工件表面 7mm 以上的地方；

③ 如果 Z 的移动量为零，该指令不执行。

2. 攻螺纹指令（右旋螺纹）

G84　X＿ Y＿ Z＿ R＿ P＿ F＿ K＿

G84 攻螺纹时从 R 点到 Z 点主轴正转，在孔底暂停后，主轴反转，然后退回。

G84 指令动作循环见图 10-23。

注意：

① 攻螺纹时速度倍率、进给保持均不起作用；

② R 应选在距工件表面 7mm 以上的地方；

③ 如果 Z 的移动量为零，该指令不执行。

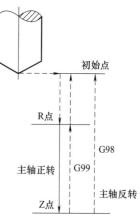

图 10-23 右旋螺纹循环

三、SIEMENS 系统攻内螺纹固定循环指令

刚性攻螺纹 CYCLE84 与柔性攻螺纹 CYCLE840：

（1）指令格式

CYCLE84（RTP，RFP，SDIS，DP，DPR，DTB，SDAC，MPIT，PIT，POSS，SST，SST1）；

CYCLE840（RTP，RFP，SDIS，DP，DPR，DTB，SDR，SDAC，ENC，MPIT，PIT）；

SDAC：循环结束后的旋转方向，取 3、4、5，分别代表 M3、M4、M5；

MPIT：标准螺距，螺距由螺纹尺寸决定，取值范围为 3～48，分别表示 M3～M48，符号代表旋转方向；

PIT：螺距由数值决定，符号代表旋转方向；

POSS：主轴的准停角度；

SST：攻螺纹进给速度；

SST1：退回速度；

SDR：返回时的主轴旋转方向，取值 0、3、4；SDR＝0 时，主轴返回时的旋转方向自动变换；3、4 分别代表 M3、M4；

ENC：是否带编码器攻螺纹，ENC＝0 为带编码器，ENC＝1 为不带编码器。

（2）动作说明　刚性攻螺纹与柔性攻螺纹动作如图 10-24 所示，其中 CYCLE84 循环为刚性攻螺纹循环。执行该循环时，根据螺纹的旋向选择主轴的旋转方向；刀具以 G00 方式快速移动到加工开始平面；执行攻螺纹到达孔底，攻螺纹速度由参数"SST"指定；主轴以攻螺纹的相反旋转方向退回到加工开始平面，退回速度由参数"SST"指定；再以 G00 方式退到返回平面，完成攻螺纹动作；主轴旋转方向回到 SDAC 状态。

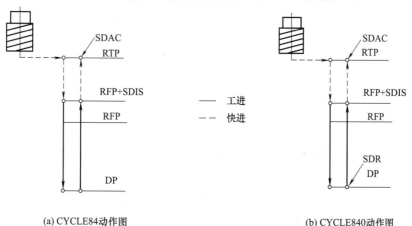

(a) CYCLE84动作图　　　　　　　　(b) CYCLE840动作图

图 10-24　CYCLE84 与 CYCLE840 动作图

▌ 计划

根据加工任务，制订零件加工计划，见表 10-15。

表 10-15　计划

序号	工作内容	工具	注意事项	操作人
1	加工工艺分析,确定切削路线	参考书	无	全体
2	编写加工程序	参考书	无	全体
3	输入程序、图形模拟	机床	无	AB
4	装工件并校正	平口钳、垫块	工件底面不能悬空	CD
5	装刀具	刀柄及刀具	主轴抬高装刀	AB
6	零件加工	丝锥、深度千分尺、塞规等	关安全防护门	EF
7	零件检测	丝锥、深度千分尺、塞规	无	CD
8	打扫机床,整理实训场地,量具摆放整齐	打扫工具	无	全体

▌ 决策

根据计划，由组长进行人员任务分工，见表 10-16。

表 10-16　决策

序号	人员	分工
1	全体	工艺分析,编写加工程序
2	AB	输入程序,检验程序正确性,模拟图形,装刀具
3	CD	准备刀具、量具、工件、装工件、零件检测
4	EF	对刀、零件加工

▌ 实施

一、加工工艺的确定

1. 分析零件图样

根据图样需加工 4×M10 粗牙螺纹，可采用钻孔、攻螺纹的方式完成。

2. 工艺分析

（1）加工方案的确定

① 钻中心孔　所有孔都首先打中心孔，以保证钻孔时，不会产生斜歪现象。

② 钻孔　用 $\phi 8.5$ 钻头钻出 $4 \times \phi 8.5$ 的底孔。

③ 攻螺纹　用 M10 机用丝锥加工 4×M10 螺纹。

（2）确定装夹方案　该零件采用平口钳装夹。由于底面和外框在前面工序加工完毕，本工序只需完成螺纹的加工。

（3）确定加工工艺　加工工艺见表 10-17。

表 10-17　数控加工工序卡

数控加工工序卡片			产品名称	零件名称	材料		零件图号
					45 钢		图 10-20
工序号	程序编号	夹具名称	夹具编号	使用设备		车　间	
		虎钳					

工步号	工步内容	刀具号	主轴转速 /(r/min)	进给速度 /(mm/min)	背吃刀量/mm	侧吃刀量/mm	备注
1	钻所有孔的中心孔	T01	2000	80			
2	4×φ8.5孔	T02	600	100			
3	攻M10螺纹	T03	100	150			

（4）进给路线的确定　钻孔及攻螺纹路线同加工方案。

（5）刀具及切削参数的确定　刀具及切削参数见表10-18。

表 10-18　数控加工刀具卡

单位		数控加工刀具卡片	产品名称			零件图号	
			零件名称			图 10-20	
序号	刀具号	刀具名称	刀具		补偿值	刀补号	
			直径	长度	半径 长度	半径	长度
1	T01	中心钻	φ3mm				H01
2	T02	麻花钻	φ8.5mm				H02
3	T03	机用丝锥	M10				H03

（6）工具量具选用　加工所需工具量具见表10-19。

表 10-19　工具量具清单

种类	序号	名称	规格	单位	数量
工具	1	平口钳	QH150	个	1
	2	平行垫铁		个	1
	3	扳手		把	1
	4	橡皮锤		个	1
量具	1	游标卡尺	0～150mm	把	1
	2	深度游标卡尺	0～200mm	把	1
	3	螺纹塞规	M10	个	1
	4	表面粗糙度样板	Ra0.8～6.3	组	1

二、参考程序编制

在工件对称中心建立工件坐标系，Z轴原点设在工件上表面。利用寻边器找正X、Y轴零点，装上中心钻头，完成Z轴的对刀。孔加工的安全平面设置在工件表面以上50mm处；R点平面设置在沉孔上表面5mm处。程序见表10-20～表10-22。

表 10-20　钻中心孔参考程序

程序段号	加工程序		说　明
	O0001；	AA1. MPF	
N10	G21 G40 G54 G80 G90 G94；	G90 G94 G40 G71 G54 F80 T1	程序初始化
N20	M03 S2000；	M03 S2000	设钻中心孔转速
N30	G00 G43 Z50.0 H01 M08；	G00 Z50.0 D1 M08	执行长度补偿
N40	G98 G81 X－20 Y－20 R3 Z－5 F80；	MCALL CYCLE81(10,0,3,－5)	钻出四个孔的中心孔
N45		G00X－20Y－20	
N50	Y20；	Y20	钻第二孔
N60	X20；	X20	钻第三孔
N70	Y－20；	Y－20	钻第四孔
N80	G80；	MCALL	取消循环和模态
N85	G00 G49 Z100 M09；	G00 Z100 M09	抬刀
N90	M30；	M30	程序结束

表 10-21　钻 φ8.5mm 孔参考程序

程序段号	加工程序		说　明
	O0002；	AA2. MPF	
N10	G21 G40 G54 G80 G90 G94；	G90 G94 G40 G71 G54 F100 T2	程序初始化
N20	M03 S600；	M03 S600	设定钻孔转速
N30	G00 G43 Z50.0 H02 M08；	G00 Z50.0 D1 M08	执行长度补偿
N40	G98 G81 X−20 Y−20 R3 Z−	MCALL CYCLE81(10,0,3,−15)	钻出第一个底孔
N45	15 F100；	G00 X−20 Y−20	
N50	Y20；	Y20	钻出第二个底孔
N60	X20；	X20	钻出第三个底孔
N70	Y−20；	Y−20	钻出第四个底孔
N80	G80；	MCALL	取消循环和模态
N85	G00 G49 Z100 M09；	G00 Z100 M09	抬刀
N90	M30；	M30	程序结束

表 10-22　攻 M10 螺纹参考程序

程序段号	加工程序		说　明
	O0003；	AA3. MPF	
N10	G21 G40 G54 G80 G90 G94；	G90 G94 G40 G71 G54 T3	程序初始化
N20	M03 S100；	M03 S100	启动主轴
N30	G00 G43 Z50.0 H03 M08；	G00 Z50.0 D1M08	执行长度补偿
N40	G98 G84 X−20 Y−20 R3 Z−	MCALL CYCLE840（10，0，3，−15，，0，4，3，0，，1.5）	攻第一螺纹孔
N45	15 F150；	G00 X−20 Y−20	
N50	Y20；	Y20	攻第二螺纹孔
N60	X20；	X20	攻第三螺纹孔
N70	Y−20；	Y−20	攻第四螺纹孔
N80	G80；	MCALL	取消循环和模态
N85	G00 G49 Z100 M09；	G00 Z100 M09	抬刀
N90	M30；	M30	程序结束

三、技能训练

1. 加工准备

（1）阅读零件图，准备工件材料、工量刃具。

（2）开机，复位，机床回机床参考点。

（3）输入并检查程序。

（4）模拟加工程序。（熟练可省略）

（5）安装夹具，紧固工件。将平口钳安装在工作台上，以工件底面为基准定位，用百分表校正工件上表面并夹紧。

（6）安装刀具。该工件使用了 3 把刀具，注意不同类型的刀具安装到相应的刀柄中。

2. 对刀，设定工件坐标系及刀具补偿

第 1 把刀对刀时：X、Y 向对刀，通过试切法或寻边器分别对工件 X、Y 向进行对刀操作，得到 X、Y 零偏值输入 G54 中；Z 向对刀，利用试切法测得工件上表面的 Z 数值，输入 G54 中。刀具半径补偿应分别在粗、精加工时设置到相应的刀补形状及磨耗中。第 2、3 把刀具只需进行 Z 向对刀，步骤同上。

3. 自动加工

（1）"EDIT"方式下选择调用待加工程序，调至程序首句。

（2）选择"MEM"方式，调好进给倍率、主轴倍率，检查"空运行""机床锁定"键应处于关闭状态。

（3）按下"循环启动"按钮进行自动加工。

■ 检查

零件加工结束后进行检测。检测结果写在表 10-23 中。

表 10-23　外轮廓综合编程与加工评分表

班级			姓名		学号	
任务			外轮廓综合编程与加工		零件图编号	图 10-20
		序号	检 测 内 容	配分	学生自评	教师评分
基本检查	编程	1	切削加工工艺制订正确	10		
		2	切削用量选择合理	10		
		3	程序正确、简单、规范	20		
	操作	4	设备操作、维护保养正确	5		
		5	安全、文明生产	5		
		6	刀具选择、安装正确、规范	10		
		7	工件找正、安装正确、规范	5		
工作态度		8	行为规范、纪律表现	5		
尺寸精度		9	4×M10（4个）通规旋进，止规不进为合格	20		
		10	其他尺寸	5		
表面粗糙度		11	Ra3.2	5		
综合得分				100		

■ 评估

在实施过程中各组出现的问题各不相同，有些问题组内讨论解决了，有些问题没有解决，也有些问题组内成员都没有意识到，老师引导各组就一些典型和隐性的问题进行讨论，见表 10-24。

表 10-24　评估

序号	问　题	可 能 原 因	后　果	避 免 措 施
1	表面粗糙度差	精加工参数不合理	工件表面质量差	合理选择精加工参数
2	撞刀	对刀不正确；程序不正确	零件损坏，刀具损坏	对刀正确；程序编写要正确
3	螺纹孔精度超差	底孔大	螺纹孔不符要求	合理加工底孔直径
4	螺纹刀卡在孔里或断在孔里	攻螺纹力过大	报废	底孔略微大点，选用专用攻螺纹刀柄

■ 思考与练习

1. 数控铣床螺纹加工有哪些固定循环指令，有何区别？
2. 编写如图 10-25 所示零件的加工程序。

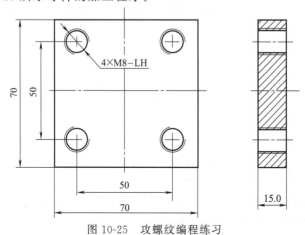

图 10-25　攻螺纹编程练习

<h1 style="text-align:center">任务三　镗孔编程与加工</h1>

■ 学习目标

1. 知识目标

(1) 了解镗刀形状、结构、种类及选用方法。

(2) 掌握镗孔工艺参数选用原则。

(3) 了解镗孔循环指令及应用。

2. 技能差目标

掌握微调镗刀的使用方法。

■ 工作任务

完成如图 10-26 所示零件的加工，底平面、侧面和在前面工序加工完成。本工序加工 2 个孔。材料为 45 钢。

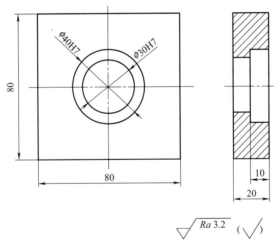

图 10-26　镗孔加工

■ 资讯

一、镗孔的加工工艺

镗孔是数控镗铣床上的主要加工内容之一，它能精确地保证孔系的尺寸精度和形位精度，并纠正上道工序的误差。在数控镗铣床上进行镗孔加工通常是采用悬臂方式，因此要求镗刀有足够的刚性和较好的精度。

镗孔加工精度一般可达 IT7～IT6，表面粗糙度值可达 $Ra6.3～0.8\mu m$。为适应不同的切削条件，镗刀有多种类型。按镗刀的切削刃数量可分为单刃镗刀 [图 10-27 (a)] 和双刃镗刀 [图 10-27 (b)]。

在精镗孔中，目前较多地选用精镗微调镗刀，如图 10-28 所示。这种镗刀的径向尺寸可以在一定范围内进行微调，且调节方便，精度高。

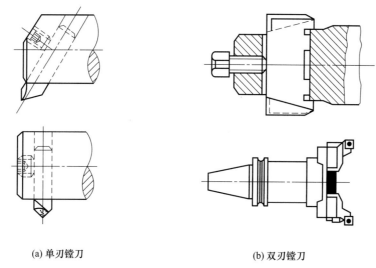

(a) 单刃镗刀　　　　　　　　　(b) 双刃镗刀

图 10-27　镗刀

二、FANUC 系统镗孔加工固定循环指令

1. 镗孔循环指令 G85/G86 和 G89

G85(G86)　X__Y__Z__R__F__K__

G85 指令与 G84 指令相同，但在孔底时主轴不反转。

G86 指令与 G81 相同，但在孔底时主轴停止，然后快速退回。

注意：

① 如果 Z 的移动位置为零，该指令不执行；

② 调用此指令之后，主轴将保持正转。

G89　X__Y__Z__R__P__F__K__

G89 指令与 G85 指令相同，但在孔底有暂停。

注意：如果 Z 的移动量为零，G89 指令不执行。

2. 反镗循环指令 G87

G87　X__Y__Z__R__Q__F__K__

G87 指令动作循环见图 10-29。

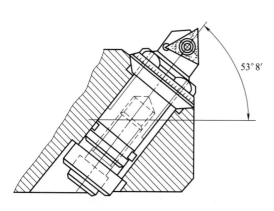

图 10-28　微调镗刀

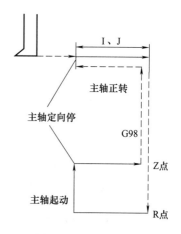

图 10-29　反镗孔循环

说明：

① 在 X、Y 轴定位；

② 主轴定向停止；

③ 在 X、Y 方向分别向刀尖的反方向移动 I、J 值；

④ 定位到 R 点（孔底）；

⑤ 在 X、Y 方向分别向刀尖方向移动 I、J 值；

⑥ 主轴正转；

⑦ 在 Z 轴正方向上加工至 Z 点；

⑧ 主轴定向停止；

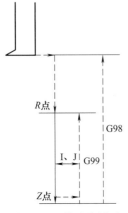

图 10-30　精镗孔循环

⑨ 在 X、Y 方向分别向刀尖反方向移动 I、J 值；

⑩ 返回到初始点（只能用 G98）；

⑪ 在 X、Y 方向分别向刀尖方向移动 I、J 值；

⑫ 主轴正转。

注意：如果 Z 的移动量为零，该指令不执行。

3. 精镗指令 G76

G76 X ＿ Y ＿ Z ＿ R ＿ Q ＿ P ＿ F ＿ K ＿

说明：G76 精镗时，主轴在孔底定向停止后，向刀尖反方向移动，然后快速退刀。这种带有让刀的退刀不会划伤已加工平面，保证了镗孔精度。G76 指令动作循环见图 10-30。

注意：如果 Z 的移动量为零，该指令不执行。

三、SIEMENS 系统镗孔加工固定循环

1. 镗孔循环Ⅱ（CYCYLE87、CYCLE88）

（1）指令格式

CYCLE87（RTP，RFP，SDIS，DP，DPR，SDIR）；通孔采用。

CYCLE88（RTP，RFP，SDIS，DP，DPR，DTB，SDIR）；台阶孔采用。

SDIR：刀具切削进给时的主轴旋转方向，取 3、4，分别代表 M3、M4。

（2）动作说明　孔加工动作如图 10-31（a）所示。执行 CYCLE87 循环，刀具以切削进给方式加工到孔底，此时，主轴的旋转方向由参数"SDIR"决定。刀具在孔底位置执行主轴停转，程序暂停；按下机床面板上的循环启动按钮，主轴快速退回返回平面。此种方式虽

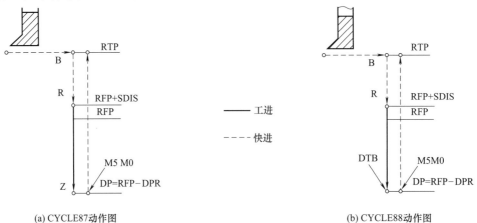

(a) CYCLE87动作图　　　　　　　　　　(b) CYCLE88动作图

图 10-31　镗孔循环Ⅱ动作图

能相应提高孔的加工精度，但加工效率较低。

CYCLE88 的加工动作与 CYCLE87 基本相同，不同的是 CYCLE88 动作在孔底增加了暂停，如图 10-31（b）所示。

2. 精镗孔循环（CYCLE86）

（1）指令格式

CYCLE86（RTP，RFP，SDIS，DP，DPR，DTB，SDIR，RPA，RPO，RPAP，POSS）

SDIR：主轴旋转方向，取 3、4，分别代表 M3、M4；

RPA：平面中的第一轴（如 G17 平面中的 X 轴）方向的让刀量，该值用带符号增量值表示；

RPO：平面中的第一轴（如 G17 平面中的 Y 轴）方向的让刀量，该值用带符号增量值表示；

RPAP：镗孔轴上的返回路径，该值用带符号增量值表示；

POSS：固定循环中用于规定主轴的准停位置，其单位为度。

（2）动作说明　CYCLE86 孔加工动作如图 10-32 所示。执行 CYCLE86 循环，刀具以切削进给方式加工到孔底，实现主轴准停；刀具在加工平面第一轴方向移动 RPA，在第二轴方向移动 RPO，镗孔轴方向移动 RPAP，使刀具脱离工件表面，保证刀具退出时不擦伤工件表面，主轴快速退回至加工开始平面；然后主轴快速退回平面程序的循环起点；主轴恢复 SDIR 旋转方向。该指令用于精密镗孔加工。

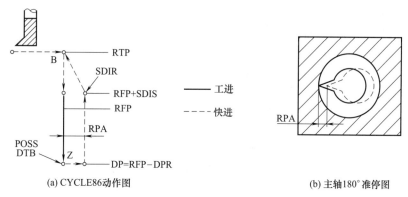

(a) CYCLE86动作图　　　　(b) 主轴180°准停图

图 10-32　精镗孔循环动作图

计划

根据加工任务，制订零件加工计划，见表 10-25。

表 10-25　计划

序号	工 作 内 容	工　具	注意事项	操作人
1	加工工艺分析,确定切削路线	参考书	无	全体
2	编写加工程序	参考书	无	全体
3	输入程序、图形模拟	机床	无	AB
4	装工件并校正	平口钳、垫块	工件底面不能悬空	CD
5	装刀具	刀柄及刀具	主轴抬高装刀	AB
6	零件加工	深度千分尺、螺纹塞规等	关安全防护门	EF
7	零件检测	深度千分尺、螺纹塞规	无	CD
8	打扫机床,整理实训场地,量具摆放整齐	打扫工具	无	全体

■ 决策

根据计划，由组长进行人员任务分工，见表 10-26。

表 10-26 决策

序号	人 员	分 工
1	全体	工艺分析,编写加工程序
2	AB	输入程序,检验程序正确性,模拟图形,装刀具
3	CD	准备刀具、量具、工件、装工件、零件检测
4	EF	对刀、零件加工

■ 实施

一、加工工艺的确定

1. 分析零件图样

根据图样需加工 $\phi30$ 及 $\phi40$ 孔各一个,尺寸精度约为 H7 级,表面粗糙度 $Ra1.6\mu m$；尺寸精度和表面质量要求较高,可采用钻孔、粗镗孔、精镗孔方式完成；先钻出 $\phi29$ 孔,用 $\phi29$ 钻头直接钻出即可；再用镗刀分别加工出 $\phi30$ 及 $\phi39.5$、$\phi40$ 孔。

2. 工艺分析

(1) 加工方案的确定

① 钻中心孔 所有孔先打中心孔,以保证钻孔时,不会产生斜歪现象。

② 钻孔 用 $\phi29$ 钻头钻出底孔。

③ 镗孔 用 $\phi30$ 镗刀加工 $\phi30$ 孔。

④ 粗镗孔 用 $\phi39.5$ 镗刀粗加工 $\phi39.5$ 孔。

⑤ 精镗孔 用 $\phi40$ 镗刀精加工 $\phi40$ 孔。

(2) 确定装夹方案 该零件采用平口钳装夹。由于底面和外框在前面工序加工完毕,本工序只需完成台阶孔的加工。

(3) 确定加工工艺 加工工艺见表 10-27。

表 10-27 数控加工工序卡

数控加工工序卡片			产品名称	零件名称		材料		零件图号	
						45 钢		图 10-26	
工序号	程序编号	夹具名称	夹具编号	使用设备			车 间		
		虎钳							
工步号	工步内容		刀具号	主轴转速/(r/min)	进给速度/(mm/min)	背吃刀量/mm	侧吃刀量/mm	备注	
1	钻所有孔的中心孔		T01	2000	80				
2	钻 $\phi29$ 孔		T02	250	50				
3	镗 $\phi30$ 孔		T03	1000	100				
4	粗镗 $\phi39.5$ 孔		T04	900	120				
5	精镗 $\phi40$ 孔		T05	1000	100				

(4) 进给路线的确定 钻孔及粗、精镗孔走刀路线同加工方案。

(5) 刀具及切削参数的确定 刀具及切削参数见表 10-28。

表 10-28 数控加工刀具卡

单位		数控加工刀具卡片	产品名称				零件图号	
			零件名称				图 10-26	
序号	刀具号	刀具名称	刀具		补偿值		刀补号	
			直径	长度	半径	长度	半径	长度
1	T01	中心钻	$\phi3mm$					H01
2	T02	麻花钻	$\phi29mm$					H02
3	T03	镗刀	$\phi30mm$					H03
4	T04	镗刀	$\phi39.5mm$					H04
5	T05	镗刀	$\phi40mm$					H05

（6）工具、量具选用 加工所需工具、量具见表 10-29。

表 10-29 工具、量具清单

种类	序号	名 称	规 格	单位	数量
工具	1	平口钳	QH150	个	1
	2	扳手		把	1
	3	平行垫铁		副	1
	4	橡皮锤		个	1
量具	1	游标卡尺	0～150mm	把	1
	2	深度游标卡尺	0～200mm	把	1
	3	内测千分尺	25～50mm	把	1
	4	杠杆百分表及表座		个	1
	5	表面粗糙度样板	$Ra0.8～6.3$	组	1

二、参考程序编制

在 $\phi40H7$ 内孔中心建立工件坐标系，Z 轴原点设在工件上表面。利用偏心式寻边器找正 X、Y 轴零点，装上中心钻，完成 Z 轴的对刀。孔加工的安全平面设置在上表面以上 50mm 处；R 点平面设置在上表面 5mm 处。程序见表 10-30～表 10-32。

表 10-30 钻中心孔参考程序

程序（FANUC 系统）	程序（SIEMENS 系统）
O0001；	AA1. MPF
N10 G17 G21 G40 G54 G80 G90 G94；	G90 G94 G40 G71 G54 T1 F100
N20 M03 S2000；	M03 S2000
N30 G00 G43 Z50.0 H01 M08；	G00 Z50.0 D1 M08
N40 G98 G81 X0 Y0 R3 Z−5 F100；	G00 X0 Y0
N45 G80；	CYCLE81(10,0,3,−5.0)
N50 G00 G49 Z100 M09；	G00 Z100 M09
N60 M30；	M30

表 10-31 钻 $\phi29mm$ 孔参考程序

程序（FANUC 系统）	程序（SIEMENS 系统）
O0002；	AA2. MPF
N10 G17 G21 G40 G54 G80 G90 G94；	G90 G94 G40 G71 G54 T2 F100
N20 M03 S250；	M03 S250
N30 G00 G43 Z50.0 H02 M08；	G00 Z50.0 D1 M08
N40 G98 G81 X0 Y0 R3 Z−25 F100；	G00 X0 Y0
N45 G80；	CYCLE81(10,0,3,−25.0)
N50 G00 G49 Z100 M09；	G00 Z100 M09
N60 M30；	M30

表 10-32　镗 $\phi30$ 孔参考程序

程序（FANUC 系统）	程序（SIEMENS 系统）
O0003；	AA2. MPF
N10 G17 G21 G40 G54 G80 G90 G94；	G90 G94 G40 G71 G54 T3 F100
N20 M03 S2500；	M03 S2500
N30 G00 G43 Z50.0 H03 M08；	G00 Z50.0 D1 M08
N40 G98 G86 X0 Y0 R5 Z−21 F120；	G00 X0 Y0
N45 G80；	CYCLE86(10,0,3,−21.0,,0,2,2,0,2,0)
N50 G00 G49 Z100 M09；	G00 Z100 M09
N60 M30；	M30

注：粗镗 $\phi39.5$ 及精镗 $\phi40$ 孔程序同 O0003。

三、技能训练

1. 加工准备

（1）阅读零件图，准备工件材料、工量刃具。

（2）开机，复位，机床回机床参考点。

（3）输入并检查程序。

（4）模拟加工程序。（熟练可省略）

（5）安装夹具，紧固工件。将平口钳安装在工作台上，以工件底面为基准定位，用百分表校正工件上表面并夹紧。

（6）安装刀具。该工件使用了 5 把刀具，注意不同类型的刀具安装到相应的刀柄中。

2. 对刀，设定工件坐标系及刀具补偿

X、Y 向对刀，通过试切法或寻边器分别对工件 X、Y 向进行对刀操作，得到 X、Y 零偏值输入 G54 中；Z 向对刀，利用试切法测得工件上表面的 Z 数值，输入 G54 中。

3. 自动加工

（1）"EDIT" 方式下选择调用待加工程序，调至程序首句。

（2）选择 "MEM" 方式，调好进给倍率、主轴倍率，检查 "空运行" "机床锁定" 键应处于关闭状态。

（3）按下 "循环启动" 按钮进行自动加工。

▌检查

零件加工结束后进行检测。检测结果写在表 10-33 中。

表 10-33　评分表

班级			姓名		学号	
任务			外轮廓综合编程与加工		零件图编号	图 10-26
		序号	检测内容	配分	学生自评	教师评分
基本检查	编程	1	切削加工工艺制定正确	10		
		2	切削用量选择合理	10		
		3	程序正确、简单、规范	20		
	操作	4	设备操作、维护保养正确	5		
		5	安全、文明生产	5		
		6	刀具选择、安装正确、规范	10		
		7	工件找正、安装正确、规范	5		
工作态度		8	行为规范、纪律表现	5		

续表

班级		姓名		学号	
任务	外轮廓综合编程与加工			零件图编号	图10-26
尺寸精度	9	ϕ30H7		11	
	10	ϕ40H7		11	
	11	其余尺寸		3	
表面粗糙度	12	Ra3.2		5	
综合得分				100	

评估

在实施过程中各组出现的问题各不相同，有些问题组内讨论解决了，有些问题没有解决，也有些问题组内成员都没有意识到，老师引导各组就一些典型和隐性的问题进行讨论，见表10-34。

表10-34　评估

序号	问　题	可能原因	后　果	避免措施
1	表面粗糙度差	精加工参数不合理	工件表面质量差	合理选择精加工参数
2	撞刀	对刀不正确；程序不正确	零件损坏，刀具损坏	对刀正确；程序编写要正确
3	轮廓尺寸不符合要求	测量不正确，修调不到位	报废	正确测量和修调
4	平行度超差	装夹有误差	平行度不能保证，厚度有误差	工件装夹不能悬空，要校正
5	孔精度超差	铰孔参数设置不合理	孔不符合要求	合理设置铰孔参数，选择精度较高的铰刀
6	半径补偿干涉	刀具补偿参数设置过大，超过凹圆弧半径	报警	刀具补偿参数不能超过凹圆弧半径

知识拓展

孔的加工方法与步骤的选择见表10-35。

表10-35　孔加工的方法与步骤

序号	加工方案	精度等级	表面粗糙度 Ra	适用范围
1	钻	11~13	50~12.5	加工未淬火钢及铸铁的实心毛坯，也可用于加工有色金属（但粗糙度较差），孔径<15~20mm
2	钻—铰	9	3.2~1.6	
3	钻—粗铰（扩）—精铰	7~8	1.6~0.8	
4	钻—扩	11	6.3~3.2	同上，但孔径>15~20mm
5	钻—扩—铰	8~9	1.6~0.8	
6	钻—扩—粗铰—精铰	7	0.8~0.4	
7	粗镗（扩孔）	11~13	6.3~3.2	除淬火钢外各种材料，毛坯有铸出孔或锻出孔
8	粗镗（扩孔）—半精镗（精扩）	8~9	3.2~1.6	
9	粗镗（扩）—半精镗（精扩）—精镗	6~7	1.6~0.8	

思考与练习

1. 数控铣床镗孔指令有哪些？各指令有何区别？
2. 编写如图10-33所示零件的加工程序。

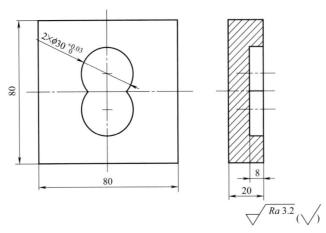

图 10-33 镗孔编程练习

项目十一
内轮廓编程与加工

任务一　凹槽编程与加工

学习目标

1. 知识目标
(1) 掌握凹槽加工工艺制订方法。
(2) 会编制凹槽加工程序。
2. 技能目标
(1) 合理选用凹槽加工刀具及切削用量。
(2) 完成零件加工。

凹槽编程
与加工

工作任务

完成凹槽零件加工，如图 11-1 所示零件上、下表面及四周已加工，要求完成内凹槽的粗、精加工。材料为 45 钢。

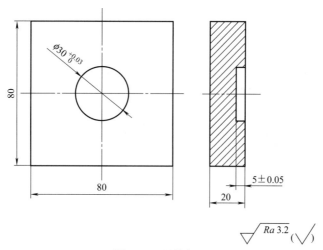

图 11-1　凹槽加工

资讯

内槽加工工艺知识

所谓内槽是指以封闭曲线为边界的平底凹槽。一般用平底立铣刀或键槽刀加工，刀具圆角半径应符合内槽的图纸要求。如图 11-2 所示。

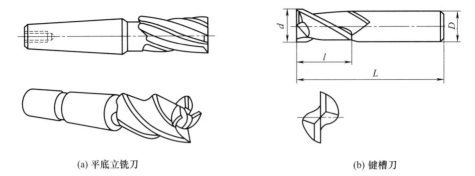

(a) 平底立铣刀   (b) 键槽刀

图 11-2 　内槽加工刀具

1．刀具切入方法

刀具引入到型腔有三种方法：

（1）使用键槽铣刀沿 Z 向直接下刀，切入工件。

（2）先用钻头钻孔，立铣刀通过孔垂直进入再用圆周铣削。

（3）使用立铣刀螺旋下刀或者斜插式下刀。

① 使用立铣刀斜插式下刀。使用立铣刀时，由于端面刃不过中心，一般不宜垂直下刀，可以采用斜插式下刀。斜插式下刀，即在两个切削层之间，刀具从上一层的高度沿斜线以渐近的方式切入工件，直到下一层的高度，然后开始正式切削，如图 11-3 所示。采用斜插式下刀时要注意斜向切入的位置和角度的选择应适当，一般进刀角度为 5°～10°。

图 11-3 　斜插式下刀

② 螺旋下刀。螺旋下刀如图 11-4 所示，即在两个切削层之间，刀具从上一层的高度沿螺旋线以渐近的方式切入工件，直到下一层的高度，然后开始正式切削。

2．刀具进给路线

（1）加工内矩形槽的三种进给路线，如图 11-5 所示。图 11-5（a）和图 11-5（b）分别为用行切法和环切法加工内槽。两种进给路线的共同点是都能切净内腔中的全部面积，不留死角，不伤轮廓，同时尽量减少重复进给的搭接量。不同点是行切法的进给路线比环切法短，但行切法将在每两次进给的起点与终点间留下残留面积，而达不到所要求的表面粗糙度；用环切法获得的表面粗糙度要好于行切法，但环切法需要逐次向外扩展轮廓线，刀位点计算稍微复杂一些。采用

图 11-4 　螺旋下刀

图 11-5（c）所示的进给路线，即先用行切法切去中间部分余量，最后用环切法环切一刀光

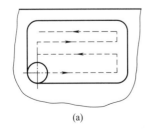 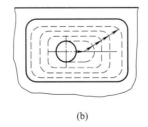 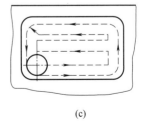

(a)   (b)   (c)

图 11-5 　凹槽加工进给路线

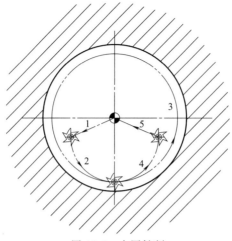

图 11-6　内圆铣削

整轮廓表面，既能使总的进给路线较短，又能获得较好的表面粗糙度。

（2）当用圆弧插补铣削内圆弧时也要遵循从切向切入、切出的原则，最好安排从圆弧过渡到圆弧的加工路线（图 11-6）提高内孔表面的加工精度和质量。

计划

根据加工任务，制订零件加工计划，见表 11-1。

表 11-1　计划

序号	工 作 内 容	工　　具	注意事项	操作人
1	加工工艺分析,确定切削路线	参考书	无	全体
2	编写加工程序	参考书	无	全体
3	输入程序、图形模拟	机床	无	AB
4	装工件并校正	平口钳、垫块	工件底面不能悬空	CD
5	装刀具	刀柄及刀具	主轴抬高装刀	AB
6	零件加工	铣刀、内测千分尺、深度千分尺等	关安全防护门	EF
7	零件检测	内测千分尺、深度千分尺	无	CD
8	打扫机床,整理实训场地,量具摆放整齐	打扫工具	无	全体

决策

根据计划，由组长进行人员任务分工，见表 11-2。

表 11-2　决策

序号	人　　员	分　　工
1	全体	工艺分析,编写加工程序
2	AB	输入程序,检验程序正确性,模拟图形,装刀具
3	CD	准备刀具、量具、工件,装工件,零件检测
4	EF	对刀、零件加工

实施

一、加工工艺的确定

1. 分析零件图样

根据图样需加工 $\phi30$ 内凹槽，尺寸精度约为 H7 级，表面粗糙度 $Ra3.2\mu m$；尺寸精度和表面质量要求较高，可采用钻孔、粗铣凹槽、精铣凹槽方式完成；先钻出 $\phi10$ 的工艺孔；再用立铣刀分别加工出凹槽。

2. 工艺分析

（1）加工方案的确定

① 钻孔　用 $\phi10$ 钻头钻出工艺孔。

② 粗铣圆槽　用 $\phi12$ 立铣刀粗加工凹槽。

③ 精铣圆槽　用 $\phi12$ 立铣刀精加工凹槽。

（2）确定装夹方案　该零件采用平口钳装夹。由于底面和外框在前面工序加工完毕，本工序只需完成圆槽的加工。

（3）确定加工工艺　加工工艺见表 11-3。

表 11-3　数控加工工序卡

单位	数控加工工序卡片		产品名称	零件名称	材　料	零件图号
				凹槽		图 11-1
工序号	程序编号	夹具名称	夹具编号	设备名称	编制	审核
工步号	工步内容	刀具号	刀具规格	主轴转速 /(r/min)	进给速度 /(mm/min)	背吃刀量 /mm
1	钻 $\phi10$ 孔	T01	$\phi10$mm 麻花钻	500	50	
2	粗铣凹槽	T02	$\phi12$mm 立铣刀	600	120	4.5
3	精铣凹槽	T02	$\phi12$mm 立铣刀	700	90	0.5

（4）进给路线的确定　钻孔及粗、精铣圆槽走刀路线同加工方案。

（5）刀具及切削参数的确定　刀具及切削参数见表 11-4。

表 11-4　数控加工刀具卡

单位		数控加工刀具卡片	产品名称				零件图号
			零件名称				图 11-1
序号	刀具号	刀具名称	刀具		补偿值		刀补号
			直径	长度	半径	长度	半径	长度
1	T01	麻花钻	$\phi10$mm					
2	T02	立铣刀	$\phi12$mm		6.3mm	0.5mm	D01	H01

（6）工具量具选用　加工所需工具、量具见表 11-5。

表 11-5　工具、量具清单

种类	序号	名　　称	规　　格	单位	数量
工具	1	平口钳	QH150	个	1
	2	扳手		把	1
	3	平行垫铁		副	1
	4	橡皮锤		个	1
量具	1	游标卡尺	0～150mm	把	1
	2	深度游标卡尺	0～200mm	把	1
	3	内测千分尺	25～50mm	把	1
	4	百分表及表座	0～10mm	个	1
	5	表面粗糙度样板	$Ra0.8$～6.3	组	1

二、参考程序编制

在 $\phi30$H7 内孔中心建立工件坐标系，Z 轴原点设在工件上表面。利用偏心式寻边器找正 X、Y 轴零点，装上麻花钻，完成 Z 轴的对刀。孔加工的安全平面设置在上表面以上

50mm 处；R 点平面设置在上表面 5mm 处。程序见表 11-6、表 11-7。

表 11-6 钻工艺孔参考程序

FANUC 0i 系统	SIEMENS 802D 系统	
O001；	AA1. MPF	主程序名
N10 G80 G90 G17 G40 G49；	N10 G90 G17 G40 T1	程序初始化
N20 M03 S800；	N20 M03 S800	主轴正转
N30 G0 G54 X0 Y0 Z50；	N30 G0 G54 X0 Y0 Z50 D1	
N40 Z10；	N40 Z10	
N50 G81 Z−5 R3 F100；	N50 CYCLE81(10,0,3,−5)	钻工艺孔
N60 G80 G0 X0 Y0 Z50；	N60 G80 G0 X0 Y0 Z50	取消固定循环
N70 M30；	N70 M30	

表 11-7 铣圆槽参考程序

FANUC 0i 系统	SIEMENS 802D 系统	
O0002；	AA2. MPF	主程序名
N10 G80 G90 G17 G40 G49；	N10 G90 G17 G40 T2	程序初始化
N20 M03 S600；	N20 M03 S600	主轴正转
N30 G54 G0 X0 Y0 Z50；	N30 G54 G0 X0 Y0 Z50 D1	
N40 G43 G1 Z−5 H1 F100；	N40 G1 Z−5 F100	下刀
N50 G41 G1 X−10 Y−5 D01；	N50 G41 G1 X−10 Y−5	刀具半径补偿
N60 G03 X0 Y−15 R10；	N60 G03 X0 Y−15 CR＝10	圆弧切入
N70 J15；	N70 J15	铣整圆
N80 G3 X10 Y−5 R10；	N80 G3 X10 Y−5 CR＝10	圆弧切出
N90 G40 G1 X0 Y0；	N90 G40 G1 X0 Y0	取消半径补偿
N100 G49 G0 Z50；	N100 G0 Z50	抬刀
N110 M30；	N110 M30	程序结束

三、技能训练

1. 加工准备

(1) 阅读零件图，准备工件材料、工量刃具。

(2) 开机，复位，机床回机床参考点。

(3) 输入并检查程序。

(4) 模拟加工程序。（熟练可省略）

(5) 安装夹具，紧固工件。将平口钳安装在工作台上，以工件底面为基准定位，用百分表校正工件上表面并夹紧。

(6) 安装刀具。该工件使用了 3 把刀具，注意不同类型的刀具安装到相应的刀柄中。

2. 对刀，设定工件坐标系及刀具补偿

X、Y 向对刀，通过试切法或寻边器分别对工件 X、Y 向进行对刀操作，得到 X、Y 零偏值输入 G54 中；Z 向对刀，利用试切法测得工件上表面的 Z 数值，输入 G54 中。刀具半径补偿应分别在粗、精加工时设置到相应的刀补形状及磨耗中。

3. 自动加工

(1) "EDIT" 方式下选择调用待加工程序，调至程序首句。

(2) 选择 "MEM" 方式，调好进给倍率、主轴倍率，检查 "空运行" "机床锁定" 键应处于关闭状态。

(3) 按下 "循环启动" 按钮进行自动加工。

▌ 检查

零件加工结束后进行检测。检测结果写在表 11-8 中。

表 11-8 评分表

班级			姓名		学号		
任务			凹槽编程与加工		零件图编号		图 11-1
		序号	检 测 内 容		配分	学生自评	教师评分
基本检查	编程	1	切削加工工艺制订正确		10		
		2	切削用量选择合理		10		
		3	程序正确、简单、规范		20		
	操作	4	设备操作、维护保养正确		5		
		5	安全、文明生产		5		
		6	刀具选择、安装正确、规范		10		
		7	工件找正、安装正确、规范		5		
工作态度		8	行为规范、纪律表现		5		
尺寸精度		9	$\phi 30^{+0.03}_{0}$		20		
		10	5 ± 0.05		5		
表面粗糙度		13	$Ra 3.2$		5		
综合得分					100		

▌ 评估

在实施过程中各组出现的问题各不相同，有些问题组内讨论解决了，有些问题没有解决，也有些问题组内成员都没有意识到，老师引导各组就一些典型和隐性的问题进行讨论，见表 11-9。

表 11-9 评估

序号	问 题	可 能 原 因	后 果	避 免 措 施
1	表面粗糙度差	精加工参数不合理	工件表面质量差	合理选择精加工参数
2	撞刀	对刀不正确；程序不正确	零件损坏，刀具损坏	对刀正确；程序编写要正确
3	孔精度超差	铣孔参数设置不合理	孔不符合要求	精确测量，合理设置铣孔补偿值
4	立铣刀断	用立铣刀，没预钻孔	刀具断	用键槽铣刀；用钻头预钻孔，再用立铣刀铣

▌ 思考与练习

1. 内轮廓切入、切出时应考虑哪些因素？

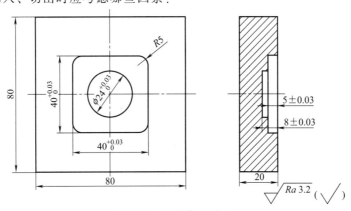

图 11-7 凹槽加工练习

2. 内轮廓加工时可以选用哪些刀具，分别如何下刀？

3. 编写如图 11-7 所示零件的加工程序。

任务二　型腔编程与加工

学习目标

1. 知识目标

（1）掌握局部坐标系指令格式及应用。

（2）掌握子程序编程方法。

（3）掌握圆弧切入、切出方法。

2. 技能目标

会制订内腔加工工艺方案。

工作任务

完成矩形型腔零件的加工如图 11-8 所示，毛坯外形各基准面已加工完毕，已经形成精毛坯。要求完成零件上型腔的粗、精加工，零件材料为 45 钢。

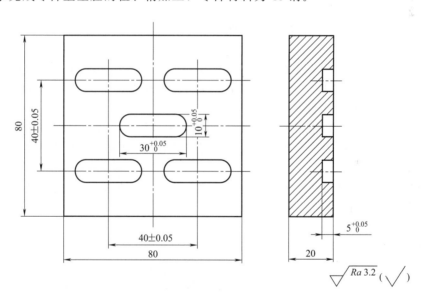

图 11-8　型腔零件

资讯

一、FANUC 0i Matc 系统局部坐标系指令

当在工件坐标系中编制程序时，为了方便编程，可以设定工件坐标系的子坐标系，如图 11-9 所示，子坐标系称为局部坐标系。

1. 指令格式

G52 IP _ ;　　　　　　　　设定局部坐标系

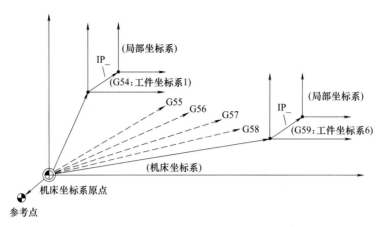

图 11-9 局部坐标系示意图

...

G52 IP0；   取消局部坐标系

式中 IP＿：局部坐标系的原点。

2. 局部坐标系应用

G52 X10 Y20   将原坐标系中 X10、Y20 设为局部坐标系原点

...

G52 X0 Y0   取消局部坐标系

3. 说明

用指令 G52 IP＿；可以在工件坐标系（G54～G59）中设定局部坐标系。局部坐标的原点设定在工件坐标系中以 IP＿指定的位置。当局部坐标系设定时，后面的以绝对值方式（G90）指令的移动是局部坐标系中的坐标值。

在工件坐标系中用 G52 指定局部坐标系的新的零点，可以改变局部坐标系。为了取消局部坐标系并在工件坐标系中指定坐标值，应使局部坐标系零点与工件坐标系零点一致。

注意：

（1）当一个轴用手动返回参考点功能返回参考点时，该轴的局部坐标系零点与工件坐标系零点一致。与下面指令的结果是一样的：

G52 α0；

α：返回参考点的轴。

（2）局部坐标系设定不改变工件坐标系和机床坐标系。

（3）复位时是否清除局部坐标系，取决于参数的设定。当参数 No.3402♯6（CLR）或参数 No.1202♯3（RLC）之中的一个设置为 1 时，局部坐标系被取消。

（4）当用 G92 指令设定工件坐标系时，如果未指定所有轴的坐标值，则未指定坐标值的轴的局部坐标系并不取消，而是保持不变。

（5）G52 暂时清除刀具半径补偿中的偏置。

（6）绝对值方式中，在 G52 程序段以后立即指定运动指令。

二、FANUC 0i Matc 系统子程序

如果程序包含固定的加工路线或多次重复的图形，则此加工路线或图形可以编成单独的程序作为子程序。这样在工件上不同的部位实现相同的加工，或在同一部位实现重复加工，大大简化编程。

子程序作为单独的程序存储在系统中时，任何主程序都可调用，最多可达 999 次调用。

当主程序调用子程序时它被认为是一级子程序，在子程序中可再调用下一级的另一个子程序，子程序调用可以嵌套 4 级，如图 11-10 所示。

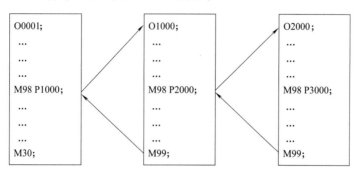

图 11-10　FANUC 0i Matc 系统子程序嵌套

1. 子程序的结构

子程序与主程序一样，也是由程序名、程序内容和程序结束三部分组成。子程序与主程序唯一的区别是结束符号不同，子程序用 M99，而主程序用 M30 或 M02 结束程序。例如：

O□□□□；　　　　　　　（子程序名）

…；

…；　　　　　　　　　　（子程序内容）

…；

M99；　　　　　　　　　（子程序结束）

2. 子程序的调用

在主程序中，调用子程序的程序段格式为：

M98 P×××□□□□；

×××表示子程序被重复调用的次数，□□□□表示调用的子程序名（数字）。

例：M98 P51234；表示调用子程序 O1234 重复执行 5 次。

当子程序只调用一次时，调用次数可以不写，如 M98 P1234；表示调用 O1234 子程序执行 1 次。

3. 注意事项

（1）在编制子程序时，在子程序的开头 O 的后面编制子程序号，子程序的结尾一定要有返回主程序的辅助指令 M99。

（2）在子程序的最后一个单段用 P 指定序号（图 11-11），子程序不回到主程序中呼叫子程序的下一个单段，而是回到 P 指定的序号。返回到指定单段的处理时间通常比回到主程序的时间长。

三、SIEMENS 802D 系统可编程平移（TRANS、ATRANS）

1. 指令格式

TRANS　X＿Y＿Z＿（绝对可编程零位偏置）

ATRANS　X＿Y＿Z＿（附加

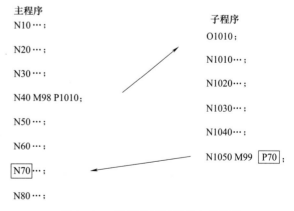

图 11-11　子程序返回到指定的单段

可编程零位偏置）

TRANS （不带数值，取消可编程的零位偏置）

2. 可编程平移的应用

例 1：TRANS X10 Y20 Z30

例 2：ATRANS X10 Y20 Z30

3. 说明

TRANS 是指绝对可编程零位偏置，参考基准是当前设定的有效工件零位，即使用G54—G599 中设定的工件坐标系。

ATRANS 是指附加可编程零位偏置，参考基准为当前设定的或最后编程的有效工件零位，该零位也可以是通过指令 TRANS 偏置的零位。

X __ Y __ Z __是指各轴的平移量。

上例 1 表示以 G54—G599 中设定的工件坐标系原点为基点执行坐标系平移，平移的距离为 X10 Y20 Z30。

上例 2 表示以最后编程有效的工件坐标系原点为基点执行坐标系平移，平移的距离为X10 Y20 Z30。如果在同一程序中执行了例 1 指令后，再执行例 2 指令，则经过两次坐标平移后的零位相对于 G54 设定的工件坐标系原点偏移了 X20 Y40 Z60 的距离。

四、SIEMENS 802D 系统子程序

1. 子程序的结构

子程序的结构与主程序相同，子程序以 M17 结尾，指返回调用子程序的地方。在子程序中，程序结尾符 RET 可以替换 M17，RET 必须单段编程。

2. 子程序的名字

（1）前缀开始的两个符号必须是字母。

（2）其后的符号可以是字母、数字或下划线，后缀与主程序有区别，为 SPF。

（3）最多为 16 个字符，不得使用分隔符。

3. 子程序的调用

N10 L789；　　　　　　　　　　　　调用子程序 L789

N20 LFAME6　　　　　　　　　　　　调用子程序 LFAME6

（1）程序重复调用次数

N10 L789 P3　　　　　　　　　　　　调用子程序 L789，运行 3 次

（2）子程序的嵌套　子程序的嵌套如图 11-12 所示。

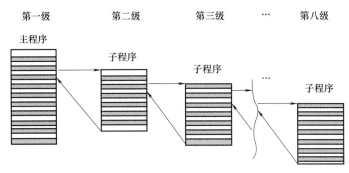

图 11-12　SIEMENS 802D 系统子程序嵌套

五、子程序应用

举例：加工如图 11-13 所示零件上的 4 个相同尺寸的长方形槽，槽深 2mm，槽宽 10mm，未注圆角 $R5$，铣刀直径 $\phi10$mm，试用子程序编程。

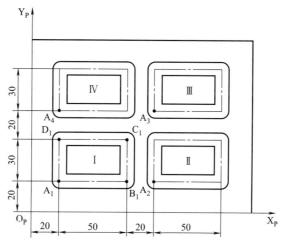

图 11-13　子程序编程举例

四个长方形槽程序见表 11-10。

表 11-10　四个长方形槽参考程序

FANUC 0i 系统	SIEMENS 802D 系统	
O0001；	AA1. MPF	主程序名
G17 G40 G54 G90 ；	G17 G40 G54 G90 T1	程序初始化
G00 Z80.0；	G00 Z80.0	刀具定位到安全平面
M03 S1000；	M03 S1000	启动主轴
G00 X20.0 Y20.0；	G00 X20.0 Y20.0 D1	快速移动到 A_1 点上方
Z2.0；	Z2.0	快速移动到 2mm 处
M98 P0002；	L2	调用 2 号子程序，完成槽 I 加工
G90 G00 X90.0；	G90 G00 X90.0	快速移动到 A_2 点上方 2mm 处
M98 P0002；	L2	调用 2 号子程序，完成槽 II 加工
G90 G00 Y70.0；	G90 G00 Y70.0	快速移动到 A_3 点上方 2mm 处
M98 P0002；	L2	调用 2 号子程序，完成槽 III 加工
G90 G00 X20.0；	G90 G00 X20.0	快速移动到 A_4 点上方 2mm 处
M98 P0002；	L2	调用 2 号子程序，完成槽 IV 加工
G90 G00 X0 Y0；	G90 G00 X0 Y0	回到工件原点
Z10.0；	Z10.0	快速抬刀
M05；	M05	主轴停
M30；	M30	程序结束
O0002；	L2. SPF	子程序名
G91 G01 Z−4.0 F100；	G91 G01 Z−4.0 F100	刀具 Z 向工进 4mm（切深 2mm，增量编程）
X50.0；	X50.0	$A_1 \rightarrow B_1$
Y30.0；	Y30.0	$B_1 \rightarrow C_1$
X−50.0；	X−50.0	$C_1 \rightarrow D_1$
Y−30.0；	Y−30.0	$D_1 \rightarrow A_1$
G00 Z4.0；	G00 Z4.0	Z 向快退 4mm
M99；	RET 或 M17	子程序结束，返回主程序

▉ 计划

根据加工任务，制订零件加工计划，见表 11-11。

表 11-11　计划

序号	工作内容	工具	注意事项	操作人
1	加工工艺分析，确定切削路线	参考书	无	全体
2	编写加工程序	参考书	无	全体
3	输入程序、图形模拟	机床	无	AB
4	装工件并校正	平口钳、垫块	工件底面不能悬空	CD
5	装刀具	刀柄及刀具	主轴抬高装刀	AB
6	零件加工	铣刀、内测千分尺、深度千分尺等	关安全防护门	EF
7	零件检测	内测千分尺、深度千分尺	无	CD
8	打扫机床，整理实训场地，量具摆放整齐	打扫工具	无	全体

▉ 决策

根据计划，由组长进行人员任务分工，见表 11-12。

表 11-12　决策

序号	人员	分　工
1	全体	工艺分析，编写加工程序
2	AB	输入程序，检验程序正确性，模拟图形，装刀具
3	CD	准备刀具、量具、工件、装工件、零件检测
4	EF	对刀、零件加工

▉ 实施

一、加工工艺的确定

1. 分析零件图样

根据零件图样需加工 5 个键槽，尺寸精度约为 H7 级，表面粗糙度 $Ra3.2\mu m$；尺寸精度和表面质量要求较高，可用粗铣键槽、精铣键槽方式完成；先采用 $\phi8$ 的键槽刀粗铣键槽；再采用 $\phi8$ 的立铣刀精铣键槽。

2. 工艺分析

(1) 加工方案的确定

① 粗铣键槽　用 $\phi8$ 键槽刀粗加工键槽。

② 精铣键槽　用 $\phi8$ 立铣刀精加工键槽。

(2) 确定装夹方案　该零件采用平口钳装夹。由于底面和外框在前面工序加工完毕，本工序只需完成键槽的加工。

(3) 确定加工工艺　加工工艺见表 11-13。

(4) 进给路线的确定　粗、精铣键槽走刀路线同加工方案。

(5) 刀具及切削参数的确定　刀具及切削参数见表 11-14。

表 11-13 数控加工工序卡

单 位	数控加工工序卡片		产品名称	零件名称	材 料	零件图号
				矩形型腔		图 11-9
工序号	程序编号	夹具名称	夹具编号	设备名称	编制	审核
工步号	工步内容	刀具号	刀具规格	主轴转速 /(r/min)	进给速度 /(mm/min)	背吃刀量 /mm
1	粗铣凹槽	T01	ϕ8mm 键槽刀	600	120	4.5
2	精铣凹槽	T02	ϕ8mm 立铣刀	700	90	0.5

表 11-14 数控加工刀具卡

单 位		数控加工刀具卡片	产品名称				零件图号	
			零件名称				图 11-9	
序号	刀具号	刀具名称	刀 具		补偿值		刀补号	
			直径	长度	半径	长度	半径	长度
1	T01	键槽刀	ϕ8mm		4.3mm	0.5mm	D01	H01
2	T02	立铣刀	ϕ8mm		实测	实测	D01	H01

（6）工具量具选用 加工所需工具量具见表 11-15。

表 11-15 工具量具清单

种类	序号	名称	规格	单位	数量
工具	1	平口钳	QH150	个	1
	2	扳手		把	1
	3	平行垫铁		副	1
	4	橡皮锤		个	1
量具	1	游标卡尺	0～150mm	把	1
	2	深度游标卡尺	0～200mm	把	1
	3	半径规	$R5$	把	1
	4	百分表及表座	0～10mm	个	1
	5	表面粗糙度样板	$Ra0.8～6.3$	组	1
	6	内测千分尺	5～30mm	把	1

二、参考程序编制

在工件上表面对称中心建立工件坐标系，Z轴原点设在工件上表面。利用偏心式寻边器找正 X、Y 轴零点，装上键槽刀，完成 Z 轴的对刀。程序见表 11-16、表 11-17。

表 11-16 粗、精加工参考程序：

O0010；（FANUC0i 系统）	AA10. MPF（SIEMENS 802D 系统）	主程序名
N10 G17 G40 G54 G80 G90 ；	N10 G17 G40 G54 G90 T1	程序初始化
N20 G00 Z80.0；	N20 G00 Z80.0 D1	刀具定位到安全平面
N30 M03 S600；	N30 M03 S600	启动主轴
N50 Z5.0；	N50 Z5.0	下刀至参考高度
N60 G52 X－20 Y－20；	N60 TRANS X－20 Y－20	建立局部坐标系 1
N70 M98 P0011；	N70 L0011	调用子程序
N80 G52 X－20 Y 20；	N80 TRANS X－20 Y20	建立局部坐标系 2
N90 M98 P0011；	N90 L0011	调用子程序
N100 G52X 20 Y20；	N100 TRANS X20 Y20	建立局部坐标系 3
N110 M98 P0011；	N110 L0011	调用子程序
N120 G52 X20 Y－20；	N120 TRANS X20 Y－20	建立局部坐标系 4

续表

O0010;（FANUC 0i 系统）	AA10. MPF（SIEMENS 802D 系统）	主程序名
N130 M98 P0011;	N130 L0011	调用子程序
N140 G52 X0 Y0;	N140 TRANS	建立局部坐标系5
N150 M98 P0011;	N150 L0011	调用子程序
N160 G00 X0 Y0 Z100.0;	N160 G00 X0 Y0 Z100.0	
N170 M05;	N170 M05	主轴停止
N180 M30;	N180 M30	程序结束

表 11-17 子程序参考程序

O0011;（FANUC 0i 系统）	L0011. SPF（SIEMENS 802D 系统）	子程序名
N10 G00 X0 Y0;	N10 G00 X0 Y0	刀具至坐标原点
N20 G43 G01 Z－5 H01 F150;	N20 G01 Z－5 F150	刀具长度补偿
N30 G41 X－4.5 Y－0.5 D01;	N30 G41 X－4.5 Y－0.5	刀具半径左补偿
N40 G03 X0 Y－5 R4.5;	N40 G03 X0 Y－5 CR＝4.5	圆弧切入
N50 G01 X10;	N50 G01 X10	
N60 G03 Y5 R5;	N60 G03 Y5 CR＝5	
N70 G01 X－10;	N70 G01 X－10	
N80 G03 Y－5 R5;	N80 G03 Y－5 CR＝5	
N90 G01 X0;	N90 G01 X0	
N100 G03 X4.5 Y－0.5 R4.5;	N100 G03 X4.5 Y－0.5 CR＝4.5	圆弧切出
N110 G40 G01 X0 Y0;	N110 G40 G01 X0 Y0	取消半径补偿
N120 G49 Z5;	N120 Z5	抬刀
N130 G52 X0 Y0;	N130 TRANS	取消局部坐标系
N140 M99;	N140 M17	子程序结束,返回主程序

三、技能训练

1. 加工准备

（1）阅读零件图，准备工件材料、工量刃具。

（2）开机，复位，机床回机床参考点。

（3）输入并检查程序。

（4）安装夹具，紧固工件。将平口钳安装在工作台上，以工件底面为基准定位，用百分表校正工件上表面并夹紧。

（5）安装刀具。该工件使用了2把刀具，注意不同类型的刀具安装到相应的刀柄中。

2. 对刀，设定工件坐标系及刀具补偿

第1把刀对刀时：X、Y向对刀，通过试切法或寻边器分别对工件X、Y向进行对刀操作，得到X、Y零偏值输入G54中；Z向对刀，利用试切法测得工件上表面的Z数值，输入G54中。刀具半径补偿应分别在粗、精加工时设置到相应的刀补形状及磨耗中。第2把刀具只需进行Z向对刀，步骤同上。

3. 自动加工

（1）"EDIT"方式下选择调用待加工程序，调至程序首句。

（2）选择"MEM"方式，调好进给倍率、主轴倍率，检查"空运行""机床锁定"键应处于关闭状态。

（3）按下"循环启动"按钮进行自动加工。

▌检查

零件加工结束后进行检测。检测结果写在表 11-18 中。

表 11-18 评分表

班级			姓名			学号		
任务			型腔编程与加工			零件图编号		图 11-9
基本检查	编程	序号	检测内容			配分	学生自评	教师评分
		1	切削加工工艺制定正确			10		
		2	切削用量选择合理			10		
		3	程序正确、简单、规范			20		
	操作	4	设备操作、维护保养正确			5		
		5	安全、文明生产			5		
		6	刀具选择、安装正确、规范			10		
		7	工件找正、安装正确、规范			5		
工作态度		8	行为规范、纪律表现			5		
尺寸精度		9	$5^{+0.05}_{0}$			5		
		10	$10^{+0.05}_{0}$			10		
		11	$30^{+0.05}_{0}$			5		
		12	40 ± 0.05			5		
表面粗糙度		13	$Ra3.2$			5		
综合得分						100		

评估

在实施过程中各组出现的问题各不相同，有些问题组内讨论解决了，有些问题没有解决，也有些问题组内成员都没有意识到，老师引导各组就一些典型和隐性的问题进行讨论，见表 11-19。

表 11-19 评估

序号	问题	可能原因	后果	避免措施
1	表面粗糙度差	精加工参数不合理；刀具不合理	工件表面质量差	合理选择精加工参数；用键槽铣刀
2	撞刀	对刀不正确；程序不正确	零件损坏，刀具损坏	对刀正确；程序编写要正确
3	型腔尺寸不符合要求	测量不正确，修调不到位	报废	正确测量和修调
4	半径补偿干涉	刀具补偿参数设置过大，超过凹圆弧半径	报警	刀具补偿参数不能超过凹圆弧半径

思考与练习

1. 编程中如何理解局部坐标系与工件坐标系的关系？
2. 什么是子程序？调用子程序有什么注意事项？
3. 编写如图 11-14 所示零件的加工程序。

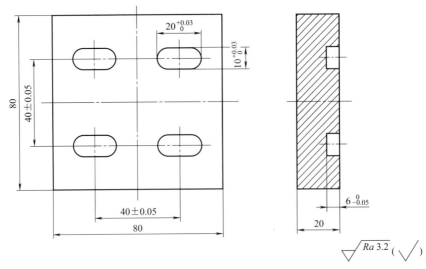

图 11-14　型腔加工练习

任务三　内轮廓综合编程与加工

学习目标

1. 知识目标

(1) 掌握内轮廓综合加工编程方法。

(2) 掌握内轮廓切入、切出方法。

2. 技能目标

熟练制订内轮廓加工工艺方案。

工作任务

完成内轮廓综合零件的加工如图 11-15 所示，毛坯外形各基准面已加工完毕，已经形成精毛坯。要求完成零件上型腔的粗、精加工，零件材料为 45 钢。

资讯

内轮廓加工工艺知识

1. 型腔铣削用量

粗加工时，为了得到较高的切削效率，选择较大的切削用量，但刀具的切削深度与宽度应与加工条件（机床、工件、装夹、刀具）相适应。

实际应用中，一般 Z 方向的切削深度不超过刀具的半径；直径较小的立铣刀，切削深度一般不超过刀具直径的 1/3。切削宽度与刀具直径大小成正比，与切削深度成反比，一般切削宽度取 0.6～0.9 刀具直径。值得注意的是：型腔粗加工开始第一刀，刀具为全宽切削，切削力大，切削条件差，应适当减小进给量和切削速度。

精加工时，为了保证加工质量，应避免工艺系统受力变形和减小振动，精加工时切削深

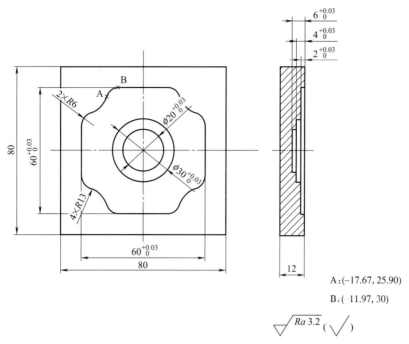

A:(-17.67,25.90)

B:(11.97, 30)

$\sqrt{\dfrac{Ra\,3.2}{}}$ ($\sqrt{}$)

图 11-15 内轮廓综合编程与加工

度应小些。数控机床的精加工余量可略小于普通机床，一般在深度、宽度方向留 0.2～0.5mm 余量进行精加工。精加工时，进给量大小主要受表面粗糙度要求限制，切削速度大小主要取决于刀具耐用度。

2. 岛屿及残料的加工

岛屿实际上就是在一个或多个内轮廓中包围的一个外轮廓组成的实体部分，如内方中突出的一个圆柱之类。岛屿的加工实际就是内外轮廓的加工，但要注意在编程时不要把轮廓铣掉。为简化编程，编程员可先将腔的外形按内轮廓进行加工，再将岛屿按外轮廓进行加工，使剩余部分远离轮廓及岛屿，再按无界平面进行挖腔加工。残料是加工完内外轮廓后未能去除的多余部分，为保证加工精度和表面质量，一般采用编程去除（具体方法与岛屿加工类似），尽量避免手工去除。

计划

根据加工任务，制订零件加工计划，见表 11-20。

表 11-20 计划

序号	工作内容	工具	注意事项	操作人
1	加工工艺分析,确定切削路线	参考书	无	全体
2	编写加工程序	参考书	无	全体
3	输入程序、图形模拟	机床	无	AB
4	装工件并校正	平口钳、垫块	工件底面不能悬空	CD
5	装刀具	刀柄及刀具	主轴抬高装刀	AB
6	零件加工	铣刀、外径千分尺、内测千分尺、深度千分尺、塞规等	关安全防护门	EF
7	零件检测	外径千分尺、内测千分尺、深度千分尺、塞规	无	CD
8	打扫机床,整理实训场地,量具摆放整齐	打扫工具	无	全体

▌决策

根据计划，由组长进行人员任务分工，见表 11-21。

表 11-21 决策

序号	人员	分 工
1	全体	工艺分析，编写加工程序
2	AB	输入程序，检验程序正确性，模拟图形，装刀具
3	CD	准备刀具、量具、工件，装工件，零件检测
4	EF	对刀、零件加工

▌实施

一、加工工艺的确定

1. 分析零件图样

根据图样需加工 3 层内腔，尺寸精度约为 H7 级，表面粗糙度 $Ra3.2\mu m$；尺寸精度和表面质量要求较高，可先粗铣三层内腔、再精铣的方式完成；先采用 $\phi10$ 的键槽刀粗铣内腔；再采用 $\phi10$ 的立铣刀精铣内腔。

2. 工艺分析

（1）加工方案的确定

① 粗铣 2mm 深内腔及残料　用 $\phi10$ 键槽刀粗加工内腔。

② 粗铣 4mm 深内腔　用 $\phi10$ 键槽刀粗加工内腔。

③ 粗铣 6mm 深内腔　用 $\phi10$ 键槽刀粗加工内腔。

④ 精铣 2mm 深内腔及残料　用 $\phi10$ 立铣刀精加工内腔。

⑤ 精铣 4mm 深内腔　用 $\phi10$ 立铣刀精加工内腔。

⑥ 精铣 6mm 深内腔　用 $\phi10$ 立铣刀精加工内腔。

（2）确定装夹方案　该零件采用平口钳装夹。由于底面和外框在前面工序加工完毕，本工序只需完成内轮廓的加工。

（3）确定加工工艺　加工工艺见表 11-22。

表 11-22 数控加工工序卡

单 位	数控加工工序卡片		产品名称	零件名称	材 料	零件图号
						图 11-16
工序号	程序编号	夹具名称	夹具编号	设备名称	编制	审核
工步号	工步内容	刀具号	刀具规格	主轴转速 /(r/min)	进给速度 /(mm/min)	背吃刀量 /mm
1	粗铣凹槽(3层)	T01	ϕ10mm 键槽刀	400	120	1.5
2	精铣凹槽(3层)	T02	ϕ10mm 立铣刀	500	90	0.5

（4）进给路线的确定　粗、精铣键槽走刀路线同加工方案。

（5）刀具及切削参数的确定　刀具及切削参数见表 11-23。

（6）工具、量具选用　加工所需工具、量具见表 11-24。

二、参考程序编制

在工件上表面对称中心建立工件坐标系，Z 轴原点设在工件上表面。利用偏心式寻边器找正 X、Y 轴零点，装上键槽刀，完成 Z 轴的对刀。程序见表 11-25。

表 11-23　数控加工刀具卡

单　位		数控加工刀具卡片	产品名称				零件图号	
			零件名称				图 11-16	
序号	刀具号	刀具名称	刀　具		补偿值		刀补号	
			直径	长度	半径	长度	半径	长度
1	T01	键槽刀	ϕ10mm		5.3mm	0.5	D01	H01
2	T02	立铣刀	ϕ10mm		实测	实测	D01	H01

表 11-24　工具、量具清单

种类	序号	名称	规格	单位	数量
工具	1	平口钳	QH150	个	1
	2	扳手		把	1
	3	平行垫铁		副	1
	4	橡皮锤		个	1
量具	1	游标卡尺	0～150mm	把	1
	2	深度游标卡尺	0～200mm	把	1
	3	半径规	$R6$	把	1
	4	半径规	$R13$	把	1
	5	内测千分尺	25～50mm	把	1
	6	百分表及表座	0～10mm	个	1
	7	表面粗糙度样板	$Ra0.8～6.3$	组	1

表 11-25　粗、精加工程序

O0010；(FANUC 0i 系统)	AA1. MPF(SIEMENS 802D 系统)	主程序名
G17 G40 G54 G80 G90 ；	G17 G40 G54 G90 T1	程序初始化
G00 X0 Y0 Z80.0；	G00 X0 Y0 Z80.0	刀具定位到安全平面
M03 S400；	M03 S400 D1	启动主轴
Z5.0；	Z5.0	下刀至参考高度
G43 G01 Z−2 H01 F120；	G01 Z−2 F120	建立刀具长度补偿
G41 X−10 Y−20 D01；	G41 X−10 Y−20	建立刀具半径补偿
G03 X0 Y−30 R10；	G03 X0 Y−30 CR=10	圆弧切入
G01 X11.97；	G01 X11.97	
G03 X17.67 Y−25.90 R6；	G03 X17.67 Y−25.90 CR=6	
G02 X25.90 Y−17.67 R13；	G02 X25.90 Y−17.67 CR=13	
G03 X30 Y−11.97 R6；	G03 X30 Y−11.97 CR=6	
G01 Y11.97；	G01 Y11.97	
G03 X25.90 Y17.67 R6；	G03 X25.90 Y17.67 CR=6	
G02 X17.67 Y25.90 R13；	G02 X17.67 Y25.90 CR=13	
G03 X11.97 Y30 R6；	G03 X11.97 Y30 CR=6	
G01 X−11.97；	G01 X−11.97	
G03 X−17.67 Y25.90 R6；	G03 X−17.67 Y25.90 CR=6	
G02 X−25.90 Y17.67 R13；	G02 X−25.90 Y17.67 CR=13	
G03 X−30 Y11.97 R6；	G03 X−30 Y11.97 CR=6	
G01 Y−11.97；	G01 Y−11.97	
G03 X−25.90 Y−17.67 R6；	G03 X−25.90 Y−17.67 CR=6	
G02 X−17.67 Y−25.90 R13；	G02 X−17.67 Y−25.90 CR=13	
G03 X−11.97 Y−30 R6；	G03 X−11.97 Y−30 CR=6	
G01 X0；	G01 X0	
G03 X10 Y−20 R10；	G03 X10 Y−20 CR=10	圆弧切出
G40 G01 X0 Y0；	G40 G01 X0 Y0	
X−19；	X−19	去除残料
G02 I19；	G02 I19	

续表

O0010;(FANUC 0i 系统)	AA1. MPF(SIEMENS 802D 系统)	主程序名
G1 X0 Y0;	G1 X0 Y0	
G1 Z−4;	G1 Z−4	加工 Z−4 内圆
G41 X−10 Y−5 D01;	G41 X−10 Y−5	
G03 X0 Y−15 R10;	G03 X0 Y−15 CR=10	
J15;	J15	
X10 Y−5 R10;	X10 Y−5 CR=10	
G40 G1 X0 Y0;	G40 G1 X0 Y0	
Z−6;	Z−6	加工 Z−6 内圆
G41 X−8 Y−2 D01;	G41 X−8 Y−2	
G03 X0 Y−10 R8;	G03 X0 Y−10 CR=8	
J10;	J10	
G03 X8 Y−2 R8;	G03 X8 Y−2 CR=8	
G40 G1 X0 Y0;	G40 G1 X0 Y0	
G49 G0 Z80;	G0 Z80	
M05;	M05	
M30;	M30	程序结束

三、技能训练

1. 加工准备

(1) 阅读零件图，准备工件材料、工量刃具。

(2) 开机，复位，机床回机床参考点。

(3) 输入并检查程序。

(4) 安装夹具，紧固工件。将平口钳安装在工作台上，以工件底面为基准定位，用百分表校正工件上表面并夹紧。

(5) 安装刀具。该工件使用了 2 把刀具，注意不同类型的刀具安装到相应的刀柄中。

2. 对刀，设定工件坐标系及刀具补偿

第 1 把刀对刀时：X、Y 向对刀，通过试切法或寻边器分别对工件 X、Y 向进行对刀操作，得到 X、Y 零偏值输入 G54 中；Z 向对刀，利用试切法测得工件上表面的 Z 数值，输入 G54 中。刀具半径补偿应分别在粗、精加工时设置到相应的刀补形状及磨耗中。第 2 把刀具只需进行 Z 向对刀，步骤同上。

3. 自动加工

(1) "EDIT" 方式下选择调用待加工程序，调至程序首句。

(2) 选择 "MEM" 方式，调好进给倍率、主轴倍率，检查 "空运行" "机床锁定" 键应处于关闭状态。

(3) 按下 "循环启动" 按钮进行自动加工。

■ 检查

零件加工结束后进行检测。检测结果写在表 11-26 中。

表 11-26 评分表

班级			姓名		学号	
任务			内轮廓综合编程与加工		零件图编号	图 11-16
基本检查	编程	序号	检测内容	配分	学生自评	教师评分
		1	切削加工工艺制订正确	10		
		2	切削用量选择合理	10		
		3	程序正确、简单、规范	20		

班级		姓名		学号		
任务		内轮廓综合编程与加工		零件图编号		图 11-16
基本检查	操作	序号	检测内容	配分	学生自评	教师评分
		4	设备操作、维护保养正确	5		
		5	安全、文明生产	5		
		6	刀具选择、安装正确、规范	5		
		7	工件找正、安装正确、规范	5		
工作态度		8	行为规范、纪律表现	5		
尺寸精度		9	$60^{+0.03}_{0}$	5		
		10	$\phi 30^{+0.03}_{0}$	5		
		11	$\phi 20^{+0.03}_{0}$	5		
		12	$2^{+0.03}_{0}$	5		
		13	$4^{+0.03}_{0}$	5		
		14	$6^{+0.03}_{0}$	5		
表面粗糙度		15	$Ra3.2$	5		
综合得分				100		

评估

在实施过程中各组出现的问题各不相同，有些问题组内讨论解决了，有些问题没有解决，也有些问题组内成员都没有意识到，老师引导各组就一些典型和隐性的问题进行讨论，见表 11-27。

表 11-27　评估

序号	问题	可能原因	后果	避免措施
1	表面粗糙度差	精加工参数不合理	工件表面质量差	合理选择精加工参数
2	撞刀	对刀不正确；程序不正确	零件损坏，刀具损坏	对刀正确；程序编写要正确
3	内轮廓尺寸不符合要求	测量不正确，修调不到位	报废	正确测量和修调
4	工件装夹悬空	装夹有误差	厚度不一致	工件装夹不能悬空，要校正
5	半径补偿干涉	刀具补偿参数设置过大，超过凹圆弧半径	报警	刀具补偿参数不能超过凹圆弧半径

知识拓展

内轮廓通常应用键槽铣刀来加工，在加工中心上使用的键槽铣刀为整体结构，刀具材料为高速钢或硬质合金。与普通立铣刀不同的是键槽铣刀端面中心处有切削刃，所以键槽铣刀能作轴向进给，起刀点可以在工件内部。键槽铣刀有 2、3、4 刃等规格，粗加工内轮廓选用 2 刃或 3 刃键槽铣刀，精加工内轮廓选用 4 刃键槽铣刀。与立铣刀相同，通过弹性夹头将键槽铣刀与刀柄固定。

思考与练习

1. 岛屿加工和残料去除应注意哪些事项？
2. 内轮廓加工有多层时如何安排加工顺序？
3. 编写如图 11-16 所示零件的加工程序，材料为 45 钢。

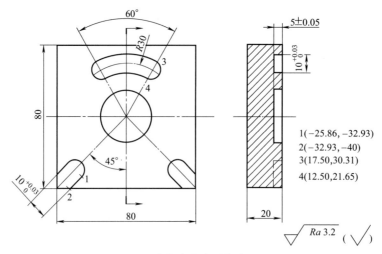

1(−25.86, −32.93)
2(−32.93, −40)
3(17.50,30.31)
4(12.50,21.65)

图 11-16　内轮廓综合零件编程练习

项目十二

数控铣床/加工中心典型零件编程与加工

任务一　数控铣床/加工中心典型零件编程与加工（一）

■ 学习目标

1. 知识目标
(1) 会识读综合零件图。
(2) 会刀具选择、工艺编制及切削用量选择。
(3) 掌握工件外轮廓、孔、内腔的加工工艺制订及程序编制。
2. 技能目标
(1) 会安装工件、刀具
(2) 掌握综合零件加工方法。
(3) 会进行尺寸控制。
(4) 完成综合件加工。

■ 工作任务

如图 12-1 所示工件，毛坯为 80mm×80mm×20mm 长方块（80mm×80mm 四面及底面已加工），材料为 45 钢，试编写其加工程序并进行加工。

■ 计划

根据加工任务，制订零件加工计划，见表 12-1。

表 12-1　计划

序号	工作内容	工具	注意事项	操作人
1	加工工艺分析,确定切削路线	参考书	无	全体
2	编写加工程序	参考书	无	全体
3	输入程序、图形模拟	机床	无	AB
4	装工件并校正	平口钳、垫块	工件底面不能悬空	CD
5	装刀具	刀柄及刀具	主轴抬高装刀	AB
6	零件加工	铣刀、外径千分尺、内测千分尺、深度千分尺、塞规等	关安全防护门	EF
7	零件检测	外径千分尺、内测千分尺、深度千分尺、塞规	无	CD
8	打扫机床,整理实训场地,量具摆放整齐	打扫工具	无	全体

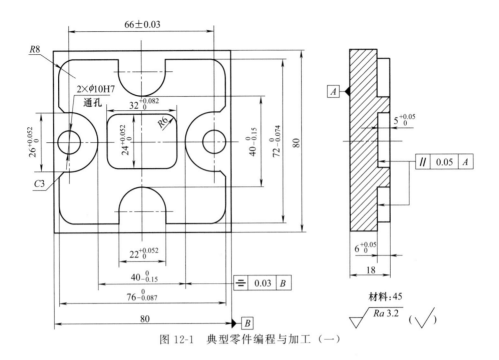

图 12-1 典型零件编程与加工（一）

决策

根据计划，由组长进行人员任务分工，见表 12-2。

表 12-2 决策

序号	人员	分 工
1	全体	工艺分析,编写加工程序
2	AB	输入程序,检验程序正确性,模拟图形,装刀具
3	CD	准备刀具、量具、工件、装工件、零件检测
4	EF	对刀、零件加工

实施

一、分析零件图样

该零件包含了平面、外形轮廓、型腔和孔的加工，孔的尺寸精度为 IT7，表面粗糙度 $Ra1.6$，其他表面尺寸精度要求较高，表面粗糙度为 $Ra3.2$，型腔底面与工件下表面有平行度要求，外形轮廓与工件有对称度要求。

二、加工工艺分析

1. 加工方案的确定

根据零件的要求，上表面采用端铣刀粗铣→精铣完成；其余表面采用立铣刀粗铣→精铣完成；孔的加工采用钻中心孔→钻孔→铰孔。型腔加工前预钻工艺孔。

2. 确定装夹方案

该零件为单件生产，且零件外形为长方体，可选用平口钳装夹。工件上表面高出钳口 11mm 左右。

3. 确定加工工艺 加工工艺见表 12-3。

表 12-3 数控加工工序卡片

数控加工工艺卡片			产品名称	零件名称	材 料		零件图号
					45 钢		图 12-1
工序号	程序编号	夹具名称	夹具编号	使用设备		车间	
		虎钳					
工步号	工步内容		刀具号	主轴转速 /(r/min)	进给速度 /(mm/min)	背吃刀量 /mm	侧吃刀量 /mm	备注
1	分两层粗铣上表面		T01	S350	F150	0.9	80	
2	精铣上表面		T01	S500	F100	0.2	80	
3	钻中心孔		T02	S1200	F80			
4	钻 2×φ9.8 孔及工艺孔		T03	S600	F80			
5	粗铣凸台外轮廓		T04	S800	F100	5.5		
6	粗铣矩形槽		T04	S800	F100	5.5		
7	去除残料							
8	精铣凸台外轮廓		T05	S1200	F80	0.5	0.3	
9	精铣矩形槽		T05	S1200	F80	0.5	0.3	
10	铰孔 2×φ10H7		T06	S200	F120		0.1	

4. 进给路线的确定

（1）外轮廓粗、精加工走刀路线（如图 12-2 所示） 1→2→3→4→5→6→7→8→9→10→11→12→13→14→15→16→17→18→19→20→21→22→23。

（2）矩形槽走刀路线（如图 12-3 所示） W→1→2→3→4→5→6→2→7。

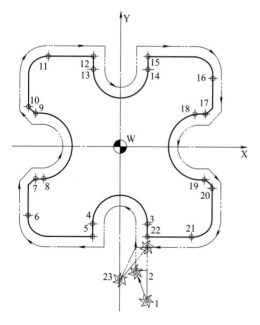

图 12-2 外轮廓铣削路线

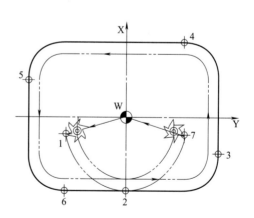

图 12-3 矩形形槽铣削路线

5. 刀具及切削参数的确定

刀具及切削参数见表 12-4。

6. 工具量具选用

加工所需工具量具如表 12-5。

表 12-4 数控加工刀具卡

数控加工 刀具卡片	工序号	程序编号		产品名称	零件名称		材料	零件图号
							45 钢	
序号	刀具号	刀具名称	刀具规格/mm		补偿值/mm		刀补号		备注
			直径	长度	半径	长度	半径	长度	
1	T01	端铣刀	φ125	实测					硬质合金
2	T02	中心钻	A3	实测				H02	高速钢
3	T03	麻花钻	φ9.8	实测				H03	高速钢
4	T04	立铣刀(3 齿)	φ10	实测	5.3	0.5	D01	H01	高速钢
5	T05	立铣刀(4 齿)	φ10	实测	实测	实测	D01	H01	硬质合金
6	T06	机用铰刀	φ10H7	实测				H06	高速钢

备注：精加工 D01、H01 的实际半径、长度补偿值根据测量结果调整。

表 12-5 工具量具清单

种类	序号	名称	规格	单位	数量
工具	1	平口钳	QH150	个	1
	2	扳手		把	1
	3	平行垫铁		副	1
	4	橡皮锤		个	1
	5	寻边器	φ10mm	只	1
	6	Z 轴设定器	50mm	只	1
量具	1	游标卡尺	0～150mm	把	1
	2	深度千分尺	0～25mm	把	1
	3	公法线千分尺	75～100mm	把	1
	4	公法线千分尺	50～75mm	把	1
	5	内测千分尺	5～30mm	把	1
	6	内测千分尺	25～50mm	把	1
	7	半径规	$R7～R14.5$	把	1
	8	百分表及表座	0～10mm	套	1
	9	表面粗糙度样板	$Ra0.8～6.3$	组	1
	10	塞规	φ10H7	个	1

三、参考程序编制

1. 工件坐标系的建立

以图示的工件上表面中心作为 G54 工件坐标系原点。

2. 基点坐标计算（略）

3. 参考程序（见表 12-6～表 12-8）

表 12-6 钻中心孔、钻孔、铰孔加工程序

程序段号	加工程序 （FANUC 0i Mate 系统）	加工程序 （SIEMENS 802D 系统）
	O0001;(钻中心孔)	AA1. MPF(钻中心孔)
N10	G54 G90 G40 G80 G49;	G90 G40 T2
N20	S1200 M3;	S1200 M3
N30	G0 X0 Y0 M08;	G54 G0 X0 Y0 D1 M08
N40	G43 Z5 H02;	Z5
N50	G81 X−33 Y0 Z−5 R5 F80;	G0 X−33 Y0 F80
N60	X33;	CYCLE81(10,0,3,−5,5)

续表

程序段号	加工程序 （FANUC 0i Mate 系统）	加工程序 （SIEMENS 802D 系统）
	O0001;（钻中心孔）	AA1. MPF（钻中心孔）
N70	G80;	G0 X33 Y0
N80	G0 G49 Z100 M09;	CYCLE81(10,0,3,-5,5)
N90	M05;	G0 Z100 M09
N100	M30;	M05
N110		M30
	O0002;（钻孔）	AA2. MPF（钻孔）
N10	G54 G90 G40 G80 G49;	G90 G40 T3
N20	S600 M3;	S600 M3
N30	G0 X0 Y0 M08;	G54 G0 X-33 Y0 D1 M08
N40	G43 Z5 H01;	Z5 F80
N50	G81 X0 Y0 Z-5 R5 F80;	CYCLE81(10,0,3,-23,23)
N60	X-33 Y0 Z-23;	G0 X0 Y0
N70	X33;	CYCLE81(10,0,3,-5,5)
N80	G80;	G0 X33 Y0
N90	G0 G49 Z100 M09;	CYCLE81(10,0,3,-23,23)
N100	M05;	G0 Z100 M09
N110	M30;	M05
N120		M30
	O0003;（铰孔）	AA3. MPF（铰孔）
N10	G54 G90 G40 G80 G49;	G90 G40 T6
N20	S200 M3;	S200 M3
N30	G0 X0 Y0 M08;	G54 G0 X-33 Y0 D1 M08
N40	G43 Z5 H06;	Z5
N50	G85 X-33 Y0 Z-23 R5 F120;	CYCLE85(10,0,3,-23,,0,120,150)
N60	X33;	G0 X33 Y0
N70	G80;	CYCLE85(10,0,3,-23,,0,120,150)
N80	G0 G49 Z100 M09;	G0 Z100 M09
N90	M05;	M05
N100	M30;	M30

表 12-7 外轮廓加工程序

加工程序 （FANUC 0i Mate 系统）	加工程序 （SIEMENS 802D 系统）	程序说明
O0004;	AA4. MPF	程序名
G54 G90 G40 G80 G49;	G90 G40 T4	设置初始状态
S800 M3;	S800 M3	启动主轴
G0 X11 Y-50 Z50 M08;	G54 G0 X11 Y-50 Z50 D1M08	开冷却液,快速移动到1点上方
G43 Z5 H01;	Z5	建立刀具长度补偿
G1 Z-6 F100;	G1 Z-6 F100	下刀
G41 X11 Y-36 D01;	G41 X11 Y-36	建立刀具半径补偿,到2点
Y-31;	Y-31	直线加工到3点
G3 X-11 R11;	G3 X-11 CR=11	圆弧加工到4点
G1 Y-36;	G1 Y-36	直线加工到5点
X-38,R8;	X-38 RND=8	直线加工并倒圆到6点
Y-13,C3;	Y-13 CHF=4.242	直线加工并倒角到7点
X-33;	X-33	直线加工到8点
G3 Y13 R13;	G3 Y13 CR=13	圆弧加工到9点

续表

加工程序 （FANUC 0i Mate 系统）	加工程序 （SIEMENS 802D 系统）	程序说明
G1 X−38,C3;	G1 X−38 CHF＝4.242	直线加工并倒角到 10 点
Y36,R8;	Y36 RND＝8	直线加工并倒圆到 11 点
X−11;	X−11	直线加工到 12 点
Y31;	Y31	直线加工到 13 点
G3 X11 R11;	G3 X11 CR＝11	圆弧加工到 14 点
G1 Y36;	G1 Y36	直线加工到 15 点
X38,R8;	X38 RND＝8	直线加工并倒圆 16 点
Y13,C3;	Y13 CHF＝4.242	直线加工并倒角到 17 点
X33;	X33	直线加工到 18 点
G3 Y−13 R13;	G3 Y−13 CR＝13	圆弧加工 19 点
G1 X38,C3;	G1 X38 CHF＝4.242	直线加工并倒角到 20 点
Y−36,R8;	Y−36 RND＝8	直线加工并倒圆到 21 点
X11;	X11	直线加工到 22 点
G40 X0 Y−45;	G40 X0 Y−45	撤销刀补到 23 点
G0 G49 Z100 M09;	G0 Z100 M09	抬刀
M05;	M05	主轴停转
M30;	M30	程序结束

表 12-8　铣矩形槽加工程序

程序 段号	加工程序 （FANUC 0i Mate 系统） O0005;	加工程序 （SIEMENS 802D 系统） AA5.MPF
N10	G54 G90 G40 G80 G49;	G90 G40 T4
N20	S800 M3;	S800 M3
N30	G0 X0 Y0 Z50 M08;	G54 G0 X0 Y0 Z50 D1 M08
N40	G43 Z5 H01;	Z5
N50	G1 Z−5 F80;	G1 Z−5 F80;
N60	G41 X−10 Y−2 D01;	G41 X−10 Y−2
N70	G3 X0 Y−12 R10;	G3 X0 Y−12 CR＝10
N80	G1 X16,R6;	G1 X16 RND＝6
N90	Y12,R6;	Y12 RND＝6
N100	X−16,R6;	X−16 RND＝6
N110	Y−12,R6;	Y−12 RND＝6
N120	X0;	X0
N130	G3 X10 Y−2 R10;	G3 X10 Y−2 CR＝10
N140	G1 G40 X0 Y0;	G1 G40 X0 Y0
N150	G0 G49 Z100 M09;	G0 Z100 M09
N160	M05;	M05
N170	M30;	M30

四、技能训练

1. 加工准备

（1）阅读综合零件图，准备工件材料、工量刃具。

（2）开机，复位，机床回参考点。

（3）输入程序并检查。

（4）模拟加工程序。

（5）安装夹具，紧固工件。将平口钳安装在工作台上，以工件底面为基准定位，用百分表校正工件上表面并夹紧。

（6）安装刀具。该工件使用了 6 把刀具，注意不同类型的刀具安装到相应的刀柄中。

2. 对刀，设定工件坐标系及刀具补偿

X、Y 向对刀：可通过寻边器分别对工件 X、Y 向进行对刀操作，得到 X、Y 零偏值输入 G54 中。Z 向对刀：利用 Z 轴设定器测得工件上表面的 Z 数值，输入 G54 中。刀具半径补偿应分别在粗、精加工时设置到相应的刀补形状及磨耗中。

3. 自动加工

（1）"EDIT"方式下选择调用待加工程序，调至程序首句。

（2）选择"MEM"方式，调好进给倍率、主轴倍率，检查"空运行""机床锁定"键应处于关闭状态。

（3）按下"循环启动"按钮进行自动加工。

■ 检查

零件加工结束后，进行尺寸检测，检测标准参考表 12-9。

表 12-9　评分表

时限	150min	开始时间		结束时间		总得分		
考核项目	序号	鉴定内容	配分	评分标准			检测记录	得分
工件 （70分）	1	$76_{-0.057}^{0}$	6	每超差 0.01 扣 1 分				
	2	$40_{-0.15}^{0}$（2 处）	4	超差不得分				
	3	$26_{0}^{+0.062}$（2 处）	6	每超差 0.01 扣 1 分				
	4	$2\times\phi10H7$	8	通规进，止规止				
	5	66 ± 0.03	4	超差不得分				
	6	$32_{0}^{+0.052}$	4	超差不得分				
	7	$24_{0}^{+0.062}$	4	每超差 0.01 扣 1 分				
	8	$22_{0}^{+0.052}$	4	超差不得分				
	9	$72_{-0.074}^{0}$	4	每超差 0.01 扣 1 分				
	10	$5_{0}^{+0.05}$	4	每超差 0.01 扣 1 分				
	11	$6_{0}^{+0.05}$	4	每超差 0.01 扣 1 分				
	12	▤ 0.03 B	3	每超差 0.01 扣 1 分				
	13	∥ 0.05 A	5	每超差 0.01 扣 1 分				
	14	表面粗糙度 Ra3.2	10	每一处不合格扣一分				
程序 （20分）	15	程序正确（语法、数据）	20	视严重性，每错一处扣 1～4 分				
	16	程序合理		视严重性，不合理每处扣 1～4 分				
	17	程序中工艺参数正确		视严重性，不合理每处扣 1～4 分				
	18	加工工艺正确性		视严重性，不合理每处扣 1～4 分				
	19	程序完整		程序不完整扣 4～20 分				
工艺卡片 （10分）	20	工件定位、夹紧及刀具选择合理，加工顺序及刀具轨迹路线合理	10	酌情扣分				
机床操作	21	装夹、换刀操作熟练	否定项 （倒扣分）	不规范每次扣 2 分				
	22	机床面板操作正确		误操作每次扣 2 分				
	23	进给倍率与主轴转速设定合理		不合理每次扣 2 分				
	24	加工准备与机床清理		不符合要求每次扣 2 分				
缺陷	25	工件缺陷、尺寸误差 0.5mm以上、外形与图纸不符		倒扣 2～10 分/每次				
文明生产	26	人身、机床、刀具安全		倒扣 5～20 分/每次				

评估

在实施过程中各组出现的问题各不相同,有些问题组内讨论解决了,有些问题没有解决,也有些问题组内成员都没有意识到,老师引导各组就一些典型和隐性的问题进行讨论,见表 12-10。

表 12-10 评估

序号	问题	可能原因	后果	避免措施
1	表面粗糙度差	精加工参数不合理	工件表面质量差	合理选择精加工参数
2	撞刀	对刀不正确;程序不正确	零件损坏,刀具损坏	对刀正确;程序编写要正确
3	轮廓尺寸不符合要求	测量不正确,修调不到位	报废	正确测量和修调
4	对称度超差	X 方向对刀有误差	对称度不能保证	对刀仪对刀
5	孔精度超差	铰孔参数设置不合理	孔不符合要求	合理设置铰孔参数,选择精度较高的铰刀

思考与练习

编写如图 12-4 所示零件的加工程序。

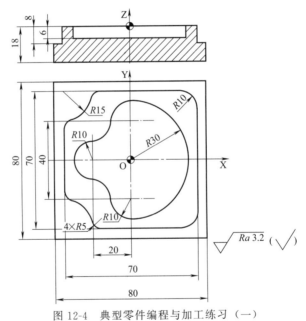

图 12-4 典型零件编程与加工练习(一)

任务二 数控铣床/加工中心典型零件编程与加工(二)

学习目标

1. 知识目标

(1)会识读综合零件图。

(2)熟悉工件安装、刀具选择、工艺编制及切削用量选择。

（3）掌握工件外轮廓、孔、内腔的加工工艺制订及程序编制。

2．技能目标

（1）掌握综合零件加工方法。

（2）会进行尺寸控制。

（3）完成综合件加工。

工作任务

如图 12-5 所示工件，毛坯为 $80mm \times 80mm \times 21mm$ 长方块（$80mm \times 80mm$ 四面及底面已加工），材料为 45 钢，试编写其加工程序并进行加工。

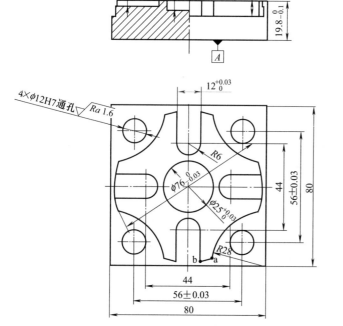

其余 $\sqrt{\dfrac{Ra\,3.2}{}}$

技术要求

1．锐角倒钝 $0.1 \times 45°$；

2．未注公差尺寸按 GB1804－M；

3．不准用砂布、锉刀等修饰加工面。

基点坐标：

a(12.294, −35.956)

b(6, −37.523)

图 12-5 典型零件编程与加工（二）

资讯

一、FANUC 0i Mate 系统坐标系旋转指令（G68，G69）

1．指令格式

G68 X __ Y __ R __；

G69；

G69：表示取消旋转功能。

2．指令说明

G68 为坐标系旋转功能指令；G69 为取消坐标系旋转功能指令；X __ Y __：表示旋转中心的坐标值（可以是 X、Y、Z 中的任意两个，由当前平面选择指令确定）；R 为坐标系旋转角度，单位是（°），R __：表示旋转角度，逆时针方向为正，顺时针方向负，范围为 $-360° \sim 360°$，旋转角度的零度方向为第一坐标轴的正方向。

例：G68 X15 Y20 R30；

表示图形以坐标点（15，20）作为旋转中心，逆时针旋转 $30°$。

二、SIEMENS802D 系统坐标系旋转（ROT, AROT）

1. 指令格式

ROT RPL＝＿＿；

AROT RPL＝＿＿；

例 1：G17 ROT RPL＝30；

例 2：G17 AROT RPL＝30；

2. 指令说明

ROT：绝对可编程零位旋转。参考基准为通过 G54—G599 指令建立的工件坐标系零位。AROT：附加可编程零位旋转。参考基准为当前有效的设置或编程的零点。RPL：在平面内的旋转角度。

例 1：表示以编程坐标系原点为基点，在 G17 平面内绕 Z 轴转过 30°。

例 2：表示以当前设置的坐标系原点为基点，在 G17 平面内绕 Z 轴转过 30°。

ROT 后面没有轴参数，则取消坐标系旋转。

▌计划

根据加工任务，制订零件加工计划，见表 12-11。

表 12-11 计划

序号	工作内容	工具	注意事项	操作人
1	加工工艺分析,确定切削路线	参考书	无	全体
2	编写加工程序	参考书	无	全体
3	输入程序、图形模拟	机床	无	AB
4	装工件并校正	平口钳、垫块	工件底面不能悬空	CD
5	装刀具	刀柄及刀具	主轴抬高装刀	AB
6	零件加工	铣刀、外径千分尺、内测千分尺、深度千分尺、塞规等	关安全防护门	EF
7	零件检测	外径千分尺,内测千分尺、深度千分尺、塞规	无	CD
8	打扫机床,整理实训场地,量具摆放整齐	打扫工具	无	全体

▌决策

根据计划，由组长进行人员任务分工，见表 12-12。

表 12-12 决策

序号	人员	分工
1	全体	工艺分析,编写加工程序
2	AB	输入程序,检验程序正确性,模拟图形,装刀具
3	CD	准备刀具、量具、工件、装工件、零件检测
4	EF	对刀、零件加工

▌实施

一、分析零件图样

该零件包含了平面、外形轮廓、型腔和孔的加工，孔的尺寸精度为 IT7，表面粗糙度 $Ra1.6$，其他表面尺寸精度要求较高，表面粗糙度为 $Ra3.2$，上下平面有平行度 0.04 要求。

二、加工工艺分析

1. 加工方案的确定

根据零件的要求，上表面采用端铣刀粗铣→精铣完成；其余表面采用立铣刀粗铣→精铣完成；孔的加工采用钻中心孔→钻孔→铰孔。型腔加工前预钻工艺孔。

2. 确定装夹方案

该零件为单件生产，且零件外形为长方体，可选用平口钳装夹。工件上表面高出钳口11mm 左右。

3. 确定加工工艺

加工工艺见表12-13。

表 12-13　数控加工工序卡片

数控加工工艺卡片			产品名称	零件名称	材　料	零件图号
					45 钢	图 12-5
工序号	程序编号	夹具名称	夹具编号	使用设备	车　间	
		虎钳				
工步号	工 步 内 容		刀具号	主轴转速 /(r/min)	进给速度 /(mm/min)	背吃刀量 /mm	侧吃刀量 /mm	备注
1	粗铣上表面		T01	S350	F150	0.9	50	
2	精铣上表面		T01	S500	F100	0.3	50	
3	钻中心孔		T02	S1200	F80			
4	钻 4×φ11.8孔及工艺孔		T03	S600	F80	5.9		
5	粗铣凸台外轮廓		T04	S800	F100	7.5		
6	粗铣左右两 U 槽		T04	S800	F100	2.5		
7	粗铣 φ25 圆腔		T04	S800	F100	4.5		
8	去除残料							
9	精铣凸台外轮廓		T05	S1200	F80	0.5	0.3	
10	精铣左右两 U 槽		T05	S1200	F80	0.5	0.3	
11	精铣 φ25 圆腔		T05	S1200	F80	0.5	0.3	
12	铰孔 4×φ12H7		T06	S200	F120		0.1	

4. 进给路线的确定

（1）外轮廓粗、精加工走刀路线（如图 12-6 所示）　1→2→3→4→5→6→7→8→9→10→11→12→13→14→15→16→17→18→19。

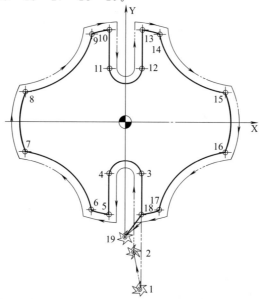

图 12-6　外轮廓粗、精加工走刀路线图

（2）两 U 槽粗、精加工走刀路线 （略）

（3）型腔粗、精加工走刀路线 在项目十一中已讲，如图 11-6 所示，按线段轨迹 1→2→3→4→5。

5. 刀具及切削参数的确定

刀具及切削参数见表 12-14。

表 12-14 数控加工刀具卡

数控加工 刀具卡片	工序号		程序编号		产品名称	零件名称		材 料	零件图号
								45 钢	图 12-5
序号	刀具号	刀具名称	刀具规格/mm		补偿值/mm		刀补号		备注
			直径	长度	半径	长度	半径	长度	
1	T01	端铣刀	φ125	实测					硬质合金
2	T02	中心钻	A3	实测				H02	高速钢
3	T03	麻花钻	φ11.8	实测				H03	高速钢
4	T04	立铣刀（3 齿）	φ10	实测	5.3	0.5	D01	H01	高速钢
5	T05	立铣刀（4 齿）	φ10	实测	实测	实测	D01	H01	硬质合金
6	T06	机用铰刀	φ12H7	实测				H06	高速钢

备注：精加工 D01 、H01 的实际半径、长度补偿值根据测量结果调整。

6. 工具、量具选用

加工所需工具、量具见表 12-15。

表 12-15 工具、量具清单

种类	序号	名称	规格	单位	数量
工具	1	平口钳	QH150	个	1
	2	扳手		把	1
	3	平行垫铁		副	1
	4	橡皮锤		个	1
	5	寻边器	φ10mm	只	1
	6	Z 轴设定器	50mm	只	1
量具	1	游标卡尺	0～150mm	把	1
	2	深度千分尺	0～25mm	把	1
	3	外径千分尺	75～100mm	把	1
	4	内测千分尺	5～30mm	把	1
	5	半径规	R1～R6.5	把	1
	6	半径规	R26～R80	把	1
	7	百分表及表座	0～10mm	套	1
	8	表面粗糙度样板	Ra0.8～6.3	组	1
	9	塞规	φ12H7	个	1

三、参考程序编制

1. 工件坐标系的建立

以图示的工件上表面中心作为 G54 工件坐标系原点。

2. 基点坐标计算 （略）

3. 参考程序 （见表 12-16～表 12-19）

表 12-16 钻中心孔、钻孔、铰孔加工程序

程序段号	加工程序 （FANUC 0i Mate 系统）	加工程序 （SIEMENS 802D 系统）
	O0001;（钻中心孔）	AA1. MPF(钻中心孔)
N10	G54 G90 G40 G80 G49;	G90 G40 T2
N20	S1200 M3;	S1200 M3
N30	G0 X0 Y0 M08;	G54 G0 X0 Y0 D1 M08 F80
N35	G43 Z5 H02;	Z5
N40	G81 X28 Y28 Z−5 R5 F80;	MCALL CYCLE81(10,0,3,−5,5)
N50	Y−28;	G0 X28 Y28
N60	X−28;	X28 Y−28

程序段号	加工程序 （FANUC 0i Mate 系统）	加工程序 （SIEMENS 802D 系统）
	O0001；（钻中心孔）	AA1. MPF（钻中心孔）
N70	Y28；	X−28 Y−28
N80	G80；	X−28 Y28
N90	G0 G49 Z100 M09；	MCALL
N100	M5；	G0 Z100 M09
N110	M30；	M30
	O0002（钻孔）	AA2. MPF（钻孔）
N10	G54 G90 G40 G80 G49；	G90 G40 T3
N20	S600 M3；	S600 M3
N30	G0 X0 Y0 M08；	G54 G0 X0 Y0 D1 M08 F80
N35	G43 Z5 H03；	Z5
N40	G81 X28 Y28 Z−26 R5 F80；	MCALL CYCLE81(10,0,3,−26,26)
N50	Y−28；	G0 X28 Y28
N60	X−28；	X28 Y−28
N70	Y28；	X−28 Y−28
N80	G80；	X−28 Y28
N90	G0 G49 Z100 M09；	MCALL
N100	M5；	G0　Z100 M09
N110	M30；	M30
	O0003（铰孔）	AA3. MPF（铰孔）
N10	G54 G90 G40 G80 G49 ；	G90 G40 T6
N20	S200 M3；	S200 M3
N30	G0 X0 Y0 M08；	G54 G0 X0 Y0 D1 M08
N35	G43 Z5 H06；	Z5
N40	G85 X28 Y28 Z−26 R5 F120；	MCALL CYCLE85(10,0,3,−26,,0,120,150)
N50	Y−28；	G0 X28 Y28
N60	X−28；	X28 Y−28
N70	Y28；	X−28 Y−28
N80	G80；	X−28 Y28
N90	G0 G49 Z100 M09；	MCALL
N100	M5；	G0 Z100 M09
N110	M30；	M30

表 12-17　外轮廓加工程序

加工程序 （FANUC 0i Mate 系统）	加工程序 （SIEMENS 802D 系统）	程序说明
O0004；（主程序）	AA4. MPF（主程序）	程序名
G54 G90 G40 G49 G69；	G54 G90 G40 T4	设置初始状态
S800 M3；	S800 M3	启动主轴
G00 X6 Y−50 M08；	G00 X6 Y−50 D1 M08	开冷却液，快速启动到 1 点正上方
G43 Z5 H01；	Z5	建立刀具长度补偿
G01 Z−8 F100；	G01 Z−8 F100	下刀
M98 P0005；	L1	调用子程序
G68 X0 Y0 R180；	R0T RPL=180	坐标系旋转 180°
M98 P0005；	L1	调用子程序
G69；	R0T	取消坐标系旋转
G0 G49 Z100 M09；	G0 Z100 M09	取消刀具长度补偿
M05；	M05	主轴停转
M30；	M2	程序结束
O0005；（子程序）	L1. SPF（子程序）	子程序名
G41 X6 Y−42 D01；	G41 X6 Y−42	建立刀具半径补偿到 2 点
Y−22；	Y−22	直线加工到 3 点
G3 X−6 R6；	G3 X−6 CR=6	圆弧加工到 4 点
G1 Y−37.523；	G1 Y−37.523	直线加工到 5 点
G2 X−12.294 Y−35.956 R38；	G2 X−12.294Y−35.956 CR=38	圆弧加工到 6 点

加工程序 （FANUC 0i Mate 系统）	加工程序 （SIEMENS 802D 系统）	程序说明
G3 X−35.956 Y−12.294 R28；	G3 X−35.956 Y−12.294 CR＝28	圆弧加工到 7 点
G2 Y12.294 R38；	G2 Y12.294 CR＝38	圆弧加工到 8 点
G3 X−12.294 Y35.956 R28；	G3 X−12.294 Y35.956 CR＝28	圆弧加工到 9 点
G2 X−6 Y35.523 R38；	G2 X−6 Y37.523 CR＝38	圆弧加工到 10 点
G1 G40 X0 Y−50；	G1 G40 X0 Y−50	取消刀具半径补偿
M99；	RET	子程序结束，回主程序

表 12-18　铣两 U 型槽加工程序

程序段号	加工程序 （FANUC 0i Mate 系统）	加工程序 （SIEMENS 802D 系统）
	O0006；（主程序）	AA6. MPF（主程序）
N10	G54 G90 G40 G49 G69；	G90 G40 T4
N20	S800 M3；	S800 M3
N30	G0 G43 Z50 H01 M08；	G54 G0　Z50 D1 M08
N40	M98 P0007；	L7
N50	G68 X0 Y0 R180；	R0T RPL＝180
N60	M98 P0007；	L7
N70	G69；	R0T
N80	G0 G49 Z100 M09；	G0 Z100 M09
N90	M05；	M05
N100	M30；	M30
	O0007；（子程序）	L7. SPF（子程序）
N10	G0 X50 Y0 Z5；	G0 X50 Y0 Z5
N20	G1 Z−3 F100；	G1 Z−3 F100
N30	G41 X40 Y6 D01；	G41 X40 Y6
N40	X22；	X22
N50	G3 Y−6 R6；	G3 Y−6 CR＝6
N60	G1 X40；	G1 X40
N70	G40 X50 Y0；	G40 X50 Y0
N80	G0 Z5；	G0 Z5
N90	M99；	RET

表 12-19　铣圆腔加工程序

程序段号	加工程序 （FANUC 0i Mate 系统）	加工程序 （SIEMENS 802D 系统）
	O0008；	AA8. MPF
N10	G54 G90 G40 G49；	G90 G40 T4
N20	S800 M3；	S800 M3
N30	G0 X0 Y0 M08；	G54 G0 X0 Y0 D1M08
N35	G43 Z5 H01；	Z5
N40	G1 Z−5 F80；	G1 Z−5 F80
N50	G41 G01 X−10 Y−2.5 D01；	G41 G01 X−10 Y−2.5
N60	G03 X0 Y−12.5 R10；	G03 X0 Y−12.5 CR＝10
N70	G03 I0 J12.5；	G03 I0 J12.5
N80	G03 X10 Y−2.5 R10；	G03 X10 Y−2.5 CR＝10
N90	G40 G01 X0 Y0；	G40 G01 X0 Y0
N100	G49 G00 Z10；	G00 Z10
N110	M09；	M09
N120	G00 Z100；	G00 Z100
N130	M05；	M05
N140	M30；	M30

四、技能训练

1. 加工准备

（1）阅读综合零件图，准备工件材料、工量刃具。

（2）开机，复位，机床回参考点。

（3）输入程序并检查。

（4）模拟加工程序。

（5）安装夹具，紧固工件。将平口钳安装在工作台上，以工件底面为基准定位，用百分表校正工件上表面并夹紧。

（6）安装刀具。该工件使用了 6 把刀具，注意不同类型的刀具安装到相应的刀柄中。

2. 对刀，设定工件坐标系及刀具补偿

X、Y 向对刀：可通过寻边器分别对工件 X、Y 向进行对刀操作，得到 X、Y 零偏值输入 G54 中。Z 向对刀：利用 Z 轴设定器测得工件上表面的 Z 数值，输入 G54 中。刀具半径补偿应分别在粗、精加工时设置到相应的刀补形状及磨耗中。

3. 自动加工

（1）"EDIT" 方式下选择调用待加工程序，调至程序首句。

（2）选择 "MEM" 方式，调好进给倍率、主轴倍率，检查 "空运行" "机床锁定" 键应处于关闭状态。

（3）按下 "循环启动" 按钮进行自动加工。

检查

零件加工结束后，进行尺寸检测，检测标准参考表 12-20。

表 12-20　评分表

时限	150min	开始时间		结束时间		总得分	
考核项目	序号	鉴定内容	配分	评分标准		检测记录	得分
工件（70 分）	1	$\phi 76_{-0.03}^{0}$	6	每超差 0.01mm 扣 1 分			
	2	$12_{0}^{+0.03}$（4 处）	12	每超差 0.01mm 扣 1 分			
	3	$\phi 25_{0}^{+0.03}$	6	每超差 0.01mm 扣 1 分			
	4	$4 \times \phi 12H7$	8	超差不得分			
	5	56 ± 0.03（2 处）	4	超差不得分			
	6	$R28$（4 处）	2	超差不得分			
	7	$R6$（4 处）	2	超差不得分			
	8	$3_{0}^{+0.05}$	4	每超差 0.01mm 扣 1 分			
	9	$5_{0}^{+0.03}$	4	每超差 0.01mm 扣 1 分			
	10	8_{0}^{+0}	4	每超差 0.01mm 扣 1 分			
	11	$19.8_{-0.1}^{0}$	4	超差不得分			
	12	表面粗糙度 $Ra3.2$	10	每一处不合格扣 1 分			
	13	∥ 0.04 A	4	每超差 0.01mm 扣 1 分			
程序（20 分）	14	程序正确（语法、数据）	20	视严重性，每错一处扣 1～4 分			
	15	程序合理		视严重性，不合理每处扣 1～4 分			
	16	程序中工艺参数正确		视严重性，不合理每处扣 1～4 分			
	17	加工工艺正确性		视严重性，不合理每处扣 1～4 分			
	18	程序完整		程序不完整扣 4～20 分			
工艺卡片（10 分）	19	工件定位、夹紧及刀具选择合理，加工顺序及刀具轨迹路线合理	10	酌情扣分			
机床操作	20	装夹、换刀操作熟练	否定项（倒扣分）	不规范每次扣 2 分			
	21	机床面板操作正确		误操作每次扣 2 分			
	22	进给倍率与主轴转速设定合理		不合理每次扣 2 分			
	23	加工准备与机床清理		不符合要求每次扣 2 分			
缺陷	24	工件缺陷、尺寸误差 0.5mm 以上、外形与图纸不符		倒扣 2～10 分/每次			
文明生产	25	人身、机床、刀具安全		倒扣 5～20 分/每次			

评估

在实施过程中各组出现的问题各不相同，有些问题组内讨论解决了，有些问题没有解决，也有些问题组内成员都没有意识到，老师引导各组就一些典型和隐性的问题进行讨论，见表 12-21。

表 12-21 评估

序号	问题	可能原因	后果	避免措施
1	表面粗糙度差	精加工参数不合理	工件表面质量差	合理选择精加工参数
2	撞刀	对刀不正确；程序不正确	零件损坏，刀具损坏	对刀正确；程序编写要正确
3	轮廓尺寸不符合要求	测量不正确，修调不到位	报废	正确测量和修调
4	平行度超差	装夹有误差	平行度不能保证，厚度有误差	工件装夹不能悬空，要校正
5	孔精度超差	铰孔参数设置不合理	孔不符合要求	合理设置铰孔参数，选择精度较高的铰刀
6	半径补偿干涉	刀具补偿参数设置过大，超过凹圆弧半径	报警	刀具补偿参数不能超过凹圆弧半径

思考与练习

编写如图 12-7 所示零件的加工程序。

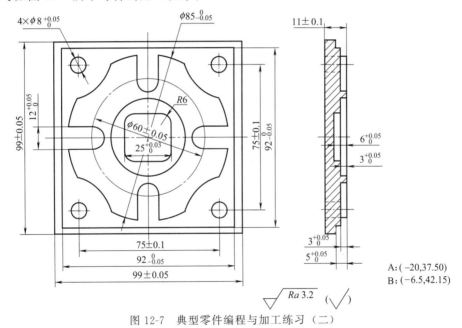

图 12-7 典型零件编程与加工练习（二）

任务三 数控铣床/加工中心典型零件编程与加工（三）

学习目标

1. 知识目标
（1）会识读综合零件图。
（2）熟悉工件安装、刀具选择、工艺编制及切削用量选择。

（3）掌握工件外轮廓、孔、内腔的加工工艺制订及程序编制。

2．技能目标

（1）掌握综合零件加工方法。

（2）会进行尺寸控制。

（3）完成综合件加工。

■ 工作任务

如图 12-8 所示工件，毛坯为 $80\text{mm} \times 80\text{mm} \times 21\text{mm}$ 长方块（$80\text{mm} \times 80\text{mm}$ 四面及底面已加工），材料为 45 钢，试编写其加工程序并进行加工。

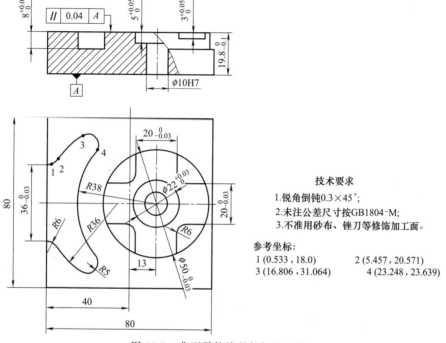

技术要求

1.锐角倒钝 $0.3 \times 45°$；

2.未注公差尺寸按GB1804-M；

3.不准用砂布、锉刀等修饰加工面。

参考坐标：

1 (0.533 , 18.0)　　　2 (5.457 , 20.571)

3 (16.806 , 31.064)　　4 (23.248 , 23.639)

图 12-8　典型零件编程与加工（三）

■ 资讯

一、FANUC 0i Mate 系统可编程镜像

使用可编程镜像指令可实现沿某一坐标轴或某一坐标点的对称加工。

G51.1：可编程镜像有效；

G50.1：可编程镜像取消。

1．指令格式

G17 G51.1X ＿ Y ＿ ；

G50.1X ＿ Y ＿ ；

2．指令说明

格式中的 X、Y 值用于指定对称轴或对称点。当 G51.1 指令后仅有一个坐标字时，该镜像是以某一坐标轴为镜像轴。如下指令所示：

G51.1　X10；

该指令表示以某一轴线为对称轴，该轴线与 Y 轴相平行，且与 X 轴在 X＝10 处相交。

当 G51.1 指令后有两个坐标字时，表示该镜像是以某一点作为对称点进行镜像。例如：对称点为（10，10）的镜像指令是 G17 G51.1 X10 Y10 。

G51.1　X0（关于 Y 轴对称）

G51.1　Y0（关于 X 轴对称）

G51.1　X0 Y0（关于原点对称）

二、SIEMENS802D 可编程镜像

1. 指令格式

MIRROR　X ＿ Y ＿ Z

AMIRROR　X ＿ Y ＿ Z

2. 指令说明

MIRROR：绝对可编程镜像，相对于 G54—G59 设定的当前有效坐标系的绝对镜像。

AMIRROR：相对可编程镜像，参考当前有效设定或编程坐标系的补充镜像。

X ＿ Y ＿ Z ＿：将改变方向的坐标轴。

▌计划

根据加工任务，制订零件加工计划，见表 12-22。

表 12-22　计划

序号	工作内容	工具	注意事项	操作人
1	加工工艺分析,确定切削路线	参考书	无	全体
2	编写加工程序	参考书	无	全体
3	输入程序、图形模拟	机床	无	AB
4	装工件并校正	平口钳、垫块	工件底面不能悬空	CD
5	装刀具	刀柄及刀具	主轴抬高装刀	AB
6	零件加工	铣刀、外径千分尺、内测千分尺、深度千分尺、塞规等	关安全防护门	EF
7	零件检测	外径千分尺、内测千分尺、深度千分尺、塞规	无	CD
8	打扫机床,整理实训场地,量具摆放整齐	打扫工具	无	全体

▌决策

根据计划，由组长进行人员任务分工，见表 12-23。

表 12-23　决策

序号	人员	分 工	序号	人员	分 工
1	全体	工艺分析,编写加工程序	3	CD	准备刀具、量具、工件、装工件、零件检测
2	AB	输入程序,检验程序正确性,模拟图形,装刀具	4	EF	对刀、零件加工

▌实施

一、分析零件图样

该零件包含了平面、两个凸台、4 个相同 L 外形轮廓、型腔和孔的加工，孔的尺寸精度为 IT7，表面粗糙度 $Ra1.6$，其他表面尺寸精度要求较高，表面粗糙度为 $Ra3.2$，上下平面有平行度要求。

二、加工工艺分析

1. 加工方案的确定

根据零件的要求，上表面采用端铣刀粗铣→精铣完成；其余表面采用立铣刀粗铣→精铣完成；孔的加工采用钻中心孔→钻孔→铰孔。考虑两凸台间距 13mm 及最小凹圆弧 $R6$，铣削中选用 $\phi10$ 立铣刀。

2. 确定装夹方案

该零件为单件生产，且零件外形为长方体，可选用平口钳装夹。工件上表面高出钳口 11mm 左右。

3. 确定加工工艺

加工工艺见表 12-24。

表 12-24 数控加工工序卡片

数控加工工序卡片			产品名称	零件名称	材 料	零件图号
					45 钢	图 12-8
工序号	程序编号	夹具名称	夹具编号	使用设备	车 间	
		虎钳				
工步号	工 步 内 容		刀具号	主轴转速 /(r/min)	进给速度 /(mm/min)	背吃刀量 /mm	侧吃刀量 /mm	备注
1	粗铣上表面		T01	S350	F150	0.9	50	
2	精铣上表面		T01	S500	F100	0.3	50	
3	钻中心孔		T02	S1200	F80			
4	钻 $\phi9.8$ 孔		T03	S600	F80		4.9	
5	粗铣点 1,2,3,外轮廓		T04	S800	F100			
6	粗铣 $\phi50$ 凸台		T04	S800	F100			
7	粗铣 4 个 L 形外轮廓		T04	S800	F100			
8	粗铣 $\phi22$ 圆腔		T04	S800	F100			
9	去除残料							
10	精铣点 1,2,3,外轮廓		T05	S1200	F80		0.3	
11	精铣 $\phi50$ 凸台		T05	S1200	F80		0.3	
12	精铣 4 个 L 形外轮廓		T05	S1200	F80		0.3	
13	精铣 $\phi22$ 圆腔		T05	S1200	F80		0.3	
14	铰孔 $\phi10H7$		T06	S200	F120		0.1	

4. 进给路线的确定

（1）外轮廓粗、精加工走刀路线（如图 12-9 所示） 1→2→3→4→5→6→7→8。

（2）铣点 1、2、3、4 外轮廓走刀路线（如图 12-10 所示） 5→6→1→2→3→4→7→8→9→10→11→12。

（3）铣 $\phi22$ 内腔走刀路线（略）

（4）铣 $\phi50$ 外圆走刀路线 见项目九图 9-25。

5. 刀具及切削参数的确定

刀具及切削参数见表 12-25。

表 12-25 数控加工刀具卡

数控加工 刀具卡片		工序号	程序编号	产品名称	零件名称	材 料	零件图号
						45 钢	图 12-8
序号	刀具号	刀具名称	刀具规格/mm		补偿值/mm		刀补号		备注
			直径	长度	半径	长度	半径	长度	
1	T01	端铣刀	$\phi125$	实测					硬质合金
2	T02	中心钻	A3	实测				H02	
3	T03	麻花钻	$\phi11.8$	实测				H03	
4	T04	立铣刀（3 齿）	$\phi10$	实测	5.3	0.5	D01	H01	高速钢
5	T05	立铣刀（4 齿）	$\phi10$	实测	实测	实测	D01	H01	硬质合金
6	T06	机用铰刀	$\phi10H7$	实测				H06	

注：精加工 D01、H01 的实际半径、长度补偿值根据测量结果调整。

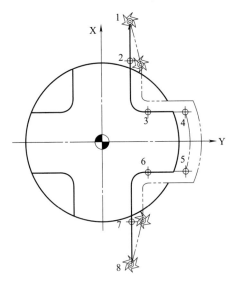

图 12-9　L形外轮廓铣削路线

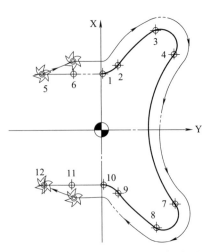

图 12-10　点 1、2、3、4 走刀轨迹图

6. 工具、量具选用

加工所需工具、量具见表 12-26。

表 12-26　工具、量具清单

种类	序号	名称	规格	单位	数量
工具	1	平口钳	QH150	个	1
	2	扳手		把	1
	3	平行垫铁		副	1
	4	橡皮锤		个	1
	5	寻边器	$\phi10mm$	只	1
	6	Z轴设定器	50mm	只	1
量具	1	游标卡尺	0～150mm	把	1
	2	深度千分尺	0～25mm	把	1
	3	公法线千分尺	0～25mm	把	1
	4	公法线千分尺	25～50mm	把	1
	5	内测千分尺	5～30mm	把	1
	6	半径规	$R1～R6.5$	把	1
	7	半径规	$R26～R80$	把	1
	8	百分表及表座	0～10mm	套	1
	9	表面粗糙度样板	$Ra0.8～6.3$	组	1
	10	塞规	$\phi10H7$	个	1

三、参考程序编制

1. 工件坐标系的建立

以图示位置作为 G54 工件坐标系原点。由于工件坐标原点未设在 $\phi50$ 圆的圆心，给 $\phi50$ 圆台、L形外轮廓及 $\phi22$ 圆腔的基点坐标计算带来麻烦，为了保证基点坐标计算的正确性，采用坐标平移指令，将 $\phi50$ 圆心设为新坐标的原点。

2. 基点坐标计算（略）

3. 参考程序（见表 12-27～表 12-31）

表 12-27 钻中心孔、钻孔、铰孔加工程序

程序段号	加工程序 （FANUC 0i Mate 系统）	加工程序 （SIEMENS 802D 系统）
	O0001；（钻中心孔）	AA1. MPF(钻中心孔)
N10	G54 G90 G40 G80 G49；	G90 G40 T1
N20	S1200 M3；	S1200 M3
N30	G0 X0 Y0 M08；	G54 G0 X53 Y0 D1M08 F80
N35	G43 Z5 H02；	Z5
N40	G81 X53 Y0 Z−5 R5 F80；	CYCLE81(10,0,3,−5,5)
N50	G80；	
N60	G0 G49 Z100 M09；	G0 Z100 M09
N70	M05；	M05
N80	M30；	M30
	O0002(钻孔)	AA2. MPF(钻孔)
N10	G54 G90 G40 G80 G49；	G90 G40 T1
N20	S600 M3；	S600 M3
N30	G0 X0 Y0 M08；	G54 G0 X53 Y0 D1 M08 F80
N35	G43 Z5 H03；	Z5
N40	G81 X53 Y0 Z−25 R5 F80；	CYCLE81(10,0,3,−25,25)
N50	G80；	
N60	G0 G49 Z100 M09；	G0 Z100 M09
N70	M05；	M05
N80	M30；	M30
	O0003(铰孔)	AA3. MPF(铰孔)
N10	G54 G90 G40 G80 G49；	G90 G40 T6
N20	S200 M3；	S200 M3
N30	G0 X0 Y0 M08；	G54 G0 X53 Y0 D1 M08
N35	G43 Z5 H06；	Z5
N40	G85 X53 Y0 Z−25 R5 F120；	CYCLE85(10,0,3,−25,,0,120,150)
N50	G80；	
N60	G0 G49 Z100 M09；	G0 Z100 M09
N70	M05；	M05
N80	M30；	M30

表 12-28 铣点 1、2、3、4 外轮廓加工程序

加工程序 （FANUC 0i Mate 系统）	加工程序 （SIEMENS 802D 系统）	程序说明
O0004；	AA4. MPF	程序名
G54 G90 G40 G49；	G90 G40 T4	设置初始状态
S800 M3；	S800 M3	启动主轴
G0 X−10 Y18 M08；	G54 G0 X−10 Y18 D1 M08	开冷却液,直线运动到 5 点上方
G43 Z5 H01；	Z5	建立刀具长度补偿
G1 Z−8 F100；	G1 Z−8 F100	下刀
G41 X0 Y18 D01；	G41 X0 Y18	建立刀具半径补偿到 6 点
X0.533；	X0.533	圆弧加工到 1 点
G3 X5.457 Y20.571 R6；	G3 X5.457 Y20.571 CR=6	圆弧加工到 2 点
G2 X16.806 Y31.064 R36；	G2 X16.806 Y31.064 CR=36	圆弧加工到 3 点
G2 X23.248 Y23.639 R5；	G2 X23.248 Y23.639 C=R5	圆弧加工到 4 点
G3 Y−23.639 R38；	G3 Y−23.639 CR=38	圆弧加工到 7 点
G2 X16.806 Y−31.064 R5；	G2 X16.806 Y−31.064 CR=5	圆弧加工到 8 点
G2 X5.457 Y−20.571 R36；	G2 X5.457 Y−20.571 CR=36	圆弧加工到 9 点

加工程序 (FANUC 0i Mate 系统)	加工程序 (SIEMENS 802D 系统)	程序说明
G3 X0.533 Y−18 R6;	G3 X0.533 Y−18 CR=6	圆弧加工到 10 点
G1 X0;	G1 X0	直线加工到 11 点
G40 X−10;	G40 X−10	取消刀具半径补偿到 12
G0 G49 Z100 M09;	G0 Z100 M09	取消刀具长度补偿
M05;	M05	主轴停转
M30;	M30	程序结束

表 12-29　铣四个 L 形槽加工程序

加工程序 (FANUC 0i Mate 系统)	加工程序 (SIEMENS 802D 系统)	程序说明
O0005;(主程序)	AA5. MPF(主程序)	程序名
G54 G90 G40 G80 G49;	G54 G90 G40 T4	设置初始状态
S800 M3;	S800 M3	启动主轴
G52 X53 Y0;	TRANS X53 Y0	设置局部坐标系
G0 X0 Y0 M08;	G0 X0 Y0 D01 M08	开冷却液,运动到新原点正上方
G43 Z5 H01;	Z5	建立刀具长度补偿
M98 P0006;	L6	调用子程序
G51.1 X0;	AMIRROR X0	关于 Y 轴的镜像
M98 P0006;	L6	调用子程序
G50.1 X0;	MIRROR	镜像取消
G0 G49 Z100 M09;	G0 Z100 M09	关冷却液,取消刀具长度补偿,抬刀
G52 X0 Y0;	TRANS	取消局部坐标系
M05;	M05	主轴停转
M30;	M30	程序结束
O0006;(子程序)	L6. SPF(子程序)	子程序
G0 X10 Y35;	G0 X10 Y35	快速定位 1 点正上方
G1 Z−3 F100;	G1 Z−3 F100	下刀
G41 X10 Y25 D01;	G41 X10 Y25	建立刀具半径补偿到 2 点
Y10, R6;	Y10 RND=6	直线加工并倒圆到 3 点
X24;	X24	直线加工到 4 点
G2 Y−10 R26;	G2 Y−10 CR=26	圆弧加工到 5 点
G1 X10, R6;	G1 X10 RND=6	直线加工并倒圆到 6 点
Y−25;	Y−25	直线加工到 7 点
G40 Y−35;	G40 Y−35	取消刀具半径补偿
G0 Z5;	G0 Z5	抬刀
M99;	RET	子程序结束,并返回主程序

表 12-30　铣 φ22 圆腔加工程序

程序段号	加工程序 (FANUC 0i Mate 系统)	加工程序 (SIEMENS 802D 系统)
	O0007;	AA7. MPF
N10	G54 G90 G40 G49;	G54 G90 G40 T4
N20	M03 S800;	M03 S800
N30	G52 X53 Y0;	TRANS X53 Y0
N40	G0 X0 Y0 M08;	G0 X0 Y0 D1 M08
N45	G43 Z5 H01;	Z5
N50	G1 Z−5 F100;	G1 Z−5 F100
N60	G41 X−10 Y−1 D01;	G41 X−10 Y−1
N70	G3 X0 Y−11 R10;	G3 X0 Y−11 CR=10

续表

程序段号	加工程序 （FANUC 0i Mate 系统）	加工程序 （SIEMENS 802D 系统）
	O0007；	AA7. MPF
N80	G3 I0 J11；	G3 I0 J11
N90	G3 X10 Y−1 R10；	G3 X10 Y−1 CR=10
N100	G40 G1 X0 Y0；	G40 G1 X0 Y0
N110	G00 G49 Z100 M09；	G00 Z100 M09
N120	G52 X0 Y0；	TRANS
N130	M05；	M05
N140	M30；	M30

表 12-31　铣 ϕ50 外圆加工程序

程序段号	加工程序 （FANUC 0i Mate 系统）	加工程序 （SIEMENS 802D 系统）
	O0008	AA8. MPF
N10	G54 G90 G40 G49；	G54 G90 G40 T4
N20	M03 S800；	M03 S800
N30	G52 X53 Y0；	TRANS X53 Y0
N40	G0 X30 Y45 M08；	G0 X30 Y45 D1 M08
N45	G43 Z5 H01；	Z5
N50	G01 Z−8 F100；	G01 Z−8 F100
N60	G41 Y25 D01；	G41 Y25
N70	Y0；	Y0
N80	G2 I−25 J0；	G2 I−25 J0
N90	G1 Y−25；	G1 Y−25
N100	G40 Y−45；	G40 Y−45
N110	G49 G00 Z100 M09；	G00 Z100 M09
N120	G52 X0 Y0；	TRANS
N130	M05；	M05
N140	M30；	M30

四、技能训练

1. 加工准备

（1）阅读综合零件图，准备工件材料、工量刃具。

（2）开机，复位，机床回参考点。

（3）输入程序并检查。

（4）模拟加工程序。

（5）安装夹具，紧固工件。将平口钳安装在工作台上，以工件底面为基准定位，用百分表校正工件上表面并夹紧。

（6）安装刀具。该工件使用了 6 把刀具，注意不同类型的刀具安装到相应的刀柄中。

2. 对刀，设定工件坐标系及刀具补偿

X、Y 向对刀：可通过寻边器分别对工件 X、Y 向进行对刀操作，得到 X、Y 零偏值输入 G54 中。Z 向对刀：利用 Z 轴设定器测得工件上表面的 Z 数值，输入 G54 中。刀具半径补偿应分别在粗、精加工时设置到相应的刀补形状及磨耗中。

3. 自动加工

（1）"EDIT" 方式下选择调用待加工程序，调至程序首句。

（2）选择 "MEM" 方式，调好进给倍率、主轴倍率，检查 "空运行""机床锁定" 键应处于关闭状态。

（3）按下 "循环启动" 按钮进行自动加工。

检查

零件加工结束后，进行尺寸检测，检测标准参考表 12-32。

表 12-32 评分表

时限	150min	开始时间		结束时间		总得分	
考核项目	序号	鉴定内容	配分	评分标准		检测记录	得分
工件(70 分)	1	$36_{-0.03}^{0}$	6	每超差 0.01mm 扣 1 分			
	2	$20_{-0.03}^{0}$(4 处)	16	每超差 0.01mm 扣 1 分			
	3	$\phi 50_{-0.03}^{0}$	6	每超差 0.01mm 扣 1 分			
	4	$\phi 10H7$	4	超差不得分			
	5	$\phi 22_{0}^{+0.05}$	4	每超差 0.01mm 扣 1 分			
	6	$R5$(2 处)、$R6$(6 处)、$R36$、$R38$	4	超差不得分			
	7	$3_{0}^{+0.05}$	4	每超差 0.01mm 扣 1 分			
	8	$5_{0}^{+0.05}$	4	每超差 0.01mm 扣 1 分			
	9	$8_{0}^{+0.05}$	4	每超差 0.01mm 扣 1 分			
	10	$19.8_{-0.1}^{0}$	4	每超差 0.01mm 扣 1 分			
	11	表面粗糙度 $Ra3.2$	10	每一处不合格扣 1 分			
	12	|| 0.04 A	4	每超差 0.01mm 扣 1 分			
程序(20 分)	13	程序正确(语法、数据)	20	视严重性,每错一处扣 1~4 分			
	14	程序合理		视严重性,不合理每处扣 1~4 分			
	15	程序中工艺参数正确		视严重性,不合理每处扣 1~4 分			
	16	加工工艺正确性		视严重性,不合理每处扣 1~4 分			
	17	程序完整		程序不完整扣 4~20 分			
工艺卡片(10 分)	18	工件定位、夹紧及刀具选择合理,加工顺序及刀具轨迹路线合理	10	酌情扣分			
机床操作	19	装夹、换刀操作熟练	否定项(倒扣分)	不规范每次扣 2 分			
	20	机床面板操作正确		误操作每次扣 2 分			
	21	进给倍率与主轴转速设定合理		不合理每次扣 2 分			
	22	加工准备与机床清理		不符合要求每次扣 2 分			
缺陷	23	工件缺陷、尺寸误差 0.5mm 以上、外形与图纸不符		倒扣 2~10 分/每次			
文明生产	24	人身、机床、刀具安全		倒扣 5~20 分/每次			

评估

在实施过程中各组出现的问题各不相同，有些问题组内讨论解决了，有些问题没有解决，也有些问题组内成员都没有意识到，老师引导各组就一些典型和隐性的问题进行讨论，见表 12-33。

表 12-33 评估

序号	问题	可能原因	后果	避免措施
1	表面粗糙度差	精加工参数不合理	工件表面质量差	合理选择精加工参数
2	撞刀	对刀不正确;程序不正确	零件损坏,刀具损坏	对刀正确;程序编写要正确
3	轮廓尺寸不符合要求	测量不正确,修调不到位	报废	正确测量和修调
4	平行度超差	装夹有误差	平行度不能保证,厚度有误差	工件装夹不能悬空,要校正
5	孔精度超差	铰孔参数设置不合理	孔不符合要求	合理设置铰孔参数,选择精度较高的铰刀

续表

序号	问题	可能原因	后果	避免措施
6	半径补偿干涉	刀具补偿参数设置过大,超过凹圆弧半径	报警	刀具补偿参数不能超过凹圆弧半径
7	其中一轮廓被过切	刀具直径超过两轮廓之间的距离	报度	正确计算两轮廓之间的距离,合理选择刀具
8	镜像加工尺寸变小	左补偿变右补偿	报度	镜像加工半径补偿参数略微大点

思考与练习

编写如图 12-11 所示零件的加工程序。

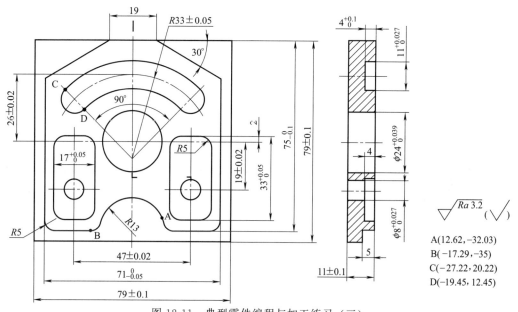

图 12-11　典型零件编程与加工练习（三）

任务四　数控铣床/加工中心典型零件编程与加工（四）

学习目标

1. 知识目标
(1) 熟悉加工中心的特点、加工对象。
(2) 熟悉工件安装、刀具选择、工艺编制及切削用量选择。
(3) 掌握加工中心自动换刀、长度补偿指令及其应用。
2. 技能目标
(1) 掌握综合零件加工方法。
(2) 掌握长度补偿参数的测定及输入。
(3) 完成综合件加工。

工作任务

如图 12-12 所示工件，毛坯为 85mm×80mm×14mm，加工上表面、外轮廓、内轮廓及

2×M10×1.5 螺纹通孔，材料为 45 钢，试编写其加工程序并进行加工。

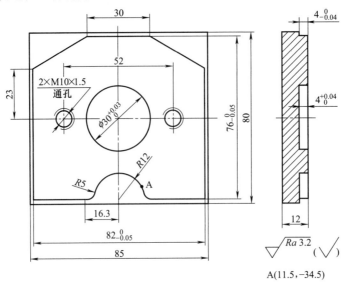

图 12-12　典型零件编程与加工（四）

▊ 资讯

一、加工中心概述

1. 加工中心的特点

（1）全封闭防护；

（2）工序集中，加工连续进行；

（3）使用多把刀具，自动进行刀具交换；

（4）使用多个工作台，自动进行工作台交换；

（5）功能强大，趋向复合加工；

（6）高自动化、高精度、高效率；

（7）高投入；

（8）在适当的条件下才能发挥最佳效益。

2. 加工中心的分类

（1）立式加工中心，如图 12-13 所示。

（2）卧式加工中心，如图 12-14 所示。

（3）龙门式加工中心，如图 12-15 所示。

3. 加工中心的加工对象

适用于精密、复杂零件加工；周期性重复投产零件加工；多工位、多工序集中的零件加工；具有适当批量的零件加工等。主要加工对象：箱体类零件；复杂曲面；异形件；盘、套、板类零件。

二、加工中心自动换刀装置

换刀装置的用途是按照加工需要，自动地更换装在主轴上的刀具。自动换刀装置是一套独立、完整的部件。自动换刀装置的形式有回转刀架（车削中心）和带刀库的自动换刀装置（应用广泛）。刀库形式有盘式刀库和链式刀库。盘式刀库结构简单、紧凑、应用广。链式刀库容量大。盘式刀库和链式刀库见图 12-16、图 12-17。

图 12-13　立式加工中心

图 12-14　卧式加工中心

图 12-15　龙门式加工中心

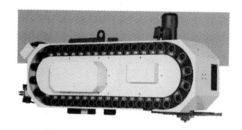

图 12-16　链式刀库

图 12-17　盘式刀库

三、编程指令

1. FANUC 0i Mate 返回参考点指令

G28 是自动返回参考点指令，其指令格式为：G28 X＿ Y＿ Z＿；X＿ Y＿ Z＿为返回过程中经过的中间点，其坐标值可以采用增量值也可以用绝对值，但必须用 G91 或 G90 来指定，如 G91 G28 X0 Y0 Z0，就是表示经过当前点 X、Y、Z 方向分别回参考点；而 G90 G28 Z10，就是表示 Z 轴先移动到 Z10 处，再返回参考点。

2. SIEMENS 802D 返回参考点指令

G74 是自动返回参考点指令，其指令格式为：G74 X1＝0 Y1＝0 Z1＝0，就是表示 X、Y、Z 方向分别回参考点，X1、Y1、Z1 后的数值必须为 0，其他值无意义。

3. M06——加工中心自动换刀指令

自动换刀装置的换刀过程由选刀和换刀两部分组成。当执行到 Txx 指令即选刀指令后，刀库自动将要用的刀具移动到换刀位置，完成选刀过程，为下面换刀做好准备；当执行到 M06 指令时即开始自动换刀，把主轴上用过的刀具取下，将选好的刀具安装在主轴上。FANUC 0i Mate 和 SIEMENS 802D 换刀程序见表 12-34。

表 12-34 换刀程序

FANUC 0i Mate	SIEMENS 802D	程序说明
M05；	M05；	主轴准停
G28 G91 Z0；	G74Z1＝0；	回 Z 向参考点
T03 M06；	T3 M06；	自动换刀

▌计划

根据加工任务，制订零件加工计划，见表 12-35。

表 12-35 计划

序号	工作内容	工具	注意事项	操作人
1	加工工艺分析,确定切削路线	参考书	无	全体
2	编写加工程序	参考书	无	全体
3	输入程序、图形模拟	机床	无	AB
4	装工件并校正	平口钳、垫块	工件底面不能悬空	CD
5	装刀具	刀柄及刀具	主轴抬高装刀	AB
6	零件加工	铣刀、外径千分尺、内测千分尺、深度千分尺、塞规等	关安全防护门	EF
7	零件检测	外径千分尺、内测千分尺、深度千分尺、塞规	无	CD
8	打扫机床,整理实训场地,量具摆放整齐	打扫工具	无	全体

▌决策

根据计划，由组长进行人员任务分工，见表 12-36。

表 12-36 决策

序号	人员	分工	序号	人员	分工
1	全体	工艺分析,编写加工程序	3	CD	准备刀具、量具、工件、装工件、零件检测
2	AB	输入程序,检验程序正确性,模拟图形,装刀具	4	EF	对刀、零件加工

▍实施

一、分析零件图样

该零件主要是完成内外轮廓和两个 M10 螺纹孔的加工。孔的尺寸精度为 IT7，表面粗糙度为 *Ra*3.2。

二、加工工艺分析

1. 加工方案的确定

根据零件的要求，上表面采用端铣刀粗铣→精铣完成；在立式加工中心上加工工序为：①ϕ3 中心钻点孔；②ϕ8.5 麻花钻钻孔；③粗铣外轮廓；④粗铣内轮廓；⑤精铣外轮廓；⑥精铣内轮廓；⑦ϕ25 倒角刀倒 1.5×45°角；⑧M10 丝锥攻螺纹。孔加工示意图如图 12-18 和图 12-19 所示。

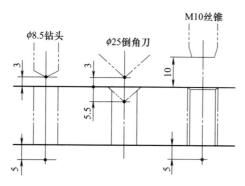

图 12-18　孔加工示意图一

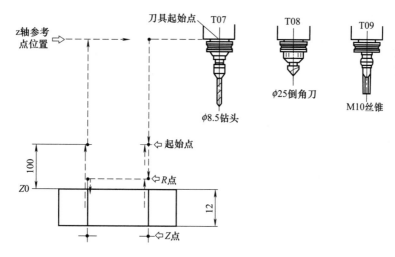

图 12-19　孔加工示意图二

2. 确定装夹方案

该零件为单件生产，且零件外形为长方体，可选用平口钳装夹。工件上表面高出钳口 8mm 左右。

3. 确定加工工艺

加工工艺见表 12-37。

表 12-37 数控加工工序卡片

数控加工工序卡片			产品名称	零件名称	材料	零件图号
					45 钢	图 12-12
工序号	程序编号	夹具名称	夹具编号	使用设备	车	间
		平口钳				
工步号	工 步 内 容		刀具号	主轴转速 /(r/min)	进给速度 /(mm/min)	背吃刀量 /mm	侧吃刀量 /mm	备注
1	粗铣上表面		T01	S350	F150	0.9	50	
2	精铣上表面		T01	S500	F100	0.2	50	
3	点孔		T02	1000	F80			
4	钻 $\phi8.5$ 孔		T03	S600	F80			
5	粗铣外轮廓		T04	S600	F120	3.5		
6	粗铣内轮廓		T05	S500	F120	3.5		
7	精铣外轮廓		T06	S1000	F80	0.5		
8	精铣内轮廓		T07	S1000	F80	0.5		
9	倒角 $1.5\times45°$		T08	S150	F30			
10	攻螺纹 $2\times M10$		T09	S100	F150			

4. 进给路线的确定

（1）粗加工上表面，精加工上表面。

（2）点孔。

（3）钻孔。

（4）粗铣外轮廓。

（5）粗铣内轮廓。

（6）精铣外轮廓。

（7）精铣内轮廓。

（8）倒角。

（9）攻螺纹。

5. 刀具及切削参数的确定

刀具及切削参数见表 12-38。

表 12-38 数控加工刀具卡

数控加工 刀具卡片		工序号	程序编号	产品名称	零件名称	材料	零件图号
						45 钢	图 12-12
序号	刀具号	刀具名称	刀具规格/mm		补偿值/mm		刀补号		备注
			直径	长度	半径	长度	半径	长度	
1	T01	端铣刀	$\phi125$	实测					硬质合金
2	T02	点钻	$\phi3$					H02	硬质合金
3	T03	麻花钻	$\phi8.5$	实测				H03	高速钢
4	T04	立铣刀	$\phi16$	实测	8.3	0.5	D04	H04	高速钢
5	T05	立铣刀	$\phi12$	实测	6.3	0.5	D05	H05	高速钢
6	T06	立铣刀	$\phi16$	实测	实测	实测	D06	H06	硬质合金
7	T07	立铣刀	$\phi12$	实测	实测	实测	D07	H07	硬质合金
8	T08	倒角刀	$\phi25$	实测				H08	高速钢
9	T09	丝锥	$\phi10$	实测				H09	硬质合金

注：D06、H06、D07、H07 的实际半径、长度补偿值根据测量结果调整。

6. 工具、量具选用

加工所需工具、量具见表 12-39。

表 12-39 工具、量具清单

种类	序号	名称	规格	单位	数量
工具	1	平口钳	QH150	个	1
	2	扳手		把	1
	3	平行垫铁		副	1
	4	橡皮锤		个	1
	5	寻边器	$\phi 10mm$	只	1
	6	Z轴设定器	50mm	只	1
量具	1	游标卡尺	0～150mm	把	1
	2	深度千分尺	0～25mm	把	1
	3	外径千分尺	75～100mm	把	1
	4	内测千分尺	25～50mm	把	1
	5	表面粗糙度样板	$Ra0.8～6.3$	组	1
	6	螺纹塞规	M10×1.5	只	1

三、参考程序编制

1. 工件坐标系的建立

以图示位置作为 G54 工件坐标系原点。

2. 基点坐标计算（略）

3. 参考程序（见表 12-40）

表 12-40 铣轮廓、钻中心孔、钻孔、倒角、攻螺纹加工程序

加工程序 （FANUC 0i Mate 系统）	加工程序 （SIEMENS 802D 系统）	程序说明
O0001；	AA1. MPF	
G17 G90 G40 G80 G49 ；	G17 G90 G94 G40 G71	
G28 G91 Z0；	G74 Z1＝0	
T02 M06；	T2 M06	
G90 G54 G00 X0 Y0；	G90 G54 G00 X0 Y0 D1 F80	点孔程序
M03 S1000；	M03 S1000	
G00 G43 Z10 H02；	G00 Z10	
G99 G81 Z－3 R3 F80；	CYCLE81(10,0,3,－3)	
X26 Y0；	G0 X26	
	CYCLE81(10,0,3,－3)	
G98 X－26；	G0 X－26	
G00 G49 Z100；	CYCLE81(10,0,3,－3)	
G80；	G00 Z100	
M05；	M05	
G28 G91 Z0；	G74 Z1＝0	
T03 M06 ；	T3 M06	
G90 G54 G00 X0 Y0；	G90 G54 G00 X0 Y0 D1 F80	钻孔程序
M03 S600；	M03 S600	
G00 G43 Z100 H03；	G00 Z100	
G99 G81 Z－4 R3 F80；	CYCLE81(10,0,3,－4)	
	G0 X26	
G99 G81 X26 Z－17 R3 F80；	CYCLE81(10,0,3,－17)	
G98 X－26；	G0 X－26	
G00 G49 Z100；	CYCLE81(10,0,3,－17)	
G80；	G00　Z100	

加工程序 （FANUC 0i Mate 系统）	加工程序 （SIEMENS 802D 系统）	程序说明
M05；	M05	主轴停转
G28 G91 Z0；	G74 Z1＝0	回参考点
M03 S600；	M03 S600	
T04 M06；	T4 M06	换刀
G54 G00 X－41 Y－50；	G90 G54 G00 X－41 Y－50 D1	外轮廓粗加工程序
Z10；	Z10	
G43 G01 Z－3.5 F100 H04；	G01 Z－3.5 F100	
G41 G01 Y－41 D04 F120；	G41 G01 X－41　F120	
M98 P0002；	L1	
G40 G01 X－50；	G40 G01 X－50；	
G0 G49 Z5；	G0 Z5	
M05；	M05	
G28 G91 Z0；	G74 Z1＝0	
T05 M06；	T5 M06	
M03 S500；	M03 S500	
G54 G00 X0 Y0；	G90 G54 G00 X0 Y0 D1；	内轮廓粗加工程序
G43 G01 Z－3.5 F100 H05；	G01 Z－3.5 F100；	
G41 G01 X－10 Y－5 D05 F120；	G41 G01 X－10 Y－5　F120；	
M98 P0003；	L2	
G40 G01 X0 Y0；	G40 G01 X0 Y0；	
G0 G49 Z5；	G0 Z5	
M05；	M05	主轴停转
G28 G91 Z0；	G74 Z1＝0	回参考点
T06 M06；	T6 M06	换刀
M03 S1000；	M03 S1000	
G54 G00 X－41 Y－50；	G90 G54　G00 X－41 Y－50 D1	外轮廓精加工程序
Z10；	Z10	
G1 G43 Z－4 H06 F120；	G1 Z－4 F120	
G41 G01 Y－41 D06 F80；	G41 G01Y－41　F80	
M98 P0002；	L1	
G40 G01 X－50；	G40 G01 X－50；	
G0 G49 Z5；	G0 Z5	
M05；	M05	
G28 G91 Z0；	G74 Z1＝0	
T07 M06；	T7 M06	
M03 S1000；	M03 S1000	
G54 G00 X0 Y0；	G90 G54 G00 X0 Y0 D1；	
G43 G01 Z－4 F100 H07；	G01 Z－4 F100；	
G41 G01 X－10 Y－5 D07 F80；	G41 G01 X－10 Y－5　F80；	内轮廓精加工程序
M98 P0003；	L2	
G40 G01 X0 Y0；	G40 G01 X0 Y0；	
G0 G49 Z5；	G0 Z5	
M05；	M05	主轴停转
G28 G91 Z0；	G74 Z1＝0	回参考点
T08 M06；	T8 M06	换刀
G90 G54 G00 X26 Y0；	G90 G54 G00 X26 Y0 D1 F30	
S150 M03；	S150 M03	
G00 G43 Z10 H08；	G00 Z10	
G99 G82 Z－5.5 R3 P2000 F30；	CYCLE82(10,0,3,－5.5,,2)	锪孔程序
G98 X－26；	G0 X－26	

续表

加工程序 （FANUC 0i Mate 系统）	加工程序 （SIEMENS 802D 系统）	程序说明
G00 G49 Z100	CYCLE82(10,0,3,−5.5,,2)	
G80	G0 Z100	
M05；	M05	主轴停转
G28 G91 Z0；	G74 Z1＝0	回参考点
T09 M06；	T9 M06	换刀
G90 G54 G00 X26 Y0；	G90 G54 G00 X26 Y0 D1	
M03 S100；	M03 S100	主轴正转
G00 G43 Z10 H09；	G00 Z10	
G99 G84 Z−17 R10 F150；	CYCLE840(30,0,10,−17,0,4,3,0,,1.5)	攻螺纹程序
G98 X−26；	G0 X−26	
G80；	CYCLE840(30,0,10,−17,0,4,3,0,,1.5)	
G00 G49 Z100	G0 Z100	
M05；	M05	
M30；	M30	
O0002；	L1. SPF	外轮廓子程序
Y23；	Y23；	
X−15 Y38；	X−15 Y38；	
X15；	X15；	
X41 Y23；	X41 Y23；	
Y−38；	Y−38；	
G01 X16.3；	G01 X16.3；	
G02 X11.5 Y−34.5 R5；	G02 X11.5 Y−34.5 CR＝5；	
G03 X−11.5 R12；	G03 X−11.5 CR＝12；	
G02 X−16.3 Y−38 R5；	G02 X−16.3 Y−38 CR＝5；	
G01 X−42；	G01 X−42；	
M99；	M17；	
O0003；	L2. SPF	内轮廓子程序
G03 X0 Y−15 R10；	G03 X0 Y−15 CR＝10；	
G03 I0 J15；	G03 I0 J15；	
X10 Y−5 R10；	X10 Y−5CR＝10；	
M99；	M17；	

四、技能训练

1. 加工准备

（1）阅读综合零件图，准备工件材料、工量刃具。

（2）开机，复位，机床回参考点。

（3）输入程序并检查。

（4）模拟加工程序。

（5）安装夹具，紧固工件。将平口钳安装在工作台上，以工件底面为基准定位，用百分表校正工件上表面并夹紧。

（6）安装刀具。该工件使用了 9 把刀具，注意不同类型的刀具安装到相应的刀柄中。

2. 对刀，设定工件坐标系及刀具补偿

X、Y 向对刀：可通过寻边器分别对工件 X、Y 向进行对刀操作，得到 X、Y 零偏值输入 G54 中。Z 向对刀：利用 Z 轴设定器测得工件上表面的 Z 数值，输入 G54 中。刀具长度

补偿应分别设置到相应的刀补形状及磨耗中。

3. 自动加工

（1）"EDIT"方式下选择调用待加工程序，调至程序首句。

（2）选择"MEM"方式，调好进给倍率、主轴倍率，检查"空运行""机床锁定"键应处于关闭状态。

（3）按下"循环启动"按钮进行自动加工。

检查

零件加工结束后，进行尺寸检测，检测标准参考表12-41。

表 12-41　评分表

时限	150min	开始时间		结束时间		总得分	
考核项目	序号	鉴定内容	配分	评分标准		检测记录	得分
工件（70分）	1	$76_{-0.05}^{\ 0}$	5	每超差 0.01mm 扣 1 分			
	2	$82_{-0.05}^{\ 0}$	5	每超差 0.01mm 扣 1 分			
	3	$4_{\ 0}^{+0.04}$	10	每超差 0.01mm 扣 1 分			
	4	$4_{\ 0}^{+0.04}$	10	每超差 0.01mm 扣 1 分			
	5	$\phi 30_{\ 0}^{+0.03}$	10	每超差 0.01mm 扣 1 分			
	6	$2\times M10\times 1.5$（2 处）	20	通规全部旋进，止规旋不进为合格			
	7	其余尺寸	5	超差不得分			
	8	表面粗糙度 Ra3.2	5	每一处不合格扣 1 分			
程序（20分）	9	程序正确（语法、数据）	20	视严重性，每错一处扣 1～4 分			
	10	程序合理		视严重性，不合理每处扣 1～4 分			
	11	程序中工艺参数正确		视严重性，不合理每处扣 1～4 分			
	12	加工工艺正确性		视严重性，不合理每处扣 1～4 分			
	13	程序完整		程序不完整扣 4～20 分			
工艺卡片（10 分）	14	工件定位、夹紧及刀具选择合理，加工顺序及刀具轨迹路线合理	10	酌情扣分			
机床操作	15	装夹、换刀操作熟练	否定项（倒扣分）	不规范每次扣 2 分			
	16	机床面板操作正确		误操作每次扣 2 分			
	17	进给倍率与主轴转速设定合理		不合理每次扣 2 分			
	18	加工准备与机床清理		不符合要求每次扣 2 分			
缺陷	19	工件缺陷、尺寸误差 0.5mm 以上、外形与图纸不符		倒扣 2～10 分/每次			
文明生产	20	人身、机床、刀具安全		倒扣 5～20 分/每次			

评估

在实施过程中各组出现的问题各不相同，有些问题组内讨论解决了，有些问题没有解决，也有些问题组内成员都没有意识到，老师引导各组就一些典型和隐性的问题进行讨论，见表12-42。

表 12-42　评估

序号	问题	可能原因	后果	避免措施
1	表面粗糙度差	精加工参数不合理	工件表面质量差	合理选择精加工参数
2	撞刀	对刀不正确；程序不正确	零件损坏，刀具损坏	对刀正确；程序编写要正确
3	轮廓尺寸不符合要求	测量不正确，修调不到位	报废	正确测量和修调
4	螺纹孔精度超差	底孔大	螺纹孔不符合要求	合理加工底孔直径
5	螺纹刀卡在孔里或断在孔里	攻螺纹力过大	报废	底孔略微大点，选用专用攻螺纹刀柄

思考与练习

编写如图 12-20 所示零件的加工程序。

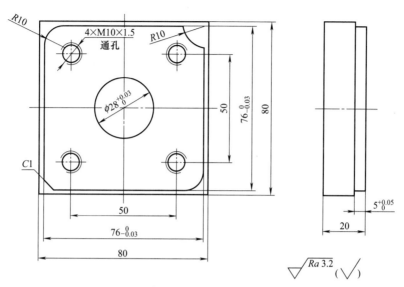

图 12-20 典型零件编程与加工练习（四）

附录

附录 A

FANUC 0i 系统数控车床常用准备功能指令一览表

G 指令	组别	功能	程序格式及说明
G00 ▲		快速点定位	G00 X__ Z__
G01		直线插补	G01 X__ Z__ F__;
G02	01	顺时针方向圆弧插补	G02/G03 X__ Z__ R__ F__;
G03		逆时针方向圆弧插补	G02/G03 X__ Z__ I__ K__ F__;
G04 *	00	暂停	G04 X1.5;或 G04 U1.5;或 G04 P1500;
G17		XY 平面选择	G17
G18 ▲	16	XZ 平面选择	G18
G19		YZ 平面选择	G19;
G20 ▲	06	英制输入	G20
G21		公制输入	G21;
G27 *		返回参考点检测	G27 X__ Z__
G28 *	00	返回参考点	G28 X__ Z__
G30 *		返回第二、三、四参考点	G30 P2/P3/P4 X__ Z__;
G32	01	螺纹切削	G32 X__ Z__ F__;(F 为导程)
G34		变螺距螺纹切削	G34 X__;Z__ F__ K__;
G40 ▲		取消刀尖圆弧半径补偿	G40
G41	07	刀尖圆弧半径左补偿	G41G01X__ Z__
G42		刀尖圆弧半径右补偿	G42G01X__ Z__;
G50 ▲ *		工件坐标系设定或最高转速限制	G50 X__ Z__; G50 S__;
G52 *	00	可编程坐标系偏移(局部坐标系设定)	G52 X__ Z__
G53 *		取消可设定的零点偏置/选择机床坐标系	G53 X__ Z__;
G54 ▲		第一可设定零点偏置	G54
G55		第二可设定零点偏置	G55
G56	14	第三可设定零点偏置	G56
G57		第四可设定零点偏置	G57
G58		第五可设定零点偏置	G58
G59		第六可设定零点偏置	G59;
G65 *	00	宏程序非模态调用	G65 P__ L__〈自变量指定〉;
G66	12	宏程序模态调用	G66 P__ L__〈自变量指定〉
G67 ▲		宏程序模态调用取消	G67;
G70 *		精车循环	G70 P__ Q__;
G71 *		粗车复合循环	G71 U__ R__; G71 P__ Q__ U__ W__ F__
G72 *		平端面粗车复合循环	G72 W__ R__; G72 P__ Q__ U__ W__ F__
G73 *	00	固定形状粗车复合循环	G73 U__ W__ R__; G73 P__ Q__ U__ W__ F__;
G74 *		端面切槽循环	G74 R__; G74 X(U)__ Z(W)__ P__ Q__ R__ F__;
G75 *		径向切槽复合循环	G75 R__; G75 X(U)__ Z(W)__ P__ Q__ R__ F__;

G 指令	组别	功能	程序格式及说明
G76　*	00	螺纹切削复合循环	G76 P __ Q __ R __； G76 X(U)__ Z(W)__ R __ P __ Q __ F __；
G90	01	内、外圆切削单一循环	G90 X __ Z __ F __； G90 X __ Z __ R __ F __
G92		螺纹切削单一循环	G92 X __ Z __ F __； G92 X __ Z __ R __ F __
G94		端面切削单一循环	G94 X __ Z __ F __； G94 X __ Z __ R __ F __；
G96	02	主轴转速恒定切削线速度	G96 S200；（200m/min）
G97　▲		取消主轴恒定切削线速度/每分钟转数	G97 S800；（800r/min）
G98	05	每分钟进给量（mm/min）	G98F100；（100mm/min）
G99　▲		每转进给量（mm/r）	G99F0.1；（0.1mm/r）

注：1. "▲" 为开机默认指令。

2. "＊" 为非模态指令。

附录 B

SIEMENS 802D 系统数控车床常用准备功能指令一览表

G 指令	组别	功能	程序格式及说明
G00	01	快速点定位	G00 X __ Z __
G01　▲		直线插补	G01 X __ Z __ F __；
G02		顺时针方向圆弧插补	G02/G03 X __ Z __ CR=__ F __；
G03		逆时针方向圆弧插补	G02/G03 X __ Z __ I __ K __ F __；
G04　*	00	暂停	G04 F __；或 G04 S __
CIP	01	通过中间点的圆弧	CIP X __ Z __ I₁ __ K₁ __ F __；
CT		带切线过渡圆弧	CT X __ Z __ I₁ __ K₁ __ F __；
G17	16	XY 平面选择	G17
G18　▲		XZ 平面选择	G18
G19		YZ 平面选择	G19；
G25　*	03	主轴转速下限	G25 S __ S1=__ S2=__
G26　*		主轴高速限制	G26 S __ S1=__ S2=__；
G33	01	恒螺距螺纹切削	G32 X __ Z __ F __；（F 为导程）
G34		变螺距（螺距增加）螺纹切削	G34 X __ Z __ F __ K __
G35		变螺距（螺距缩小）螺纹切削	G35 X __ Z __ F __ K __；
G40　▲	07	取消刀尖圆弧半径补偿	G40
G41		刀尖圆弧半径左补偿	G41 G01 X __ Z __
G42		刀尖圆弧半径右补偿	G42 G01 X __ Z __；
G53　*	09	取消零点偏置	G53；
G500	08	按程序方式取消零点偏置	G500
G54～G59		可设定零点偏置	G54；或 G55；等
G64	10	连续路径加工	G64；
G70(G700)	13	英制	G70;(G700;)
G71▲(G710)		公制	G71;(G710;)
G74　*	02	返回参考点	G74 X1=0 Z1=0
G75　*		返回固定点	G75 FP=2 X1=0 Z1=0；
G90　▲	14	绝对值编程	G90 G01 X __ Z __ F __
AC			G91 G01 X __ Z=AC __ F __
G91		增量值编程	G91 G01 X __ Z __ F __
IC			G90 G01 X=AC __ Z __ F __
G94		每分钟进给	mm/min
G95　▲		每转进给	mm/r
G96		恒线速度	G96 S500 LIMS=__；(500m/min)
G97		取消恒切削线速度	G97 S800;(800r/min)
G450　▲	18	圆角过渡拐角方式	G450
G451		尖角过渡拐角方式	G451；

续表

G 指令	组别	功能	程序格式及说明
DIAMOF	29	半径量方式	DIAMOF
DIAMON▲		直径量方式	DIAMON;
TRANS	框架指令	可编程平移	TRANS X __ Z __
ATRANS			ATRANS X __ Z __
CYCLE93	车削循环	切槽循环	CALL CYCLE9 __( );
CYCLE94		退刀槽（E 型和 F 型）切削	
CYCLE95		毛坯切削	
CYCLE97		螺纹切削	

注: 1. "▲" 为开机默认指令。

2. 固定循环和固定样式循环及用 "＊" 表示的 G 指令均是非模态指令。

附录 C

FANUC 0i Mate MC 系统常用 G 代码准备功能一览表

G 代码	组别	功能	程序格式及说明
G00▲	01	快速点定位	G00 IP __
G01		直线插补	G01 IP __ F __;
G02		顺时针圆弧插补	G02/ G03X __ Y __ R __ F __; G02/ G03X __ Y __ I __ J __ F __;
G03		逆时针圆弧插补	
G04	00	暂停	G04X __;或 G04 P __
G05.1		预读处理控制	G05.1 Q1;(接通)G05.1 Q0(取消)
G07.1		圆柱插补	G07.1 IP1;(有效)G07.1 IP0;(取消)
G08		预读处理控制	G08 P1;(接通)G08 P0;(取消)
G09		准确停止	G09 IP __
G10		可编程数据输入	G10 L50;(参数输入方式)
G11		可编程数据输入取消	G11
G15▲	17	极坐标取消	G15
G16		极坐标指令	G16
G17▲	02	选择 XY 平面	G17
G18		选择 ZX 平面	G18
G19		选择 YZ 平面	G19
G20	06	英寸输入	G20
G21		毫米输入	G21
G22▲	04	存储行程检测接通	G22 X __ Y __ Z __ I __ J __ K __
G23	04	存储行程检测断开	G23
G27	00	返回参考点检测	G27 IP __;(IP 为指定的参考点)
G28		返回参考点	G28 IP __;(IP 为经过的中间点)
G29		从参考点返回	G29 IP __;(IP 为返回目标点)
G30		返回第 2、3、4 参考点	G30 P3 IP __;或 G30 P4 IP __
G31		跳转功能	G31 IP __
G33	01	螺纹切削	G33 IP __ F __;(F 为导程)
G37	00	自动刀具长度测量	G37 IP __
G39		拐角偏置圆弧插补	G39;或 G39 I __ J __;
G40▲	07	刀具半径补偿取消	G40;
G41		刀具半径左补偿	G41 G01 IP __ D __
G42		刀具半径右补偿	G42 G01 IP __ D __
G40.1▲	18	法线方向控制取消	G40.1;
G41.1		左侧法线方向控制	G41.1;
G42.1		右侧法线方向控制	G42.1;
G43	08	正方向刀具长度补偿	G43 G01 Z __ H __
G44		负方向刀具长度补偿	G44 G01 Z __ H __
G45	00	刀具位置偏置加	G45 IP __ D __
G46		刀具位置偏置减	G46 IP __ D __
G47		刀具位置偏置加 2 倍	G47 IP __ D __
G48		刀具位置偏置减 2 倍	G48 IP __ D __;
G49▲	08	刀具长度补偿取消	G49;

续表

代码	组别	功能	程序格式及说明
G50▲	11	比例缩放取消	G50;
G51		比例缩放有效	G51 IP __ P __;或 G51 IP __ I __ J __ K __;
G50.1▲	22	可编程镜像取消	G50.1 IP __
G51.1		可编程镜像有效	G51.1 IP __;
G52	14	局部坐标系设定	G52 IP __;(IP 以绝对值指定)
G53		选择工件坐标系	G53 IP __
G54▲		选择工件坐标系 1	G54
G54.1		选择附加工件坐标系	G54.1 Pn;(n 取 1~48)
G55		选择工件坐标系 2	G55
G56		选择工件坐标系 3	G56
G57		选择工件坐标系 4	G57
G58		选择工件坐标系 5	G58
G59		选择工件坐标系 6	G59;
G60	00	单方向定位方式	G60 IP __;
G61	15	准确停止方式	G61
G62		自动拐角倍率	G62
G63		攻螺纹方式	G63
G64▲		切削方式	G64;
G65	00	宏程序非模态调用	G65 P __ L __ <自变量指定>;
G66	12	宏程序模态调用	G66 P __ L __ <自变量指定>
G67▲		宏程序模态调用取消	G67;
G68	16	坐标系旋转	G68 X __ Y __ R __
G69▲		坐标系旋转取消	G69
G73	09	深孔钻循环	G73 X __ Y __ Z __ R __ Q __ F __
G74		攻左旋螺纹循环	G74 X __ Y __ Z __ R __ P __ F __;
G76		精镗孔循环	G76 X __ Y __ Z __ R __ Q __ P __ F __;
G80▲		固定循环取消	G80
G81		钻孔、锪镗孔循环	G81 X __ Y __ Z __ R __
G82		钻孔循环	G82 X __ Y __ Z __ R __ P __
G83		深孔循环	G83 X __ Y __ Z __ R __ Q __ F __
G84		攻右旋螺纹循环	G84 X __ Y __ Z __ R __ P __ F __
G85		镗孔循环	G85 X __ Y __ Z __ R __ F __
G86		镗孔循环	G86 X __ Y __ Z __ R __ P __ F __
G87		反镗孔循环	G87 X __ Y __ Z __ R __ Q __ F __
G88		镗孔循环	G88 X __ Y __ Z __ R __ P __ F __
G89		镗孔循环	G89 X __ Y __ Z __ R __ P __ F __
G90▲	03	绝对值编程	G90 G01 X __ Y __ Z __ F __
G91		测量值编程	G91 G01 X __ Y __ Z __ F __
G92	00	设定工件坐标系	G92 IP __
G92.1		工件坐标系预置	G92.1 X0 Y0 Z0
G94▲	05	每分钟进给(mm/min)	G94
G95		每转进给(mm/r)	G95
G96	13	恒线速度(m/min)	G96 S __
G97▲		每分钟转数(r/min)	G97 S __
G98▲	10	固定循环返回初始点	G98 G81 X __ Y __ Z __ R __ F __;
G99		固定循环返回 R 点	G99 G81 X __ Y __ Z __ R __ F __;

注:1. "▲" 为开机默认指令。

2. " * " 为非模态指令。

附录 D

SIEMENS 802D 系统数控铣床/加工中心常用 G 代码准备功能一览表

G00	01	快速点定位	G00 IP __;
G01▲		直线插补	G01 IP __ F __;

G02	01	顺时针圆弧插补	G02 X__ Y__ CR=__ F__
G03		逆时针圆弧插补	G02 X__ Y__ I__ J__ F__ ;
G04 *	02	暂停	G04 F__ ;或 G4 S__
G05	01	通过中间点的圆弧	G05 X__ Y__ LX__ KZ__ F__
G09 *	11	准停	G01 G09 IP__ ;
G17▲		选择 XY 平面	G17
G18	06	选择 ZX 平面	G18
G19		选择 YZ 平面	G19
G22	29	半径度量	G22
G23▲		直径度量	G23
G25 *	03	主轴低速限制	G25 S__ S1=__ S2=__
G26 *		主轴高速限制	G26 S__ S1=__ S2=__
G33		螺纹切削	G33 Z__ K__ SF__ ;(圆柱螺纹)
G331	01	攻螺纹	G331 Z__ K__
G332		攻螺纹返回	G332 Z__ K__
G40▲		刀具半径补偿取消	G40;
G41	07	刀具半径左补偿	G41 G01 IP__
G42		刀具半径右补偿	G42 G01 IP__
G53 *	09	解除零点偏置	G53
G54		选择工件坐标系	G54
G55	08	选择工件坐标系 2	G55
G56		选择工件坐标系 3	G56
G57		选择工件坐标系 4	G57
G505~G599		调用 5~99 零点偏置	
G60▲	10	准停	G60 IP__ ;
G601▲		精确的准停	
G602	12	粗准停	指令定要在 G60 或 G09 有效时才有效
G603		插补结束时的准停	
G63	02	攻螺纹方式	G63 Z F__
G64	10	轮廓加工方式	
G641		过渡圆轮廓加工方式	G641 ADIS=__
G70	13	英制	G70
G71▲		公制	G71
G74 *	02	返回参考点	G74 X1=0 Y1=0 Z1=0
G75 *		返回固定点	G75 FP=2 X1=0 Y1=0 Z1=0
G90▲		绝对值编程	G90 G01 X__ Y__ Z__ F__
G91		增量值编程	G91 G01 X__ Y__ Z__ F__
G94		每分钟进给(mm/min)	G94
G95	14	每转进给(mm/r)	G95;
G96		恒线速度	G96 S__ LIMS=__
G97		每分钟转数	G97 S__
G110 *			G110 X__ Y__ Z__
G111 *	03	相对于以不同点未极点的极坐标编程	G111 X__ Y__ Z__
G112 *			G112 X__ Y__ Z__
G158 *		可编程平移	G158 X__ Y__ Z__
G450▲	18	圆角过渡拐角方式	G450 DISC=__
G451		尖角过渡拐角方式	G451;
TRANS		可编程平移	TRANS X__ Y__ Z__
ATRANS			ATRANS X__ Y__ Z__
ROT		可编程旋转	ROT RPL=;
AROT	框架指令		AROT RPL=;
SCALE		可编程比例缩放	SCALE X__ Y__ Z__
ASCALE			ASCALE X__ Y__ Z__
MIRROR		可编程旋转	MIRROR X0 Y0 Z0;
AMIRROR			AMIRROR X0 Y0 Z0;
CYCLE81		钻孔循环	
CYCLE82		钻、锪孔循环	
CYCLE83		深孔加工循环	
CYCLE84	固定循环	刚性攻螺纹循环	CYCLE8 __ (RTP, RFP, SDIS, DP, DPR …)
CYCLE840		柔性攻螺纹循环	
CYCLE85		镗孔循环	
CYCLE86		精镗孔循环	

CYCLE87	固定循环	镗孔循环	CYCLE8 __（RTP，RFP，SDIS，DP，DPR…）
CYCLE88		镗孔循环	
CYCLE89		镗孔循环	
HOLES1	固定样式循环	直线均布孔样式	HOLES __（RTP，REP，SDIS，DP，DPR…）
HOLES2		圆周均布孔样式	HOLES __（RTP，REP，SDIS，DP，DPR…）
SLOT1		圆形阵形槽铣削样式	SLOT __（RTP，REP，SDIS，DP，DPR…）
SLOT2		环形槽铣削样式	
POCKET1		矩形槽铣削样式	POCKET __（RTP，REP，SDIS，DP，DPR…）
POCKET2		圆形槽铣削样式	

注：1. "▲" 为开机默认指令。

2. 固定循环和固定样式循环及用 "＊" 表示的 G 指令均是非模态指令。

参 考 文 献

［1］ 朱明松. 数控车床编程与操作项目教学［M］. 北京：机械工业出版社，2012.

［2］ 刘雄伟. 数控机床操作与编程培训教程［M］. 北京：机械工业出版社，2001.

［3］ 王洪. 数控加工程序编制［M］. 北京：机械工业出版社，2007.

［4］ 沈建峰，虞俊. 数控车工（高级）［M］. 北京：机械工业出版社，2006.

［5］ 袁锋. 数控车床培训教程［M］. 北京：机械工业出版社，2004.

［6］ 彭德荫. 车工工艺与技能训练［M］. 北京：中国劳动社会保障出版社，2001.

［7］ 赵岩铁 公差配合与技术测量［M］. 北京：北京航空航天大学出版社，2007.

［8］ 刘瑞已. 数控车床零件编程与加工［M］. 北京：化学工业出版社，2012.

［9］ 张宁菊. 数控车削编程与加工［M］. 北京：机械工业出版社，2011.

［10］ 沈建峰. 数控机床编程与操作［M］. 第 3 版. 北京：中国劳动社会保障出版社，2011.

［11］ 王立军. 数控机床编程与操作［M］. 北京：化学工业出版社，2016.

［12］ 刘英超. 数控铣床/加工中心编程与技能训练［M］. 北京：北京邮电大学出版社，2013.

［13］ 朱明松. 数控铣床编程与操作项目教学［M］. 北京：机械工业出版社，2012.

［14］ 孙连栋. 加工中心（数控铣工）实训［M］. 北京：高等教育出版社，2011.

［15］ 睦润舟. 数控编程与加工技术［M］. 北京：机械工业出版社，2001.

［16］ 李志华. 数控加工工艺与装备［M］. 北京：清华大学出版社，2005.

［17］ 蒋建强. 数控加工技术与实训［M］. 北京：电子工业出版社，2003.

［18］ 王志平. 使用加工中心的零件加工［M］. 北京：高等教育出版社，2010.